应用型本科系列规划教材

大学数学

微积分 下

■ 吴建成　李志林　主编

江苏大学出版社
JIANGSU UNIVERSITY PRESS
镇　江

内容提要

本书根据应用型本科院校(尤其新建本科院校、独立学院)对大学数学课程教学的要求编写.内容符合工科与经济管理类本科数学基础课程教学基本要求.主要内容包括一元微积分、微分与差分方程、空间解析几何、多元微积分、无穷级数、数学软件介绍等,全书配有习题与解答.教材力求通俗易懂,用直观的方法描述比较抽象的理论.对于不同专业选学的内容,教材采用符号△以示区别;对于部分超出要求的内容,教材标有符号 * 供学有余力的学生选用.

图书在版编目(CIP)数据

大学数学.微积分.下/吴建成,李志林主编.—镇江:江苏大学出版社,2017.7(2018.3 重印)
ISBN 978-7-5684-0504-1

Ⅰ.①大… Ⅱ.①吴… ②李… Ⅲ.①高等数学-高等学校-教材②微积分-高等学校-教材 Ⅳ.①O13 ②O172

中国版本图书馆 CIP 数据核字(2017)第 168222 号

大学数学——微积分 下
Daxue Shuxue——Weijifen Xia

主　　编/吴建成　李志林
责任编辑/吴昌兴　吕亚楠
出版发行/江苏大学出版社
地　　址/江苏省镇江市梦溪园巷 30 号(邮编:212003)
电　　话/0511-84446464(传真)
网　　址/http://press.ujs.edu.cn
排　　版/镇江文苑制版印刷有限责任公司
印　　刷/丹阳市兴华印刷厂
开　　本/787 mm×1 020 mm　1/16
印　　张/13
字　　数/295 千字
版　　次/2017 年 7 月第 1 版　2018 年 3 月第 2 次印刷
书　　号/ISBN 978-7-5684-0504-1
定　　价/30.00 元

目录

Contents

第十章 重积分 …… (82)

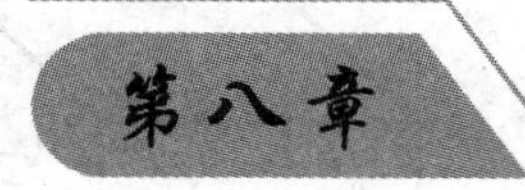

第八章　向量代数与空间解析几何

解析几何的产生是数学史上的一个划时代的成就，17 世纪上半叶，法国数学家笛卡儿和费马对空间解析几何做出了开创性的工作，这为多元微积分的发展奠定了基础.

所谓空间解析几何，就是用代数的方法研究空间的几何图形. 本章首先建立空间直角坐标系，然后引进向量的概念及向量的运算，并以向量为工具来讨论空间的平面和直线，最后介绍空间的曲面和曲线.

第一节　空间直角坐标系

一、空间直角坐标系及点的坐标

为了用代数的方法研究空间的几何图形，需要建立空间点与有序数组之间的联系. 为此，我们引进空间直角坐标系.

过空间一个定点 O，作三条互相垂直的数轴，它们都以 O 为原点，一般具有相同的长度单位. 这三条轴分别称为 x 轴(**横轴**)，y 轴(**纵轴**)和 z 轴(**竖轴**)，统称为**坐标轴**. 通常把 x 轴和 y 轴配置在水平面上，而 z 轴则是铅直的，它们的正方向符合右手规则，即以右手握住 z 轴，当右手的四个手指从 x 轴的正向以 $\frac{\pi}{2}$ 角度转向 y 轴正向时，大拇指的指向就是 z 轴的正方向. 这样的三条坐标轴就组成了一个**空间直角坐标系**，记作 $Oxyz$，点 O 叫做**坐标原点**(见图 8-1). x 轴和 y 轴所确定的平面叫做 Oxy 面，y 轴和 z 轴所确定的平面叫做 Oyz 面，x 轴和 z 轴所确定的平面叫做 Oxz 面，它们统称为**坐标面**. 三个坐标面将空间分成八个部分，每一部分叫做**卦限**. 含有 x 轴、y 轴、z 轴正半轴的那个卦限叫做第一卦限，第二、三、四卦限均在 Oxy 面的上方，按逆时针方向确定. 第五、六、七、八卦限在 Oxy 面的下方，依次位于第一、二、三、四卦限之下(见图 8-2)，这八个卦限分别用字母Ⅰ、Ⅱ、Ⅲ、Ⅳ、Ⅴ、Ⅵ、Ⅶ、Ⅷ表示.

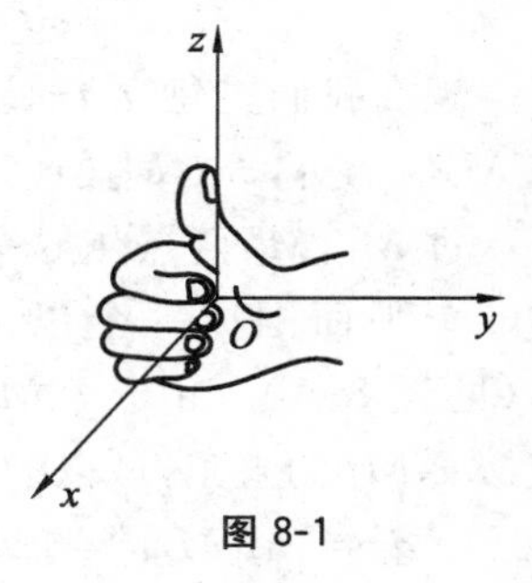

图 8-1

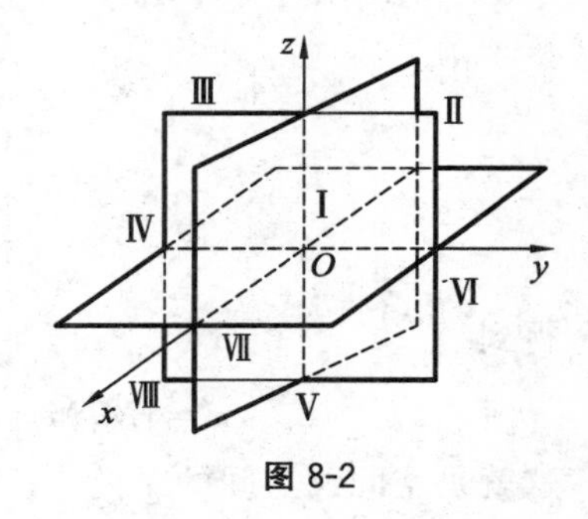

图 8-2

设在空间取定了直角坐标系，M 是空间中的一个点，过点 M 分别作垂直于 x 轴、y 轴、z 轴的三个平面，它们与

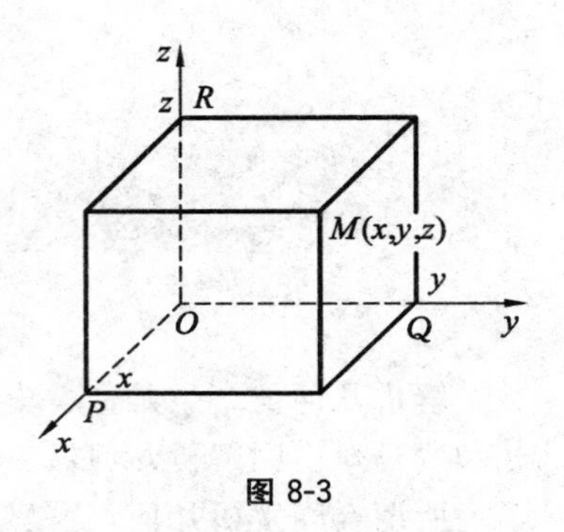

图 8-3

坐标轴的交点依次为 P,Q,R（见图 8-3），这三个点在三个坐标轴上的坐标依次为 x,y,z. 于是，空间中一点 M 就唯一地确定了一个有序数组(x,y,z)；反之，给定一个有序数组(x,y,z)，我们在 x 轴、y 轴、z 轴上找到坐标分别为 x,y,z 的三个点 P,Q,R，过这三个点各作一平面垂直于所属的坐标轴，这三个平面就唯一地确定了一个交点 M. 从而，有序数组(x,y,z)唯一确定了空间一点 M. 因此，点 M 与有序数组(x,y,z)之间建立了一一对应关系. 这个有序数组(x,y,z)叫做点 M 的**坐标**，其中 x,y,z 依次称为点 M 的**横坐标**、**纵坐标**及**竖坐标**，此时点 M 记作 $M(x,y,z)$.

原点、坐标轴上和坐标面上的点，其坐标各有一定的特点，如坐标原点的坐标为$(0,0,0)$，x 轴上点的坐标为$(x,0,0)$，y 轴上点的坐标为$(0,y,0)$，z 轴上点的坐标为$(0,0,z)$，Oxy 面上点的坐标为$(x,y,0)$，Oyz 面上点的坐标为$(0,y,z)$，Oxz 面上点的坐标为$(x,0,z)$，等等.

二、两点间的距离公式

在平面直角坐标系中两点 $M_1(x_1,y_1)$，$M_2(x_2,y_2)$的距离公式为

$$d=|M_1M_2|=\sqrt{(x_2-x_1)^2+(y_2-y_1)^2}.$$

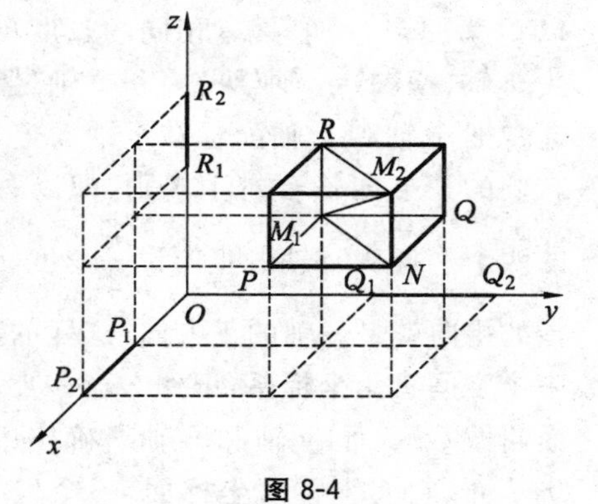

图 8-4

现在我们要建立类似的空间直角坐标系中两点 $M_1(x_1,y_1,z_1)$，$M_2(x_2,y_2,z_2)$的距离公式.

过 M_1,M_2 两点作 6 个和坐标轴垂直的平面，这 6 个平面围成一个以 M_1M_2 为对角线的长方体（见图 8-4）. 由于 $\triangle M_1NM_2$ 为直角三角形，$\angle M_1NM_2$ 为直角，所以

$$d^2=|M_1M_2|^2=|M_1N|^2+|NM_2|^2.$$

又 $\triangle M_1PN$ 也是直角三角形，且 $|M_1N|^2=|M_1P|^2+|PN|^2$，所以

$$d^2=|M_1M_2|^2=|M_1P|^2+|PN|^2+|NM_2|^2.$$

由

$$|M_1P|=|P_1P_2|=|x_2-x_1|,$$
$$|PN|=|Q_1Q_2|=|y_2-y_1|,$$
$$|NM_2|=|R_1R_2|=|z_2-z_1|,$$

得到

$$d=|M_1M_2|=\sqrt{(x_2-x_1)^2+(y_2-y_1)^2+(z_2-z_1)^2}. \tag{1}$$

这就是空间两点间的距离公式.

特殊地，点 $M(x,y,z)$ 与坐标原点 $O(0,0,0)$ 的距离为

$$d=|OM|=\sqrt{x^2+y^2+z^2}. \tag{2}$$

例 1　在 x 轴上求一点 P，使它与点 $Q(4,1,2)$ 的距离为 $\sqrt{30}$.

解　因为所求的点 P 在 x 轴上，所以设该点为 $P(x,0,0)$，依题意有

$$\sqrt{(x-4)^2+(0-1)^2+(0-2)^2}=\sqrt{30},$$

去根号解得

$$x_1=9,\ x_2=-1.$$

所以，所求的点为 $P_1(9,0,0)$ 和 $P_2(-1,0,0)$.

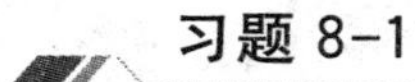

习题 8-1

1. 求点 $(4,-3,5)$ 到各坐标轴的距离.
2. 在 Oyz 平面上，求与三个已知点 $(3,1,2)$，$(4,-2,-2)$，$(0,5,1)$ 等距离的点.

第二节　向量及其运算

一、向量的概念

在物理学、力学等学科中，经常会遇到既有大小又有方向的一类量，如力、速度、力矩等，这类量称为**向量**或**矢量**.

在几何上，通常用有向线段来表示向量. 有向线段的长度表示向量的大小，有向线段的方向表示向量的方向. 以点 M_1 为始点，点 M_2 为终点的有向线段所表示的向量记作 $\overrightarrow{M_1M_2}$（见图 8-5），也可以用一个粗体字母或用上方加箭头的字母表示，如 $\boldsymbol{e}$，$\boldsymbol{r}$，$\vec{a}$，$\vec{b}$，$\overrightarrow{OM}$ 等.

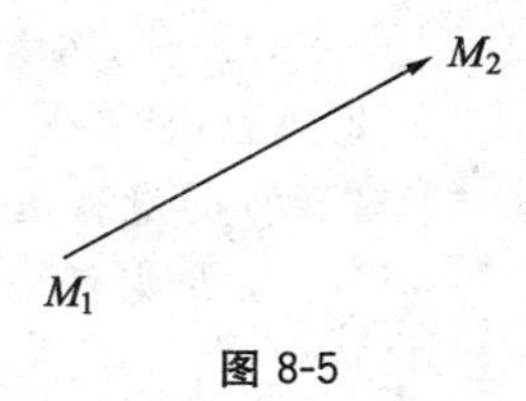

图 8-5

向量的大小又叫做向量的模. 向量 $\overrightarrow{AB}$，$\boldsymbol{a}$ 的模分别记作 $|\overrightarrow{AB}|$，$|\boldsymbol{a}|$. 模为 1 的向量叫做**单位向量**；模为 0 的向量叫做**零向量**，记作 $\mathbf{0}$. 零向量的方向可以是任意取定的. 与 $\boldsymbol{a}$ 的模相等、方向相反的向量叫做 $\boldsymbol{a}$ 的**负向量**，记作 $-\boldsymbol{a}$.

在空间直角坐标系中，以坐标原点 O 为始点，以空间一点 M 为终点的向量 $\overrightarrow{OM}$ 叫做点 M 的向径，记作 $\boldsymbol{r}$，即 $\boldsymbol{r}=\overrightarrow{OM}$.

通常在研究向量时，只关注向量的方向和大小，而不考虑它的始点位置. 所以，在数学上只考虑与起点无关的向量，称为**自由向量**，简称**向量**.

如果两个向量 $\boldsymbol{a}$ 和 $\boldsymbol{b}$ 的模相等，且方向相同，就说向量 $\boldsymbol{a}$ 和 $\boldsymbol{b}$ 是相等的，记为 $\boldsymbol{a}=\boldsymbol{b}$. 两个向量相等就是说，经过平行移动后它们能够完全重合.

如果两个向量 $\boldsymbol{a}$ 和 $\boldsymbol{b}$ 的方向相同或相反，就称向量 $\boldsymbol{a}$ 与 $\boldsymbol{b}$ **平行**，记作 $\boldsymbol{a}/\!/\boldsymbol{b}$.

二、向量的线性运算

1. 向量的加减法

根据物理学中关于力和速度的合成法则,我们用平行四边形法则来确定向量的加法运算.

对任意两个向量 $\boldsymbol{a}$ 和 $\boldsymbol{b}$,将它们的始点放在一起,并以 $\boldsymbol{a}$ 和 $\boldsymbol{b}$ 为邻边,作一平行四边形,则与 $\boldsymbol{a},\boldsymbol{b}$ 有共同始点的对角线向量 $\boldsymbol{c}$ (见图 8-6)就叫做向量 $\boldsymbol{a}$ 与 $\boldsymbol{b}$ 的和,记作 $\boldsymbol{a}+\boldsymbol{b}$,即

$$\boldsymbol{c}=\boldsymbol{a}+\boldsymbol{b}.$$

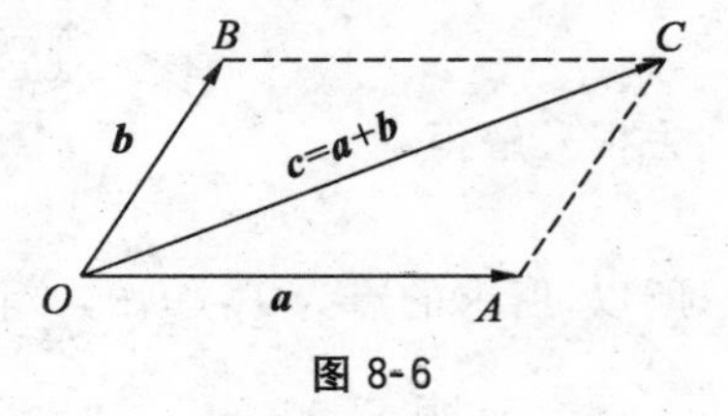

图 8-6

在图 8-6 中,有$\overrightarrow{OB}=\overrightarrow{AC}$,所以

$$\boldsymbol{c}=\overrightarrow{OC}=\overrightarrow{OA}+\overrightarrow{AC}.$$

由此可知,以 $\boldsymbol{a}$ 的终点为始点作向量 $\boldsymbol{b}$,则以 $\boldsymbol{a}$ 的始点为始点且以 $\boldsymbol{b}$ 的终点为终点的向量 $\boldsymbol{c}$ 就是向量 $\boldsymbol{a}$ 与 $\boldsymbol{b}$ 的和. 这一法则叫做**三角形法则**.

按三角形法则,可以确定任意有限个向量的和. 其方法如下:将这些向量依次首尾相接,由第一个向量的起点到最后一个向量的终点所连的向量即为这些向量的和. 如图 8-7 所示,有

$$\boldsymbol{s}=\boldsymbol{a}_1+\boldsymbol{a}_2+\boldsymbol{a}_3+\boldsymbol{a}_4+\boldsymbol{a}_5.$$

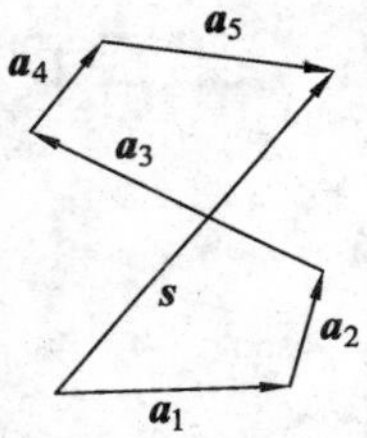

图 8-7 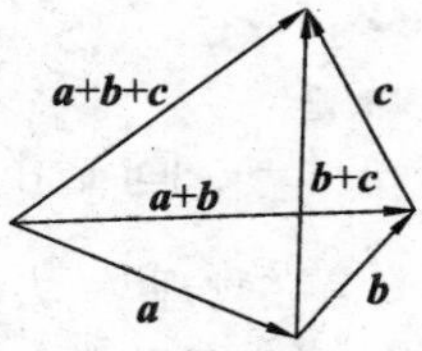　　图 8-8

容易证明向量的加法具有下列运算规律:

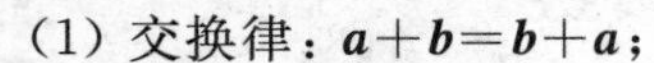

(1) 交换律:$\boldsymbol{a}+\boldsymbol{b}=\boldsymbol{b}+\boldsymbol{a}$;

(2) 结合律:$(\boldsymbol{a}+\boldsymbol{b})+\boldsymbol{c}=\boldsymbol{a}+(\boldsymbol{b}+\boldsymbol{c})$(见图 8-8).

对于零向量和负向量,还有 $\boldsymbol{a}+\boldsymbol{0}=\boldsymbol{a},\boldsymbol{a}+(-\boldsymbol{a})=\boldsymbol{0}$.

设 $\boldsymbol{a}$ 与 $\boldsymbol{b}$ 为任意两向量,则称 $\boldsymbol{a}+(-\boldsymbol{b})$为向量 $\boldsymbol{a}$ 与 $\boldsymbol{b}$ 的差,记作

$$\boldsymbol{a}-\boldsymbol{b}=\boldsymbol{a}+(-\boldsymbol{b}).$$

$\boldsymbol{a}$ 与 $\boldsymbol{b}$ 的差向量 $\boldsymbol{a}-\boldsymbol{b}$ 实际上是以 $\boldsymbol{b}$ 的终点为始点,$\boldsymbol{a}$ 的终点为终点的向量(见图 8-9).

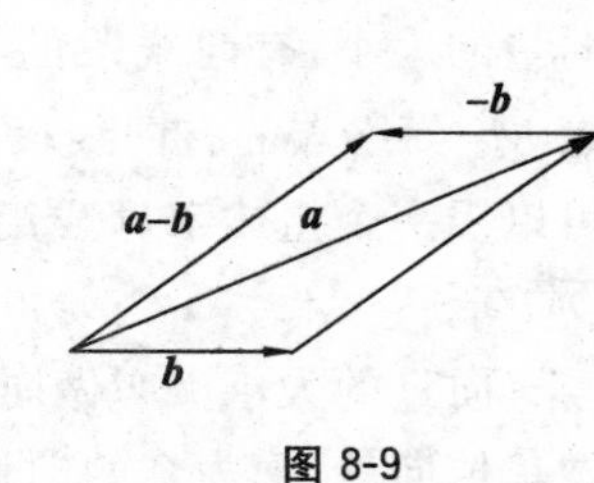

图 8-9

2. 向量与数的乘法

实数 λ 与向量 $\boldsymbol{a}$ 的乘积记作 $\lambda\boldsymbol{a}(=\boldsymbol{a}\lambda)$,规定 $\lambda\boldsymbol{a}$ 是一个向量,它的模

$$|\lambda\boldsymbol{a}|=|\lambda||\boldsymbol{a}|.$$

当 $\lambda>0$ 时,$\lambda\boldsymbol{a}$ 与 $\boldsymbol{a}$ 同向;当 $\lambda<0$ 时,$\lambda\boldsymbol{a}$ 与 $\boldsymbol{a}$ 反向;当 $\lambda=0$ 时,$\lambda\boldsymbol{a}=\boldsymbol{0}$(见图 8-10).

向量与数的乘法具有下列运算规律:

(1) 结合律:$\lambda(\mu\boldsymbol{a})=\mu(\lambda\boldsymbol{a})=(\lambda\mu)\boldsymbol{a}$;

(2) 分配律:$(\lambda+\mu)\boldsymbol{a}=\lambda\boldsymbol{a}+\mu\boldsymbol{a}$,

$$\lambda(\boldsymbol{a}+\boldsymbol{b})=\lambda\boldsymbol{a}+\lambda\boldsymbol{b}.$$

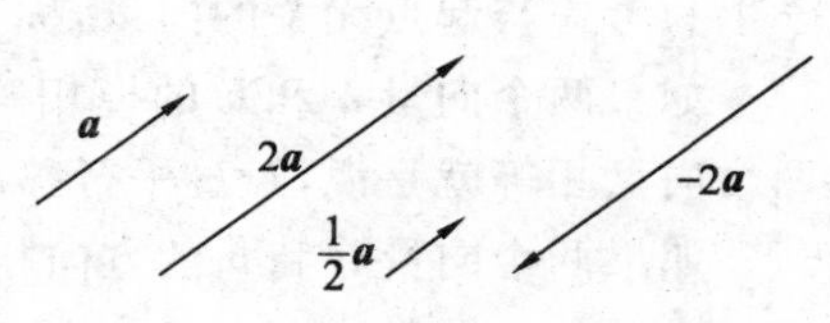

图 8-10

设 $\boldsymbol{a}$ 为非零向量，$\boldsymbol{a}^0$ 为与 $\boldsymbol{a}$ 同向的单位向量，则有

$$\boldsymbol{a}=|\boldsymbol{a}|\boldsymbol{a}^0 \text{ 或 } \boldsymbol{a}^0=\frac{\boldsymbol{a}}{|\boldsymbol{a}|}.$$

根据数与向量乘积的定义可以得出如下结论：

两个非零向量 $\boldsymbol{a}$ 与 $\boldsymbol{b}$ 平行的充分必要条件是，存在实数 λ，使得 $\boldsymbol{a}=\lambda\boldsymbol{b}$.

3. 向量的坐标

在空间直角坐标系 $Oxyz$ 的 x 轴、y 轴和 z 轴上分别取方向与坐标轴正向一致的单位向量 $\boldsymbol{i},\boldsymbol{j},\boldsymbol{k}$. 这些向量叫做空间直角坐标系的**基本单位向量**.

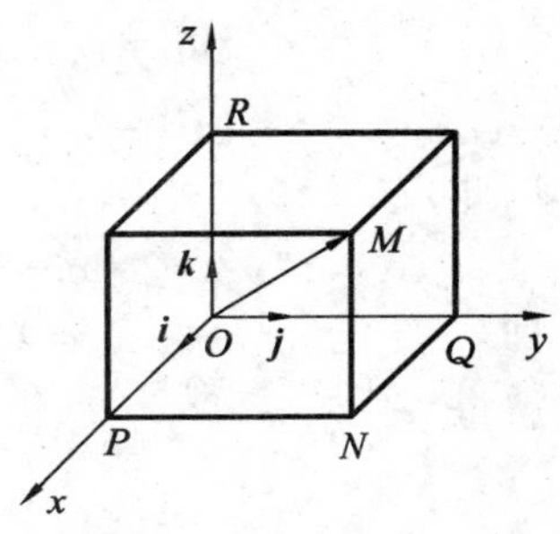

图 8-11

设 $M(x,y,z)$ 为任意一点，$P(x,0,0)$，$Q(0,y,0)$，$R(0,0,z)$ 分别为 x 轴、y 轴、z 轴上的对应的点（见图 8-11），则

$$\overrightarrow{OP}=x\boldsymbol{i},\ \overrightarrow{OQ}=y\boldsymbol{j},\ \overrightarrow{OR}=z\boldsymbol{k}.$$

$$\overrightarrow{OM}=\overrightarrow{ON}+\overrightarrow{NM}=\overrightarrow{OP}+\overrightarrow{OQ}+\overrightarrow{OR}=x\boldsymbol{i}+y\boldsymbol{j}+z\boldsymbol{k}.$$

一般地，如果向量 $\boldsymbol{a}$ 可表示为

$$\boldsymbol{a}=a_x\boldsymbol{i}+a_y\boldsymbol{j}+a_z\boldsymbol{k},\tag{1}$$

则称此式为向量 $\boldsymbol{a}$ 按基本单位向量的**分解式**. $a_x\boldsymbol{i}$，$a_y\boldsymbol{j}$，$a_z\boldsymbol{k}$ 分别为向量 $\boldsymbol{a}$ 在三个坐标方向的**分向量**；a_x,a_y,a_z 分别为向量 $\boldsymbol{a}$ 在三个坐标轴上的**投影**，也称为向量 $\boldsymbol{a}$ 的**坐标**. 式(1)也记为 $\boldsymbol{a}=\{a_x,a_y,a_z\}$. 由此以点 $M(x,y,z)$ 为向径的向量 $\overrightarrow{OM}=\{x,y,z\}$.

设 $\boldsymbol{a}=\{a_x,a_y,a_z\}$，$\boldsymbol{b}=\{b_x,b_y,b_z\}$，则

$$|\boldsymbol{a}|=\sqrt{a_x^2+a_y^2+a_z^2},$$

$$\boldsymbol{a}+\boldsymbol{b}=(a_x\boldsymbol{i}+a_y\boldsymbol{j}+a_z\boldsymbol{k})+(b_x\boldsymbol{i}+b_y\boldsymbol{j}+b_z\boldsymbol{k})=(a_x+b_x)\boldsymbol{i}+(a_y+b_y)\boldsymbol{j}+(a_z+b_z)\boldsymbol{k},$$

$$\lambda\boldsymbol{a}=\lambda(a_x\boldsymbol{i}+a_y\boldsymbol{j}+a_z\boldsymbol{k})=\lambda a_x\boldsymbol{i}+\lambda a_y\boldsymbol{j}+\lambda a_z\boldsymbol{k},$$

即

$$\{a_x,a_y,a_z\}+\{b_x,b_y,b_z\}=\{a_x+b_x,a_y+b_y,a_z+b_z\},$$

$$\lambda\{a_x,a_y,a_z\}=\{\lambda a_x,\lambda a_y,\lambda a_z\}.$$

若 $|\boldsymbol{b}|\neq 0$，则 $\boldsymbol{a}/\!/\boldsymbol{b}$ 的充分必要条件为存在实数 λ，使得

$$\{a_x,a_y,a_z\}=\{\lambda b_x,\lambda b_y,\lambda b_z\},$$

或

$$\frac{a_x}{b_x}=\frac{a_y}{b_y}=\frac{a_z}{b_z}.\tag{2}$$

在 b_x,b_y,b_z 中若有为零的量（但不全为零）时，应把等式(2)看作是一种简便写法. 例如，$\frac{a_x}{0}=\frac{a_y}{b_y}=\frac{a_z}{b_z}(b_y\neq 0,b_z\neq 0)$ 理解为 $a_x=0$，$\frac{a_y}{b_y}=\frac{a_z}{b_z}$；$\frac{a_x}{0}=\frac{a_y}{0}=\frac{a_z}{b_z}(b_z\neq 0)$ 理解为 $a_x=0$，$a_y=0$.

由此，引入向量的坐标后，向量间的线性运算成为对其坐标的线性运算.

设 $M_1(x_1,y_1,z_1)$，$M_2(x_2,y_2,z_2)$ 为任意两点，作向量 $\overrightarrow{OM_1}=\{x_1,y_1,z_1\}$，$\overrightarrow{OM_2}=\{x_2,y_2,z_2\}$，则有 $\overrightarrow{OM_1}+\overrightarrow{M_1M_2}=\overrightarrow{OM_2}$，即

$$\overrightarrow{M_1M_2}=\overrightarrow{OM_2}-\overrightarrow{OM_1}=\{x_2,y_2,z_2\}-\{x_1,y_1,z_1\}=\{x_2-x_1,y_2-y_2,z_2-z_1\}.$$

例 1　设 $A(x_1,y_1,z_1)$，$B(x_2,y_2,z_2)$ 为两已知点，而在 AB 直线上的点 M 分有向线段 $\overrightarrow{AB}$ 为两个有向线段 $\overrightarrow{AM}$ 与 $\overrightarrow{MB}$，使二者之比等于某数 $\lambda(\lambda\neq-1)$（见图 8-12），即

$$\overrightarrow{AM}=\lambda\overrightarrow{MB},$$

求分点 M 的坐标.

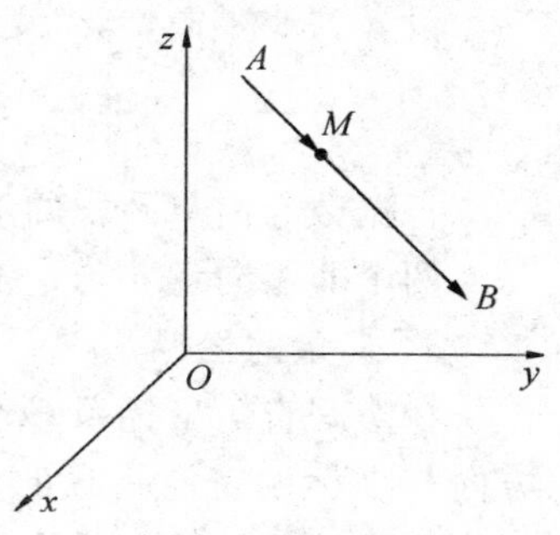

图 8-12

解　设分点为 $M(x,y,z)$，则

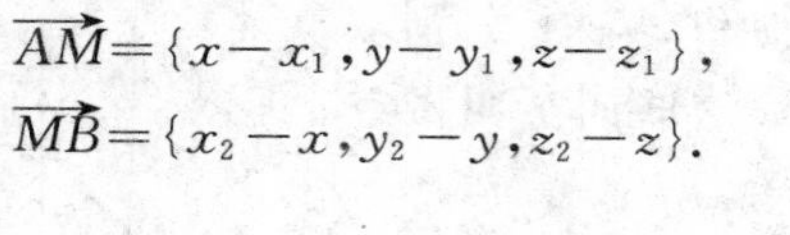

$$\overrightarrow{AM}=\{x-x_1,y-y_1,z-z_1\},$$
$$\overrightarrow{MB}=\{x_2-x,y_2-y,z_2-z\}.$$

因此，有

$$\{x-x_1,y-y_1,z-z_1\}=\lambda\{x_2-x,y_2-y,z_2-z\},$$

即
$$x-x_1=\lambda(x_2-x),\ y-y_1=\lambda(y_2-y),\ z-z_1=\lambda(z_2-z),$$

解得

$$x=\frac{x_1+\lambda x_2}{1+\lambda},\ y=\frac{y_1+\lambda y_2}{1+\lambda},\ z=\frac{z_1+\lambda z_2}{1+\lambda}.$$

点 M 叫做有向线段 $\overrightarrow{AB}$ 的定比分点. 当 $\lambda=1$ 时，点 M 是有向线段 $\overrightarrow{AB}$ 的中点，其坐标为

$$x=\frac{x_1+x_2}{2},\ y=\frac{y_1+y_2}{2},\ z=\frac{z_1+z_2}{2}.$$

4. 向量的方向余弦

设有两个非零向量，将它们的起点平移到同一点 O，作 $\overrightarrow{OA}=\boldsymbol{a}$，$\overrightarrow{OB}=\boldsymbol{b}$，我们称位于 0 与 π 之间的角 $\angle AOB(0\leqslant\theta\leqslant\pi)$ 为向量 $\boldsymbol{a}$ 与 $\boldsymbol{b}$ 的**夹角**（见图 8-13），记为 $(\widehat{\boldsymbol{a},\boldsymbol{b}})$ 或 $(\widehat{\boldsymbol{b},\boldsymbol{a}})$. 以 θ 表示 $\boldsymbol{a}$ 与 $\boldsymbol{b}$ 的夹角，则 $\theta=(\widehat{\boldsymbol{a},\boldsymbol{b}})$.

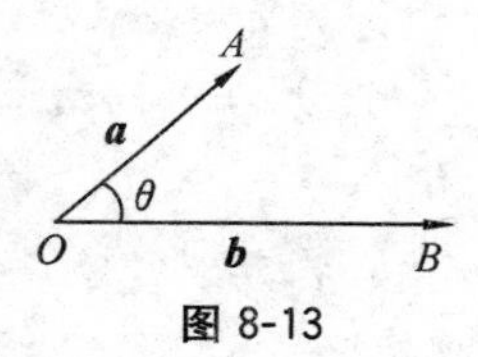

图 8-13

如果 $\boldsymbol{a}$ 与 $\boldsymbol{b}$ 中有一个是零向量，则规定它们的夹角可在 0 与 π 之间任意取值.

类似地，可定义向量与轴的夹角.

设向量 $\boldsymbol{a}$ 与三个坐标轴正向间的夹角分别为 α，β，γ，（见图 8-14），则称角 α,β,γ 为向量 $\boldsymbol{a}$ 的**方向角**，它们的余弦 $\cos\alpha,\cos\beta,\cos\gamma$ 称为向量 $\boldsymbol{a}$ 的**方向余弦**. 易知

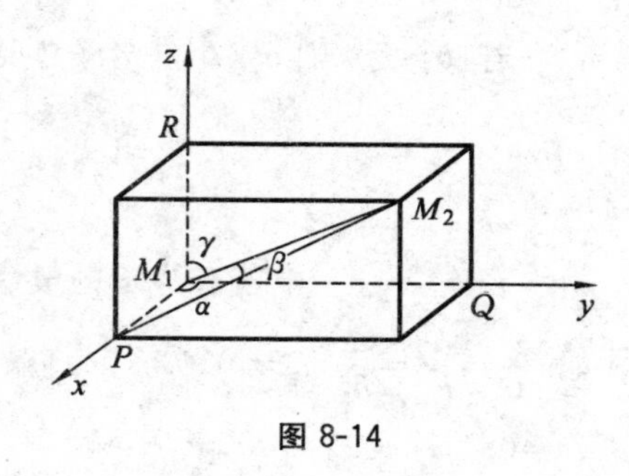

图 8-14

$$\cos\alpha=\frac{a_x}{|\boldsymbol{a}|}=\frac{a_x}{\sqrt{a_x^{\ 2}+a_y^{\ 2}+a_z^{\ 2}}},$$

$$\cos\beta=\frac{a_y}{|\boldsymbol{a}|}=\frac{a_y}{\sqrt{a_x^{\ 2}+a_y^{\ 2}+a_z^{\ 2}}},$$

$$\cos\gamma=\frac{a_z}{|\boldsymbol{a}|}=\frac{a_z}{\sqrt{a_x^{\ 2}+a_y^{\ 2}+a_z^{\ 2}}}.$$

因此

$$\cos^2\alpha+\cos^2\beta+\cos^2\gamma=1. \tag{3}$$

式(3)说明，任意一个向量和空间坐标轴的角度，当其他两个角度确定后，第三个角度受到式(3)的约束.

与向量 $\boldsymbol{a}$ 方向一致的单位向量为

$$\boldsymbol{a}^0=\{\cos\alpha,\cos\beta,\cos\gamma\}.$$

例 2　设 $\boldsymbol{a}=\{1,-1,2\}$. 计算向量 $\boldsymbol{a}$ 的模、方向余弦.

解

$$|\boldsymbol{a}|=\sqrt{1^2+(-1)^2+2^2}=\sqrt{6},$$

$$\cos\alpha=\frac{1}{\sqrt{6}},\ \cos\beta=-\frac{1}{\sqrt{6}},\ \cos\gamma=\frac{2}{\sqrt{6}}.$$

5. 向量在轴上的投影

设点 O 及单位向量 $\boldsymbol{e}$ 确定 u 轴(见图 8-15)，任给向量 $\boldsymbol{r}$，作 $\overrightarrow{OM}=\boldsymbol{r}$，再过点 M 作与 u 轴垂直的平面，交 u 轴于点 M'(点 M' 叫做点 M 在 u 轴上的投影). 设 $\overrightarrow{OM'}=\lambda\boldsymbol{e}$，则数 λ 称为向量 $\boldsymbol{r}$ 在 u 轴上的**投影**，记作 $\mathrm{Prj}_u\boldsymbol{r}$. 同样，可以定义向量 $\boldsymbol{a}$ 在另一向量 $\boldsymbol{b}$ 上的投影 $\mathrm{Prj}_b\boldsymbol{a}$.

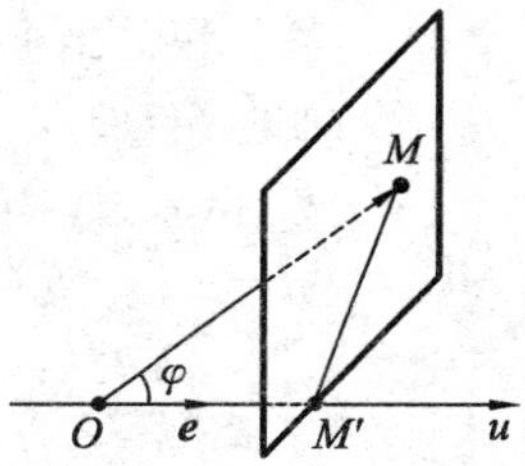

图 8-15

按此定义，向量 $\boldsymbol{a}$ 在直角坐标系 $Oxyz$ 中的坐标 a_x,a_y,a_z 就是向量 $\boldsymbol{a}$ 在三条坐标轴上的投影，即

$$a_x=\mathrm{Prj}_x\boldsymbol{r},\ a_y=\mathrm{Prj}_y\boldsymbol{r},\ a_z=\mathrm{Prj}_z\boldsymbol{r}.$$

可以证明(证明略)，向量的投影具有如下性质：

性质 1　$\mathrm{Prj}_u\boldsymbol{a}=|\boldsymbol{a}|\cos\varphi$，其中 φ 为向量 $\boldsymbol{a}$ 与 u 轴的夹角.

性质 2　$\mathrm{Prj}_u(\boldsymbol{a}+\boldsymbol{b})=\mathrm{Prj}_u\boldsymbol{a}+\mathrm{Prj}_u\boldsymbol{b}$.

性质 3　$\mathrm{Prj}_u(\lambda\boldsymbol{a})=\lambda\mathrm{Prj}_u\boldsymbol{a}$.

三、向量的数量积

1. 数量积概念

由力学知识可知，如果一物体在常力 $\boldsymbol{F}$ 的作用下沿直线由点 M_1 移到点 M_2，以 $\boldsymbol{s}$ 表示位移 $\overrightarrow{M_1M_2}$，以 θ 表示力 $\boldsymbol{F}$ 与位移 $\boldsymbol{s}$ 的夹角(见图 8-16)，则力 $\boldsymbol{F}$ 所作的功为

$$W=|\boldsymbol{F}||\boldsymbol{s}|\cos\theta.$$

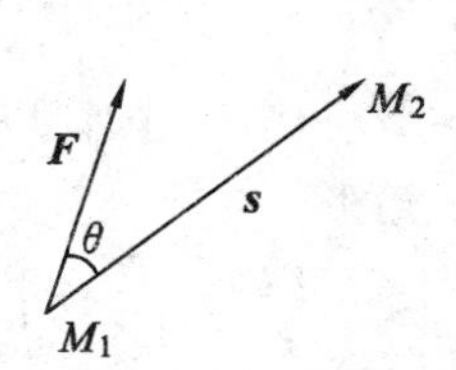

图 8-16

一般地，设有两个向量 $\boldsymbol{a}$ 与 $\boldsymbol{b}$，它们的夹角为 θ，则称

$$|\boldsymbol{a}||\boldsymbol{b}|\cos\theta=|\boldsymbol{b}|\mathrm{Prj}_b\boldsymbol{a}=|\boldsymbol{a}|\mathrm{Prj}_a\boldsymbol{b}$$

为向量 $\boldsymbol{a}$ 与向量 $\boldsymbol{b}$ 的**数量积**，记作 $\boldsymbol{a}\cdot\boldsymbol{b}$，即 $\boldsymbol{a}\cdot\boldsymbol{b}=|\boldsymbol{a}||\boldsymbol{b}|\cos\theta$. 由此定义，上述的功可表示为 $W=\boldsymbol{F}\cdot\boldsymbol{s}$.

由定义可知

$$\boldsymbol{a}\cdot\boldsymbol{a}=|\boldsymbol{a}|^2\ \text{或}\ |\boldsymbol{a}|=\sqrt{\boldsymbol{a}\cdot\boldsymbol{a}}.$$

由定义还有

$$\boldsymbol{a}\cdot\boldsymbol{b}=|\boldsymbol{b}|\mathrm{Prj}_b\boldsymbol{a}\ (\boldsymbol{b}\neq\boldsymbol{0});$$

$$\boldsymbol{a}\cdot\boldsymbol{b}=|\boldsymbol{a}|=|\boldsymbol{a}|\mathrm{Prj}_{\boldsymbol{a}}\boldsymbol{b}\ (\boldsymbol{a}\neq\boldsymbol{0}).$$

对于两个非零向量 $\boldsymbol{a}$ 与 $\boldsymbol{b}$，它们的夹角 θ 的余弦为

$$\cos\theta=\frac{\boldsymbol{a}\cdot\boldsymbol{b}}{|\boldsymbol{a}||\boldsymbol{b}|}.$$

由此可得，两个非零向量 $\boldsymbol{a}$ 与 $\boldsymbol{b}$ 垂直的充分必要条件是：它们的数量积等于零，即 $\boldsymbol{a}\cdot\boldsymbol{b}=0$.

可以证明(证明从略)数量积符合下列运算规律：

(1) $\boldsymbol{a}\cdot\boldsymbol{b}=\boldsymbol{b}\cdot\boldsymbol{a}$;

(2) $(\boldsymbol{a}+\boldsymbol{b})\cdot\boldsymbol{c}=\boldsymbol{a}\cdot\boldsymbol{c}+\boldsymbol{b}\cdot\boldsymbol{c}$;

(3) $\lambda(\boldsymbol{a}\cdot\boldsymbol{b})=(\lambda\boldsymbol{a})\cdot\boldsymbol{b}=\boldsymbol{a}\cdot(\lambda\boldsymbol{b})$, λ 为数.

2. 数量积的坐标表示

设向量 $\boldsymbol{a}=\{a_x,a_y,a_z\}$，$\boldsymbol{b}=\{b_x,b_y,b_z\}$，根据数量积的运算规律，有

$$\begin{aligned}\boldsymbol{a}\cdot\boldsymbol{b}&=(a_x\boldsymbol{i}+a_y\boldsymbol{j}+a_z\boldsymbol{k})\cdot(b_x\boldsymbol{i}+b_y\boldsymbol{j}+b_z\boldsymbol{k})\\&=a_x\boldsymbol{i}\cdot(b_x\boldsymbol{i}+b_y\boldsymbol{j}+b_z\boldsymbol{k})+a_y\boldsymbol{j}\cdot(b_x\boldsymbol{i}+b_y\boldsymbol{j}+b_z\boldsymbol{k})+a_z\boldsymbol{k}\cdot(b_x\boldsymbol{i}+b_y\boldsymbol{j}+b_z\boldsymbol{k})\\&=a_xb_x\boldsymbol{i}\cdot\boldsymbol{i}+a_xb_y\boldsymbol{i}\cdot\boldsymbol{j}+a_xb_z\boldsymbol{i}\cdot\boldsymbol{k}+a_yb_x\boldsymbol{j}\cdot\boldsymbol{i}+a_yb_y\boldsymbol{j}\cdot\boldsymbol{j}+a_yb_z\boldsymbol{j}\cdot\boldsymbol{k}+a_zb_x\boldsymbol{k}\cdot\boldsymbol{i}+\\&\quad a_zb_y\boldsymbol{k}\cdot\boldsymbol{j}+a_zb_z\boldsymbol{k}\cdot\boldsymbol{k}.\end{aligned}$$

由于 $\boldsymbol{i},\boldsymbol{j},\boldsymbol{k}$ 互相垂直，故 $\boldsymbol{i}\cdot\boldsymbol{j}=\boldsymbol{j}\cdot\boldsymbol{i}=\boldsymbol{i}\cdot\boldsymbol{k}=\boldsymbol{k}\cdot\boldsymbol{i}=\boldsymbol{j}\cdot\boldsymbol{k}=\boldsymbol{k}\cdot\boldsymbol{j}=0$，而 $\boldsymbol{i},\boldsymbol{j},\boldsymbol{k}$ 为单位向量，故 $\boldsymbol{i}\cdot\boldsymbol{i}=\boldsymbol{j}\cdot\boldsymbol{j}=\boldsymbol{k}\cdot\boldsymbol{k}=1$，所以

$$\boldsymbol{a}\cdot\boldsymbol{b}=a_xb_x+a_yb_y+a_zb_z.$$

此式为两个向量的数量积的坐标表示式.

当 $\boldsymbol{a},\boldsymbol{b}$ 都不是零向量时，有

$$\cos\theta=\frac{\boldsymbol{a}\cdot\boldsymbol{b}}{|\boldsymbol{a}||\boldsymbol{b}|}=\frac{a_xb_x+a_yb_y+a_zb_z}{\sqrt{a_x^2+a_y^2+a_z^2}\sqrt{b_x^2+b_y^2+b_z^2}}.$$

所以两个向量 $\boldsymbol{a}$ 与 $\boldsymbol{b}$ 互相垂直的充分必要条件是

$$a_xb_x+a_yb_y+a_zb_z=0.$$

例 3 验证以三点 $A(1,2,0)$，$B(2,0,-1)$，$C(2,5,-5)$ 为顶点的三角形是直角三角形.

解 $\overrightarrow{AB}=\{1,-2,-1\}$，$\overrightarrow{AC}=\{1,3,-5\}$，而

$$\overrightarrow{AB}\cdot\overrightarrow{AC}=1\times1+(-2)\times3+(-1)\times(-5)=0.$$

所以，$\overrightarrow{AB}$与$\overrightarrow{AC}$垂直，故这个三角形是直角三角形.

例 4 设 $2\boldsymbol{a}+5\boldsymbol{b}$ 与 $\boldsymbol{a}-\boldsymbol{b}$ 垂直，$2\boldsymbol{a}+3\boldsymbol{b}$ 与 $\boldsymbol{a}-5\boldsymbol{b}$ 垂直，求$(\widehat{\boldsymbol{a},\boldsymbol{b}})$.

解 依题意，有

$$(2\boldsymbol{a}+5\boldsymbol{b})\cdot(\boldsymbol{a}-\boldsymbol{b})=0,\ (2\boldsymbol{a}+3\boldsymbol{b})\cdot(\boldsymbol{a}-5\boldsymbol{b})=0,$$

即
$$2|\boldsymbol{a}|^2+3\boldsymbol{a}\cdot\boldsymbol{b}-5|\boldsymbol{b}|^2=0,\ 2|\boldsymbol{a}|^2-7\boldsymbol{a}\cdot\boldsymbol{b}-15|\boldsymbol{b}|^2=0.$$

由这两个方程解出
$$\boldsymbol{a}\cdot\boldsymbol{b}=-|\boldsymbol{b}|^2,\ |\boldsymbol{a}|=2|\boldsymbol{b}|,$$

故有

$$\cos(\widehat{\boldsymbol{a},\boldsymbol{b}})=\frac{\boldsymbol{a}\cdot\boldsymbol{b}}{|\boldsymbol{a}||\boldsymbol{b}|}=\frac{-|\boldsymbol{b}|^2}{2|\boldsymbol{b}||\boldsymbol{b}|}=-\frac{1}{2}.$$

所以，向量 $\boldsymbol{a}$ 与 $\boldsymbol{b}$ 的夹角为$\frac{2\pi}{3}$.

四、向量的向量积

1. 向量积的概念

在力学和物理学中还会遇到由两个向量确定第三个向量的运算. 例如，设 O 为一根杠杆 L 的支点，力 $\boldsymbol{F}$ 作用于这个杠杆上点 P 处，$\boldsymbol{F}$ 与向量 $\boldsymbol{r}=\overrightarrow{OP}$的夹角为$\theta$(见图 8-17)，力臂 $p=|OQ|=|\boldsymbol{r}|\sin\theta$. 在力学中，力 $\boldsymbol{F}$ 对支点 O 的力矩用一个向量 $\boldsymbol{M}$ 来表示，它的模为

$$|\boldsymbol{M}|=p|\boldsymbol{F}|=|\boldsymbol{r}||\boldsymbol{F}|\sin\theta,$$

而 $\boldsymbol{M}$ 的方向垂直于$\overrightarrow{OP}$与 $\boldsymbol{F}$ 所确定的平面，$\boldsymbol{M}$ 的指向是按右手规则从$\overrightarrow{OP}$以不超过 π 的角转向 $\boldsymbol{F}$ 来确定的(见图 8-18).

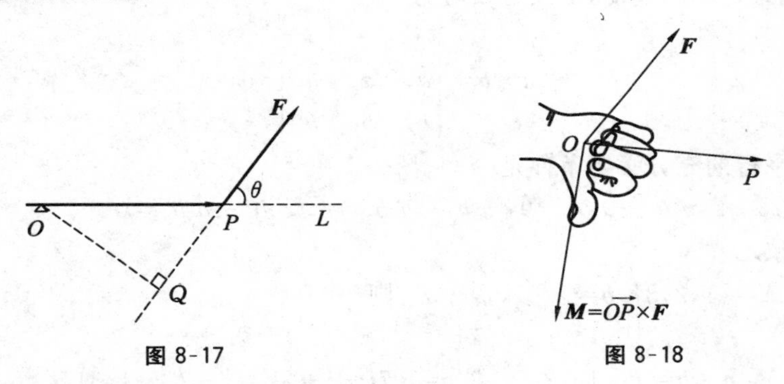

图 8-17　　　　图 8-18

从上面的问题可以看出，向量$\overrightarrow{OP}$与 $\boldsymbol{F}$ 完全确定了向量 $\boldsymbol{M}$.

一般地，有如下定义：

两个向量 $\boldsymbol{a}$ 与 $\boldsymbol{b}$ 的**向量积**是一个向量 $\boldsymbol{c}$，记作 $\boldsymbol{a}\times\boldsymbol{b}$，即 $\boldsymbol{c}=\boldsymbol{a}\times\boldsymbol{b}$. 它满足三个条件：

(1) $|\boldsymbol{c}|=|\boldsymbol{a}||\boldsymbol{b}|\sin\theta$，其中 θ 为 $\boldsymbol{a}$ 与 $\boldsymbol{b}$ 间的夹角；

(2) $\boldsymbol{c}$ 的方向同时垂直于 $\boldsymbol{a}$ 与 $\boldsymbol{b}$，或垂直于 $\boldsymbol{a}$ 与 $\boldsymbol{b}$ 所确定的平面；

(3) $\boldsymbol{c}$ 的指向按右手规则从 $\boldsymbol{a}$ 转向 $\boldsymbol{b}$ 来确定.

根据向量积的定义，上面的力矩 $\boldsymbol{M}$ 等于$\overrightarrow{OP}$与 $\boldsymbol{F}$ 的向量积，即

$$\boldsymbol{M}=\boldsymbol{r}\times\boldsymbol{F}=\overrightarrow{OP}\times\boldsymbol{F}.$$

由向量积的定义可以证明向量积具有下列性质：

(1) $\boldsymbol{a}\times\boldsymbol{a}=\boldsymbol{0}$；

(2) $\boldsymbol{a}$ 与 $\boldsymbol{b}$ 平行的充分必要条件是 $\boldsymbol{a}\times\boldsymbol{b}=\boldsymbol{0}$；

(3) $\boldsymbol{b}\times\boldsymbol{a}=-\boldsymbol{a}\times\boldsymbol{b}$；

(4) $(\boldsymbol{a}+\boldsymbol{b})\times\boldsymbol{c}=\boldsymbol{a}\times\boldsymbol{c}+\boldsymbol{b}\times\boldsymbol{c}$，

$\boldsymbol{a}\times(\boldsymbol{b}+\boldsymbol{c})=\boldsymbol{a}\times\boldsymbol{b}+\boldsymbol{a}\times\boldsymbol{c}$；

(5) $\lambda(\boldsymbol{a}\times\boldsymbol{b})=(\lambda\boldsymbol{a})\times\boldsymbol{b}=\boldsymbol{a}\times(\lambda\boldsymbol{b})$，$\lambda$ 为数.

对于基本单位向量有如下关系：

$$\boldsymbol{i}\times\boldsymbol{j}=\boldsymbol{k},\ \boldsymbol{j}\times\boldsymbol{k}=\boldsymbol{i},\ \boldsymbol{k}\times\boldsymbol{i}=\boldsymbol{j},\ \boldsymbol{j}\times\boldsymbol{i}=-\boldsymbol{k},\ \boldsymbol{k}\times\boldsymbol{j}=-\boldsymbol{i},\ \boldsymbol{i}\times\boldsymbol{k}=-\boldsymbol{j}.$$

2. 向量积的坐标表示

设向量 $\boldsymbol{a}=\{a_x,a_y,a_z\}$，$\boldsymbol{b}=\{b_x,b_y,b_z\}$，根据向量积的运算规律，有

$$\begin{aligned}\boldsymbol{a}\times\boldsymbol{b}&=(a_x\boldsymbol{i}+a_y\boldsymbol{j}+a_z\boldsymbol{k})\times(b_x\boldsymbol{i}+b_y\boldsymbol{j}+b_z\boldsymbol{k})\\&=a_x\boldsymbol{i}\times(b_x\boldsymbol{i}+b_y\boldsymbol{j}+b_z\boldsymbol{k})+a_y\boldsymbol{j}\times(b_x\boldsymbol{i}+b_y\boldsymbol{j}+b_z\boldsymbol{k})+a_z\boldsymbol{k}\times(b_x\boldsymbol{i}+b_y\boldsymbol{j}+b_z\boldsymbol{k})\\&=a_xb_x\boldsymbol{i}\times\boldsymbol{i}+a_xb_y\boldsymbol{i}\times\boldsymbol{j}+a_xb_z\boldsymbol{i}\times\boldsymbol{k}+a_yb_x\boldsymbol{j}\times\boldsymbol{i}+a_yb_y\boldsymbol{j}\times\boldsymbol{j}+a_yb_z\boldsymbol{j}\times\boldsymbol{k}+a_zb_x\boldsymbol{k}\times\boldsymbol{i}+\\&\quad a_zb_y\boldsymbol{k}\times\boldsymbol{j}+a_zb_z\boldsymbol{k}\times\boldsymbol{k}\\&=(a_yb_z-a_zb_y)\boldsymbol{i}-(a_xb_z-a_zb_x)\boldsymbol{j}+(a_xb_y-a_yb_x)\boldsymbol{k}\\&=\begin{vmatrix}a_y&a_z\\b_y&b_z\end{vmatrix}\boldsymbol{i}-\begin{vmatrix}a_x&a_z\\b_x&b_z\end{vmatrix}\boldsymbol{j}+\begin{vmatrix}a_x&a_y\\b_x&b_y\end{vmatrix}\boldsymbol{k}.\end{aligned}$$

借用三阶行列式运算的规则，上式可以写为

$$\boldsymbol{a}\times\boldsymbol{b}=\begin{vmatrix}\boldsymbol{i}&\boldsymbol{j}&\boldsymbol{k}\\a_x&a_y&a_z\\b_x&b_y&b_z\end{vmatrix}.$$

由此，两向量平行的充分必要条件是

$$a_yb_z-a_zb_y=0,\ a_zb_x-a_xb_z=0,\ a_xb_y-a_yb_x=0. \tag{4}$$

它与式(2)一致.

例 5 设 $\boldsymbol{a}=\{1,2,3\}$，$\boldsymbol{b}=\{-1,1,-2\}$，则

$$\boldsymbol{a}\times\boldsymbol{b}=\begin{vmatrix}\boldsymbol{i}&\boldsymbol{j}&\boldsymbol{k}\\1&2&3\\-1&1&-2\end{vmatrix}=-7\boldsymbol{i}-\boldsymbol{j}+3\boldsymbol{k}=\{-7,-1,3\}.$$

例 6 已知 $\overrightarrow{OA}=\{1,0,3\}$，$\overrightarrow{OB}=\{0,1,3\}$，试求 $\triangle OAB$ 的面积.

解 根据向量积的定义可知 $\triangle OAB$ 的面积

$$S=\frac{1}{2}|\overrightarrow{OA}\times\overrightarrow{OB}|=\frac{1}{2}\left\|\begin{matrix}\boldsymbol{i}&\boldsymbol{j}&\boldsymbol{k}\\1&0&3\\0&1&3\end{matrix}\right\|=\frac{1}{2}|-3\boldsymbol{i}-3\boldsymbol{j}+\boldsymbol{k}|=\frac{1}{2}\sqrt{19}.$$

△五、向量的混合积

设已知三个向量 $\boldsymbol{a}$，$\boldsymbol{b}$ 和 $\boldsymbol{c}$. 如果先作两向量 $\boldsymbol{a}$ 和 $\boldsymbol{b}$ 的向量积 $\boldsymbol{a}\times\boldsymbol{b}$，把所得到的向量与第三个向量 $\boldsymbol{c}$ 再作数量积 $(\boldsymbol{a}\times\boldsymbol{b})\cdot\boldsymbol{c}$，这样得到的数量叫做三向量 $\boldsymbol{a}$，$\boldsymbol{b}$，$\boldsymbol{c}$ 的混合积，记作 $[\boldsymbol{a}\ \boldsymbol{b}\ \boldsymbol{c}]$.

下面我们来推出三向量的混合积的坐标表达式.

设 $\boldsymbol{a}=\{a_x,a_y,a_z\}$，$\boldsymbol{b}=\{b_x,b_y,b_z\}$，$\boldsymbol{c}=\{c_x,c_y,c_z\}$.

因为

$$\boldsymbol{a}\times\boldsymbol{b}=\begin{vmatrix}\boldsymbol{i}&\boldsymbol{j}&\boldsymbol{k}\\a_x&a_y&a_z\\b_x&b_y&b_z\end{vmatrix}=\begin{vmatrix}a_y&a_z\\b_y&b_z\end{vmatrix}\boldsymbol{i}-\begin{vmatrix}a_x&a_z\\b_x&b_z\end{vmatrix}\boldsymbol{j}+\begin{vmatrix}a_x&a_y\\b_x&b_z\end{vmatrix}\boldsymbol{k},$$

再按两向量的数量积的坐标表达式得

$$[\boldsymbol{a}\ \boldsymbol{b}\ \boldsymbol{c}]=(\boldsymbol{a}\times\boldsymbol{b})\cdot\boldsymbol{c}=c_x\begin{vmatrix}a_y&a_z\\b_y&b_z\end{vmatrix}-c_y\begin{vmatrix}a_x&a_z\\b_x&b_z\end{vmatrix}+c_z\begin{vmatrix}a_x&a_y\\b_x&b_y\end{vmatrix}$$

或

$$[\boldsymbol{a}\ \boldsymbol{b}\ \boldsymbol{c}]=\begin{vmatrix}a_x&a_y&a_z\\b_x&b_y&b_z\\c_x&c_y&c_z\end{vmatrix}.$$

向量的混合积有下述几何意义：

向量的混合积$[\boldsymbol{a}\ \boldsymbol{b}\ \boldsymbol{c}]=(\boldsymbol{a}\times\boldsymbol{b})\cdot\boldsymbol{c}$是这样一个数，它的绝对值表示以向量$\boldsymbol{a},\boldsymbol{b},\boldsymbol{c}$为棱的平行六面体的体积. 如果向量$\boldsymbol{a},\boldsymbol{b},\boldsymbol{c}$组成右手系（即$\boldsymbol{c}$的指向按右手规则从$\boldsymbol{a}$转向$\boldsymbol{b}$来确定），那么混合积的符号是正的；如果$\boldsymbol{a},\boldsymbol{b},\boldsymbol{c}$组成左手系（即$\boldsymbol{c}$的指向按左手规则从$\boldsymbol{a}$转向$\boldsymbol{b}$来确定），那么混合积的符号是负的.

事实上，设$\overrightarrow{OA}=\boldsymbol{a},\overrightarrow{OB}=\boldsymbol{b},\overrightarrow{OC}=\boldsymbol{c}$，按向量积的定义，向量积$\boldsymbol{a}\times\boldsymbol{b}=\boldsymbol{f}$是一个向量，它的模在数值上等于以向量$\boldsymbol{a}$和$\boldsymbol{b}$为边所作平行四边形$OADB$的面积，它的方向垂直于这个平行四边形. 当$\boldsymbol{a},\boldsymbol{b},\boldsymbol{c}$组成右手系时，向量$\boldsymbol{f}$与向量$\boldsymbol{c}$朝着这平面的同侧（见图 8-19）；当$\boldsymbol{a},\boldsymbol{b},\boldsymbol{c}$组成左手系时，向量$\boldsymbol{f}$与向量$\boldsymbol{c}$朝着这平面的异侧. 所以，如设$\boldsymbol{f}$与$\boldsymbol{c}$的夹角为$\alpha$，那么$\boldsymbol{a},\boldsymbol{b},\boldsymbol{c}$组成右手系时，$\alpha$为锐角；当$\boldsymbol{a},\boldsymbol{b},\boldsymbol{c}$组成左手系时，$\alpha$为钝角. 由于

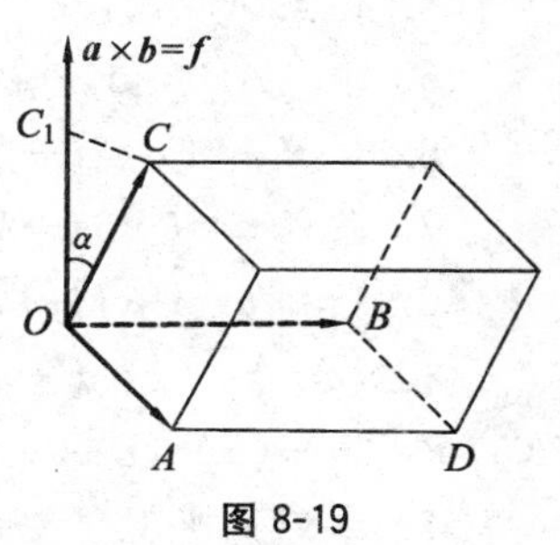

图 8-19

$$[\boldsymbol{a}\ \boldsymbol{b}\ \boldsymbol{c}]=(\boldsymbol{a}\times\boldsymbol{b})\cdot\boldsymbol{c}=|\boldsymbol{a}\times\boldsymbol{b}|\,|\boldsymbol{c}|\cos\alpha,$$

所以当$\boldsymbol{a},\boldsymbol{b},\boldsymbol{c}$组成右手系时，$[\boldsymbol{a}\ \boldsymbol{b}\ \boldsymbol{c}]$为正；当$\boldsymbol{a},\boldsymbol{b},\boldsymbol{c}$组成左手系时，$[\boldsymbol{a}\ \boldsymbol{b}\ \boldsymbol{c}]$为负.

因为以向量$\boldsymbol{a},\boldsymbol{b},\boldsymbol{c}$为棱的平行六面体的底（平行四边形$OADB$）的面积$A$在数值上等于$|\boldsymbol{a}\times\boldsymbol{b}|$，它的高$h$等于向量$\boldsymbol{c}$在向量$\boldsymbol{f}$上的投影的绝对值，即

$$h=|\mathrm{Prj}_f\boldsymbol{c}|=|\boldsymbol{c}|\,|\cos\alpha|,$$

所以平行六面体的体积

$$V=Ah=|\boldsymbol{a}\times\boldsymbol{b}|\,|\boldsymbol{c}|\,|\cos\alpha|=|[\boldsymbol{a}\ \boldsymbol{b}\ \boldsymbol{c}]|.$$

例 7　设空间的四点：$A(x_1,y_1,z_1),B(x_2,y_2,z_2),C(x_3,y_3,z_3),D(x_4,y_4,z_4)$，给出四个点在一个平面上的条件.

解　作向量$\overrightarrow{AB},\overrightarrow{AC},\overrightarrow{AD}$，则这四点在一个平面的条件是以这三个向量为棱的平行四面体的体积为零，因而有

$$[\overrightarrow{AB}\ \overrightarrow{AC}\ \overrightarrow{AD}]=0.$$

由于

$$\overrightarrow{AB}=\{x_2-x_1,y_2-y_1,z_2-z_1\},$$
$$\overrightarrow{AC}=\{x_3-x_1,y_3-y_1,z_3-z_1\},$$
$$\overrightarrow{AD}=\{x_4-x_1,y_4-y_1,z_4-z_1\},$$

所以这四点在同一平面的条件是

$$\begin{vmatrix} x_2-x_1 & y_2-y_1 & z_2-z_1 \\ x_3-x_1 & y_3-y_1 & z_3-z_1 \\ x_4-x_1 & y_4-y_1 & z_4-z_1 \end{vmatrix}=0.$$

习题 8-2

1. 已知三点 A,B,C 的坐标分别为 $(1,0,0)$，$(1,1,0)$，$(1,1,1)$，求 D 点的坐标，使 $ABCD$ 成一平行四边形.

2. 设 $|\boldsymbol{a}|=5$，$|\boldsymbol{b}|=2$，$(\widehat{\boldsymbol{a},\boldsymbol{b}})=\frac{\pi}{3}$，求 $|2\boldsymbol{a}-3\boldsymbol{b}|$.

3. 设 $\boldsymbol{a}=\boldsymbol{i}+2\boldsymbol{j}+3\boldsymbol{k}$，$\boldsymbol{b}=2\boldsymbol{i}-2\boldsymbol{j}+3\boldsymbol{k}$，求：(1) $\boldsymbol{a}+\boldsymbol{b}$；(2) $\boldsymbol{a}-\boldsymbol{b}$；(3) $2\boldsymbol{a}-3\boldsymbol{b}$.

4. 设点 $A(2,2,\sqrt{2})$ 和 $B(1,3,0)$，计算向量 $\overrightarrow{AB}$ 的模、方向余弦和方向角.

5. 求与 $\overrightarrow{AB}=\{1,-2,3\}$ 平行且 $\overrightarrow{AB}\cdot\boldsymbol{b}=28$ 的向量 $\boldsymbol{b}$.

6. 计算：(1) $(2\boldsymbol{i}-\boldsymbol{j})\cdot\boldsymbol{j}$；(2) $(2\boldsymbol{i}+3\boldsymbol{j}+4\boldsymbol{k})\cdot\boldsymbol{k}$；(3) $(\boldsymbol{i}+5\boldsymbol{j})\cdot\boldsymbol{i}$.

7. 验证 $\boldsymbol{a}=\boldsymbol{i}+3\boldsymbol{j}-\boldsymbol{k}$ 与 $\boldsymbol{b}=2\boldsymbol{i}-\boldsymbol{j}-\boldsymbol{k}$ 垂直.

8. 已知 $\boldsymbol{a}=\boldsymbol{i}+\boldsymbol{j}-4\boldsymbol{k}$，$\boldsymbol{b}=2\boldsymbol{i}-2\boldsymbol{j}+\boldsymbol{k}$，求：

(1) $\boldsymbol{a}\cdot\boldsymbol{b}$；(2) $\boldsymbol{a}\times\boldsymbol{b}$；(3) $\boldsymbol{b}$ 在 $\boldsymbol{a}$ 上的投影；(4) 同时垂直于 $\boldsymbol{a}$ 和 $\boldsymbol{b}$ 的单位向量；(5) $\boldsymbol{c}=2\boldsymbol{a}-(\boldsymbol{b}\cdot\boldsymbol{a})\cdot\boldsymbol{b}$；(6) $(5\boldsymbol{a}+6\boldsymbol{b})\cdot(\boldsymbol{a}+\boldsymbol{b})$.

9. 举例说明下列等式不成立：

(1) $(\boldsymbol{a}\cdot\boldsymbol{b})\boldsymbol{c}-\boldsymbol{a}(\boldsymbol{b}\cdot\boldsymbol{c})=0$；

(2) $(\boldsymbol{a}\cdot\boldsymbol{b})^2=\boldsymbol{a}^2\cdot\boldsymbol{b}^2$；

(3) $(\boldsymbol{a}\times\boldsymbol{b})\times\boldsymbol{c}=\boldsymbol{a}\times(\boldsymbol{b}\times\boldsymbol{c})$.

10. 已知 $\triangle ABC$ 的顶点是 $A(1,2,3)$，$B(3,4,5)$，$C(2,4,7)$，求 $\triangle ABC$ 的面积.

11. 已知 $|\boldsymbol{a}|=1$，$|\boldsymbol{b}|=5$，$\boldsymbol{a}\cdot\boldsymbol{b}=-3$，求 $|\boldsymbol{a}\times\boldsymbol{b}|$.

第三节　平面方程

与平面垂直的非零向量称为平面的**法向量**. 法向量不是唯一的，它可以有正反两个方向.

我们的问题是，已知平面 Π 过定点 $M_0(x_0,y_0,z_0)$，且具有法向量 $\boldsymbol{n}=\{A,B,C\}$. 求平面 Π 的方程.

在平面 Π 上任取一点 $M(x,y,z)$，则向量 $\overrightarrow{M_0M}$ 与平面 Π 的法向量 $\boldsymbol{n}$ 垂直(见图 8-20)，即

$$\boldsymbol{n}\cdot\overrightarrow{M_0M}=0.$$

由于 $\overrightarrow{M_0M}=\{x-x_0,y-y_0,z-z_0\}$，故

$$A(x-x_0)+B(y-y_0)+C(z-z_0)=0. \tag{1}$$

这就是平面 Π 上任一点 M 的坐标 x,y,z 所满足的方程.

反之，如果点 $M(x,y,z)$ 不在平面 Π 上，那么向量 $\overrightarrow{M_0M}$ 与法向量 $\boldsymbol{n}$ 不垂直，故 $\boldsymbol{n}\cdot\overrightarrow{M_0M}\neq0$，即不在平面 Π 上的点 M 的坐标 x,y,z 不满足上述方程(1).

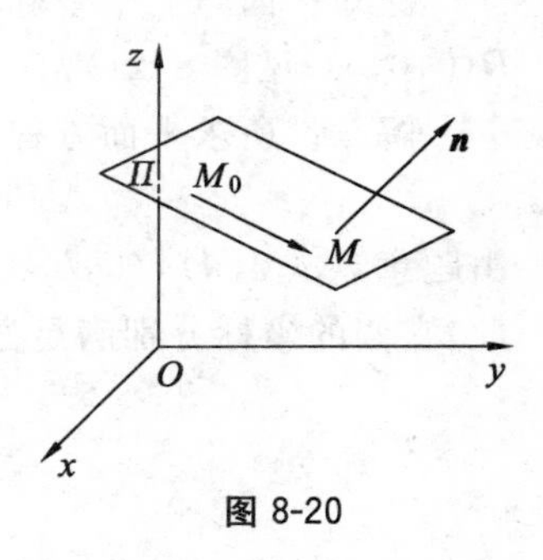

图 8-20

综上所述，方程(1)就是过定点 $M_0(x_0,y_0,z_0)$ 且法向量为 $\boldsymbol{n}=\{A,B,C\}$ 的平面 Π 的方程，称它为平面的**点法式方程**.

例 1　求过三个点 $M_1(0,-1,1)$，$M_2(-1,0,-2)$，$M_3(1,2,3)$ 的平面的方程.

解　由于法向量 $\boldsymbol{n}$ 与向量 $\overrightarrow{M_1M_2}$，$\overrightarrow{M_1M_3}$ 都垂直，而 $\overrightarrow{M_1M_2}=\{-1,1,-3\}$，$\overrightarrow{M_1M_3}=\{1,3,2\}$，所以

$$\boldsymbol{n}=\overrightarrow{M_1M_2}\times\overrightarrow{M_1M_3}=\begin{vmatrix}\boldsymbol{i} & \boldsymbol{j} & \boldsymbol{k}\\ -1 & 1 & -3\\ 1 & 3 & 2\end{vmatrix}=11\boldsymbol{i}-\boldsymbol{j}-4\boldsymbol{k}$$

为所求平面的法向量. 于是，过点 $M_1(0,-1,1)$ 且以 $\boldsymbol{n}$ 为法向量的平面方程为

$$11x-(y+1)-4(z-1)=0,$$

即

$$11x-y-4z+3=0.$$

方程(1)可以写成更一般的形式，即

$$Ax+By+Cz+D=0. \tag{2}$$

反之，对于任何一个三元一次方程(2)，取方程(2)的一组解 (x_0,y_0,z_0)，则有

$$Ax_0+By_0+Cz_0+D=0. \tag{3}$$

式(2)、式(3)相减即得方程(1)，因而方程(2)表示一个过点 (x_0,y_0,z_0) 且以向量 $\{A,B,C\}$ 为法向量的平面. 方程(2)称为平面的一般方程.

例 2　求过 z 轴和点(2,3,4)的平面方程.

解　因为平面通过 z 轴，故它的法向量垂直于 z 轴，于是，法向量在 z 轴上的投影为零，即 $C=0$；又由于平面通过 z 轴，故它必通过原点，于是，$D=0$. 所以可设平面方程为 $Ax+By=0$. 将点(2,3,4)的坐标代入方程，有

$$2A+3B=0$$

或

$$A=-\frac{3}{2}B.$$

以此代入所设方程并除以 $B(B\neq0)$，便得所求的平面方程为

$$3x-2y=0.$$

例 3　平面的截距式方程.

已知平面与三个坐标轴的交点分别为 $P(a,0,0)$，$Q(0,b,0)$，$R(0,0,c)$（见图 8-21），且 $a\neq0$，$b\neq0$，$c\neq0$，求此平面方程.

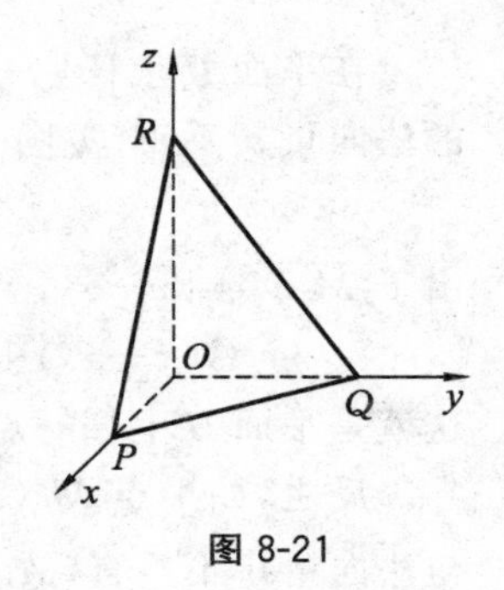

图 8-21

解　设所求平面方程为

$$Ax+By+Cz+D=0.$$

由题意，$(a,0,0)$，$(0,b,0)$，$(0,0,c)$ 这三点都在所求平面上，因此，它们的坐标分别满足方程，即有

$$\begin{cases}aA+D=0,\\ bB+D=0,\\ cC+D=0,\end{cases}$$

解得

$$A=-\frac{D}{a},\ B=-\frac{D}{b},\ C=-\frac{D}{c}.$$

将 A，B，C 代入方程并消去 D，得所求平面方程为

$$\frac{x}{a}+\frac{y}{b}+\frac{z}{c}=1.$$

此方程称为平面的**截距式方程**，a，b，c 称为平面在三坐标轴上的**截距**.

注　a，b，c 不一定是正数.

例 4　点到平面的距离.

给定一点 $M_1(x_1,y_1,z_1)$ 和一个平面 Σ：$Ax+By+Cz+D=0$，求点 M_1 到平面 Σ 的距离.

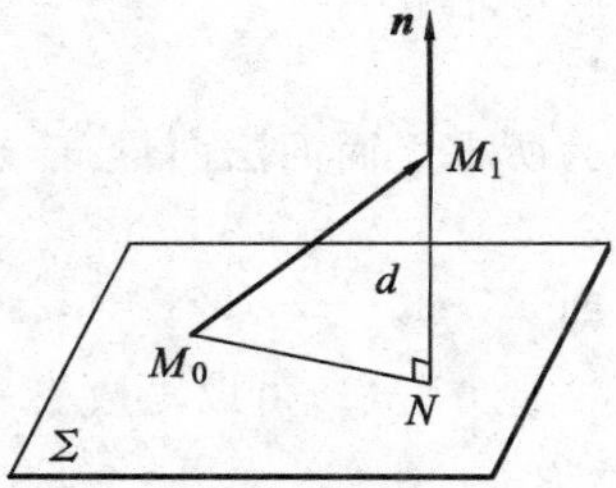

解　在平面 Σ 上任取一点 $M_0(x_0,y_0,z_0)$（见图 8-22），则点 M_1 到平面 Σ 的距离 d 可表示为

$$d=|\boldsymbol{n}\cdot\overrightarrow{M_0M_1}|.$$

图 8-22

而 $\boldsymbol{n}=\frac{1}{\sqrt{A^2+B^2+C^2}}\{A,B,C\}$，所以

$$d=\left|\frac{A(x_1-x_0)+B(y_1-y_0)+C(z_1-z_0)}{\sqrt{A^2+B^2+C^2}}\right|=\frac{|Ax_1+By_1+Cz_1+D|}{\sqrt{A^2+B^2+C^2}}.$$

这就是**点到平面的距离公式**.

最后，简要说明一下两平面的关系. 两平面的夹角（通常指锐角）可用两平面的法向量的夹角来定义，因此，两平面之间的夹角归结为两个法向量之间的夹角. 由此，两平面平行、垂直的条件为相应的两个法向量的平行、垂直的条件.

习题 8-3

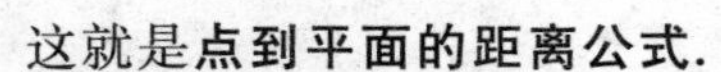

1. 一平面过点 $(1,0,-1)$ 且平行于向量 $\{2,1,1\}$，$\{1,-1,0\}$，试求该平面方程.

2. 求过三个点 $M_1(2,-1,4)$，$M_2(-1,3,-2)$，$M_3(0,2,3)$ 的平面方程.

3. 求过点 $(2,0,-3)$ 且与两平面 $x-2y+4z-7=0$，$2x+y-2z+5=0$ 垂直的平面方程.

4. 求下列平面方程：

(1) 过 x 轴和点 $(-4,-3,-1)$；

(2) 平行于 x 轴且过两点 $(4,0,-2)$，$(5,1,7)$；

(3) 垂直于平面 $x-4y+5z-1=0$ 且过原点和点 $(-2,7,3)$.

5. 求过点 $(2,1,-1)$，且在 x 轴和 y 轴上截距分别为 2 和 1 的平面方程.

6. 求过点 $M_1(4,1,2)$，$M_2(-3,5,-1)$ 且垂直于平面 $6x-2y+3z+7=0$ 的平面方程.

7. 求平面 $2x-2y+z+5=0$ 与各坐标面的夹角的余弦.

第四节　空间直线的方程

一、空间直线的一般方程

空间直线可以看作是两个不平行的平面的交线，因此，它可用两个关于 x,y,z 的三元一次方程所组成的方程组来表示.

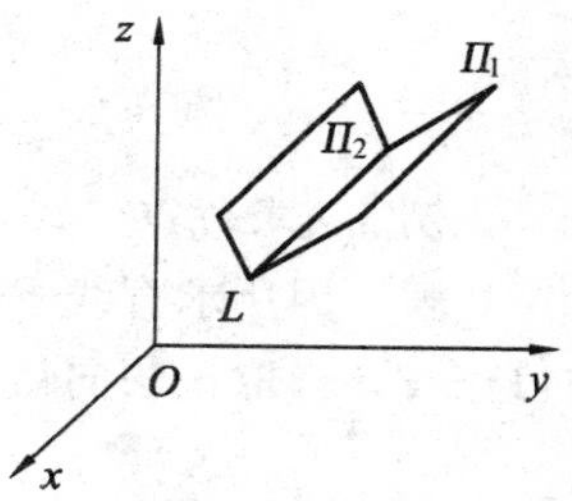

设已知直线 L，过这条直线的任意两个平面 Π_1 和 Π_2 的方程（见图 8-23）为

$$\Pi_1: A_1x+B_1y+C_1z+D_1=0,$$

$$\Pi_2: A_2x+B_2y+C_2z+D_2=0,$$

图 8-23

则直线 L 的方程为

$$\begin{cases} A_1x+B_1y+C_1z+D_1=0, \\ A_2x+B_2y+C_2z+D_2=0. \end{cases} \tag{1}$$

方程组(1)称为空间直线 L 的**一般方程**.

二、空间直线的对称式方程与参数方程

设向量 $\boldsymbol{s}$ 平行于直线 L，则向量 $\boldsymbol{s}$ 称为直线 L 的**方向向量**. 我们的问题是：

已知直线 L 过一个定点 $M_0(x_0,y_0,z_0)$，其方向向量为 $\boldsymbol{s}=\{m,n,p\}$. 求直线 L 的方程.

在直线 L 上任取一点 $M(x,y,z)$，作向量 $\overrightarrow{M_0M}$，则向量 $\overrightarrow{M_0M}$ 平行于向量 $\boldsymbol{s}$（见图 8-24），而 $\overrightarrow{M_0M}=\{x-x_0,y-y_0,z-z_0\}$，因此，有

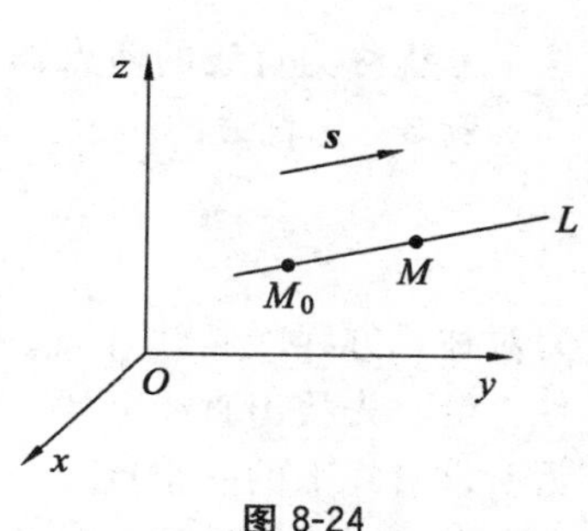

图 8-24

$$\frac{x-x_0}{m}=\frac{y-y_0}{n}=\frac{z-z_0}{p}. \tag{2}$$

方程(2)叫做直线 L 的**对称式方程**，其中 m,n,p 为直线 L 的方向向量 $\boldsymbol{s}$ 的坐标.

在方程(2)中设比例常数为 t,即可将方程(2)写成另一形式

$$\begin{cases} x=x_0+mt, \\ y=y_0+nt, \quad -\infty<t<+\infty. \\ z=z_0+pt, \end{cases} \tag{3}$$

方程组(3)叫做空间直线的**参数方程**.

直线的任一方向向量 $\boldsymbol{s}$ 的坐标 m,n,p 叫做这一直线的一组**方向数**,而 $\boldsymbol{s}$ 的方向余弦叫做这一直线的**方向余弦**.因此,直线的方向数是与它的方向余弦成比例的一组数.

由于直线的方向向量 $\boldsymbol{s}\neq\mathbf{0}$,所以 m,n,p 不能同时为零,当 m,n,p 中有一个为零,例如 $m=0$ 而 $n\neq0,p\neq0$ 时,方程组(2)应理解为

$$\begin{cases} x-x_0=0, \\ \dfrac{y-y_0}{n}=\dfrac{z-z_0}{p}. \end{cases}$$

当 m,n,p 中有两个为零,例如 $m=n=0,p\neq0$ 时,方程组(2)应理解为

$$\begin{cases} x-x_0=0, \\ y-y_0=0. \end{cases}$$

例 1　求过点(1,0,1)且与平面 $x-2y+5z+10=0$ 垂直的直线方程.

解　因所求直线垂直于已知平面,故此直线的方向向量必平行于该平面的法向量 $\{1,-2,5\}$.取该法向量为直线的方向向量,由直线的对称式方程即可写出直线的方程为

$$\frac{x-1}{1}=\frac{y}{-2}=\frac{z-1}{5}.$$

例 2　直线的两点式方程.

求过两点 $M_1(x_1,y_1,z_1)$,$M_2(x_2,y_2,z_2)$的直线方程.

解　取$\overrightarrow{M_1M_2}$为所求直线的方向向量,则$\overrightarrow{M_1M_2}=\{x_2-x_1,y_2-y_1,z_2-z_1\}$.由对称式方程(2)得所求直线的方程为

$$\frac{x-x_1}{x_2-x_1}=\frac{y-y_1}{y_2-y_1}=\frac{z-z_1}{z_2-z_1}.$$

这个方程称为直线的**两点式方程**.

例 3　化直线的一般方程

$$\begin{cases} 16x-2y-z+5=0, \\ 20x+y-3z+15=0 \end{cases}$$

为对称式方程.

解　先找出直线上的一个点.取 $x=0$ 代入题设方程组,解得 $y=0,z=5$,即(0,0,5)为所求直线上的一个点.

再求出所求直线的方向向量.因为题设的两个平面的法向量 $\boldsymbol{n}_1=\{16,-2,-1\}$,$\boldsymbol{n}_2=\{20,1,-3\}$不平行,所以可取

$$s=n_1\times n_2=\begin{vmatrix} i & j & k \\ 16 & -2 & -1 \\ 20 & 1 & -3 \end{vmatrix}=7i+28j+56k.$$

于是，所求直线的对称式方程为$\frac{x}{7}=\frac{y}{28}=\frac{z-5}{56}$，即

$$\frac{x}{1}=\frac{y}{4}=\frac{z-5}{8}.$$

三、两直线的夹角

两直线的方向向量的夹角叫做两直线的夹角(通常指锐角).于是，设直线L_1与L_2的方向向量分别为$s_1=\{m_1,n_1,p_1\}$与$s_2=\{m_2,n_2,p_2\}$.按两向量夹角的余弦公式，直线L_1与L_2的夹角θ可由

$$\cos\theta=\frac{|m_1m_2+n_1n_2+p_1p_2|}{\sqrt{m_1^2+n_1^2+p_1^2}\sqrt{m_2^2+n_2^2+p_2^2}} \tag{4}$$

来确定.特殊地，由两向量垂直、平行的充分必要条件可得

两条直线L_1,L_2互相垂直的条件为　$m_1m_2+n_1n_2+p_1p_2=0$；

两条直线L_1,L_2互相平行的条件为　$\frac{m_1}{m_2}=\frac{n_1}{n_2}=\frac{p_1}{p_2}$.

四、直线与平面的夹角

当直线L与平面Π不平行时，过L作与Π垂直的平面Π'，两平面Π与Π'的交线L'叫做直线L在平面Π上的投影直线.直线L和它在平面Π上的投影直线的夹角$\varphi\left(0\leqslant\varphi\leqslant\frac{\pi}{2}\right)$称为直线与平面的夹角，如图8-25所示.

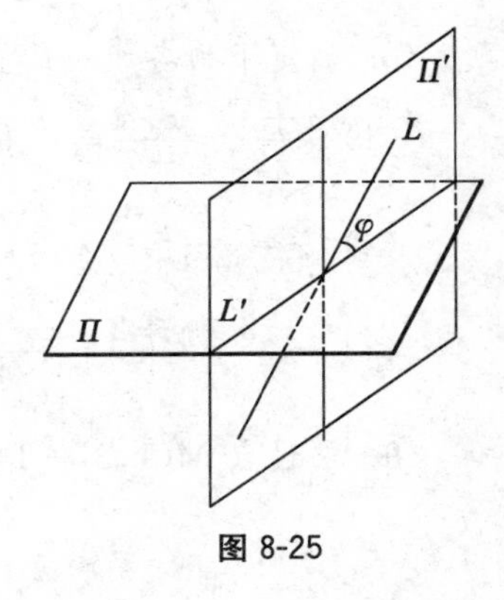

图8-25

设直线L的方向向量为$s=\{m,n,p\}$，平面Π的法向量为$n=\{A,B,C\}$，因为直线的方向向量$s=\{m,n,p\}$与平面的法向量$n=\{A,B,C\}$的夹角为$\frac{\pi}{2}-\varphi$或$\frac{\pi}{2}+\varphi$，而

$$\sin\varphi=\cos\left(\frac{\pi}{2}-\varphi\right)=\left|\cos\left(\frac{\pi}{2}+\varphi\right)\right|,$$

所以

$$\sin\varphi=\frac{|Am+Bn+Cp|}{\sqrt{A^2+B^2+C^2}\sqrt{m^2+n^2+p^2}}. \tag{5}$$

因为直线与平面平行相当于直线的方向向量与平面的法向量垂直，所以直线L与平面Π平行的充分必要条件是

$$Am+Bn+Cp=0.$$

又因为直线与平面垂直相当于直线的方向向量与平面的法向量平行，所以直线 L 与平面 Π 垂直的充分必要条件是

$$\frac{A}{m}=\frac{B}{n}=\frac{C}{p}.$$

习题 8-4

1. 求过点$(1,1,0)$且与平面 $2x-3y+z-2=0$ 垂直的直线方程.

2. 求过点$(0,2,4)$且与两平面 $x+2z=0$，$y-3z=2$ 平行的直线方程.

3. 用对称式方程表示直线$\begin{cases}x-y+z+1=0,\\3x-2y+z+1=0.\end{cases}$

4. 求过点$(2,4,0)$且与直线$\begin{cases}x+2y-1=0,\\y-3z-2=0\end{cases}$平行的平面方程.

5. 求直线$\begin{cases}5x-3y+3z-9=0,\\3x-2y+z-1=0\end{cases}$与直线$\begin{cases}2x+2y-z+23=0,\\3x+8y+z-18=0\end{cases}$的夹角的余弦.

6. (1) 求通过直线$\dfrac{x-1}{2}=\dfrac{y+2}{3}=\dfrac{z+3}{4}$且平行于直线 $x=y=\dfrac{z}{2}$ 的平面方程；

(2) 求过直线 $\dfrac{x+1}{2}=\dfrac{y-1}{-1}=\dfrac{z-2}{3}$ 且平行于直线 $\dfrac{x}{1}=\dfrac{y+2}{-2}=\dfrac{z-3}{-3}$ 的平面方程.

7. 求直线$\begin{cases}x+y+3z=0,\\x-y-z=0\end{cases}$与平面 $x-y-z+1=0$ 的夹角.

8. 确定下列各组中的直线和平面的关系：

(1) $\dfrac{x+3}{-2}=\dfrac{y+4}{-7}=\dfrac{z}{3}$ 和 $4x-2y-2z=3$；

(2) $\dfrac{x}{3}=\dfrac{y}{-2}=\dfrac{z}{7}$ 和 $3x-2y+7z=8$；

(3) $\dfrac{x-2}{3}=\dfrac{y+2}{1}=\dfrac{z-3}{-4}$ 和 $x+y+z=3$.

9. 求过点 $M(1,2,-1)$ 且和直线$\dfrac{x+2}{2}=\dfrac{y-1}{-1}=\dfrac{z}{1}$垂直相交的直线方程.

第五节　曲面及其方程

一、曲面与方程

在空间解析几何中，任何曲面都可看成是点的几何轨迹. 在这个意义下，当取定坐标系后，曲面 Σ 上点的共同性质可以利用该曲面上的点的坐标(x,y,z)满足的一个方程

$$F(x,y,z)=0 \tag{1}$$

来表达，如平面可以用一个一般方程 $Ax+By+Cz+D=0$ 来表示.

一般地,如果曲面Σ上的点的坐标都满足方程(1),不在曲面Σ上的点的坐标都不满足方程(1),那么,方程(1)就称为**曲面Σ的方程**,而曲面Σ称为方程(1)的**图形**(见图8-26).这样,对于一个曲面上的点的几何性质的研究,就归结为对曲面上点的坐标所满足的方程的研究,从而可以用代数方法研究几何问题.

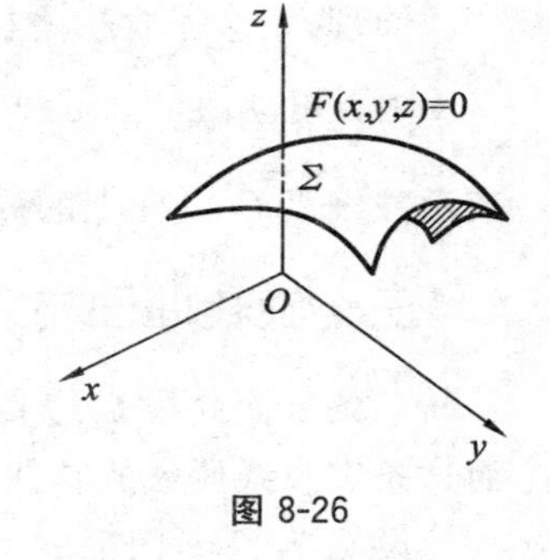

图 8-26

例 1　试求球心为点$M_0(x_0,y_0,z_0)$,半径为$R(R>0)$的球面方程.

解　设$M(x,y,z)$是球面上的任意一点,则有

$$|M_0M|=R,$$

即
$$\sqrt{(x-x_0)^2+(y-y_0)^2+(z-z_0)^2}=R$$

或
$$(x-x_0)^2+(y-y_0)^2+(z-z_0)^2=R^2. \tag{2}$$

这就是所求的球面方程.反之,若一个三元二次方程经配方后化为方程(2),则该方程必定表示一个球面.

二、母线平行于坐标轴的柱面

下面讨论方程$x^2+y^2=R^2$表示怎样一个曲面?在平面解析几何中,它表示Oxy面上圆心在原点,半径为R的一个圆.但在空间坐标系中,情形就会完全不同.设点$M_0(x_0,y_0)$在圆周$x^2+y^2=R^2$上,即点$M_0(x_0,y_0)$满足方程$x^2+y^2=R^2$,则点(x_0,y_0,z)对任意的$z\in(-\infty,+\infty)$也满足此方程.这说明过点$(x_0,y_0,0)$平行于z轴的直线上的点都满足方程,因而都在曲面$x^2+y^2=R^2$上.因此,这个曲面可以看成是由平行于z轴的直线L沿Oxy面上的圆$x^2+y^2=R^2$移动而成的,则该曲面叫做**圆柱面**(见图8-27),Oxy面上的圆$x^2+y^2=R^2$叫做它的**准线**,平行于z轴的直线L叫做它的**母线**.

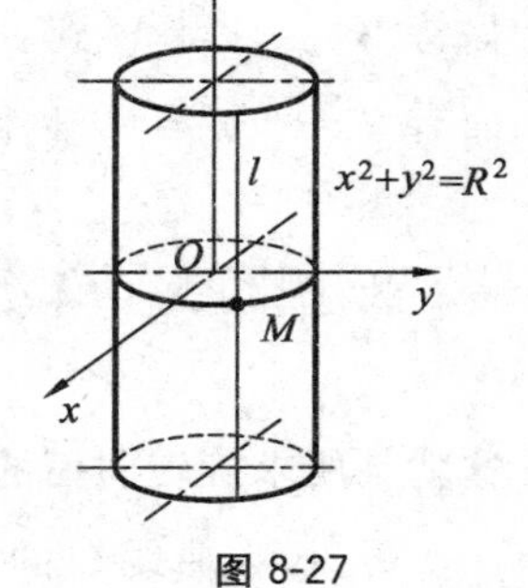

图 8-27

从上面讨论可看出,若方程$F(x,y)=0$在Oxy面上表示曲线C,则它在空间坐标系中表示以曲线C为准线,母线平行于z轴的柱面(见图8-28).例如,平面(柱面)$x-y=0$,抛物柱面$y^2=2x$,它们的图形分别如图8-29和图8-30所示.

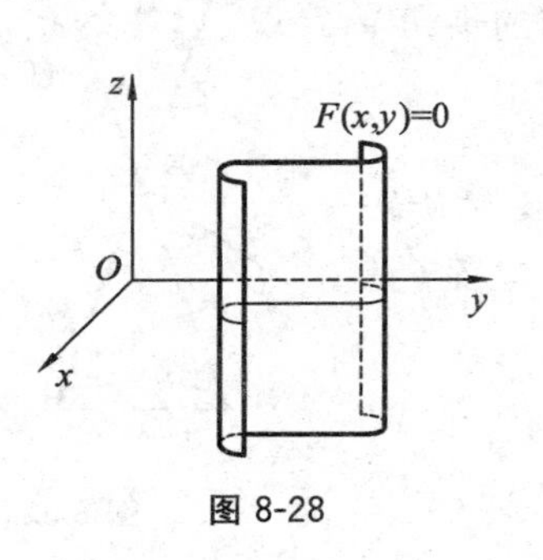

图 8-28

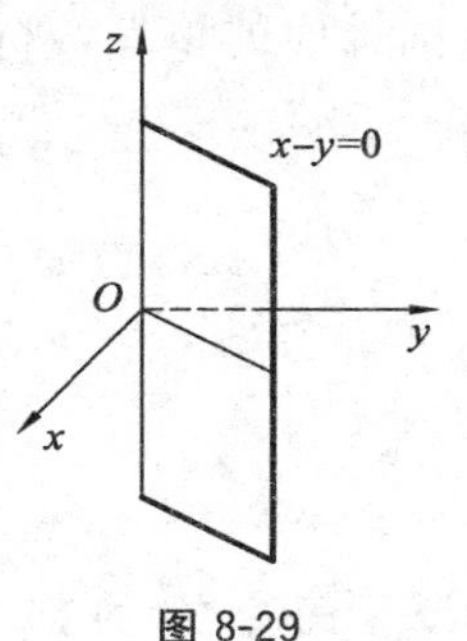

图 8-29

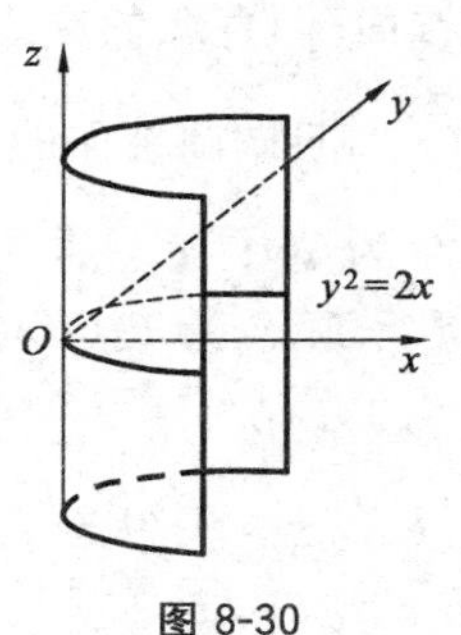

图 8-30

同理，一个不含横坐标 x 的方程 $G(y,z)=0$ 在空间中表示母线平行于 x 轴的柱面，一个不含纵坐标 y 的方程 $H(x,z)=0$ 表示母线平行于 y 轴的柱面. 例如，方程 $\frac{x^2}{a^2}+\frac{z^2}{b^2}=1$ 表示准线是 Oxz 面上的椭圆，母线平行于 y 轴的椭圆柱面.

三、旋转曲面与二次曲面

一条平面曲线 C 绕其所在平面上的一条定直线旋转一周所成的曲面叫做**旋转曲面**. 而这条定直线叫做旋转曲面的轴.

设 C 为 Oyz 面上的一条已知曲线，它的方程为 $F(y,z)=0$. 将曲线 C 绕 z 轴一周，则得一以 z 轴为轴的旋转曲面(见图 8-31).

设 $M_1(0,y_1,z_1)$ 为曲线 C 上的任意一点，则有

$$F(y_1,z_1)=0. \tag{3}$$

当曲线 C 绕 z 轴旋转时，点 M_1 的轨迹是旋转面上的一个圆周. 对于此圆上任意一点 $M(x,y,z)$，竖坐标 $z=z_1$ 保持不变，且点 M 到 z 轴的距离就是上述圆周的半径，因而有 $\sqrt{x^2+y^2}=|y_1|$，即

$$y_1=\pm\sqrt{x^2+y^2}.$$

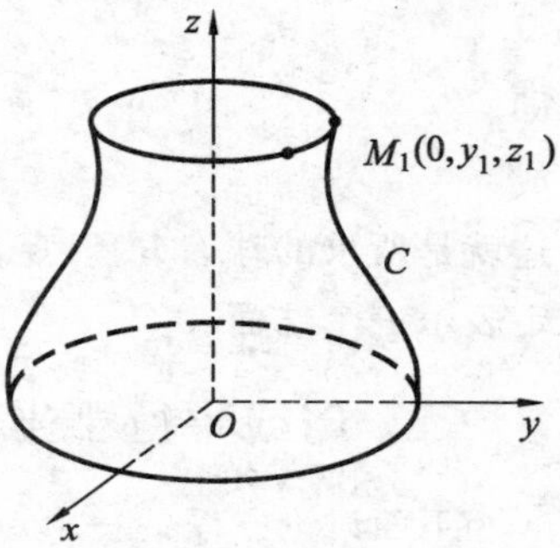

图 8-31

将 $z_1=z, y_1=\pm\sqrt{x^2+y^2}$ 代入式(3)，得

$$F(\pm\sqrt{x^2+y^2},z)=0. \tag{4}$$

这就是所求旋转曲面的方程.

可见，在曲线 C 的方程 $F(y,z)=0$ 中，只要将 y 改成 $\pm\sqrt{x^2+y^2}$，就得到曲线 C 绕 z 轴旋转所成的旋转曲面的方程.

同理，曲线 C 绕 y 轴旋转所成的旋转曲面的方程为

$$F(y,\pm\sqrt{x^2+z^2})=0. \tag{5}$$

下面看几个特殊的旋转曲面及对应的二次曲面.

1. 圆锥面及锥面

直线 C 绕另一条与 C 相交的直线旋转一周，所得旋转曲面叫做**圆锥面**. 两直线的交点叫做圆锥面的顶点，两直线的夹角 α $\left(0\leqslant\alpha\leqslant\frac{\pi}{2}\right)$ 叫做圆锥面的半顶角.

设 C 为 Oyz 面上的直线 $z=ky, k>0$，将直线 C 绕 z 轴旋转一周，所得顶点为 $O(0,0,0)$，半顶角 $\cot\alpha=k$ 的圆锥面(见图 8-32)的方程为

$$z=\pm k\sqrt{x^2+y^2} \text{ 或 } z^2=k^2(x^2+y^2). \tag{6}$$

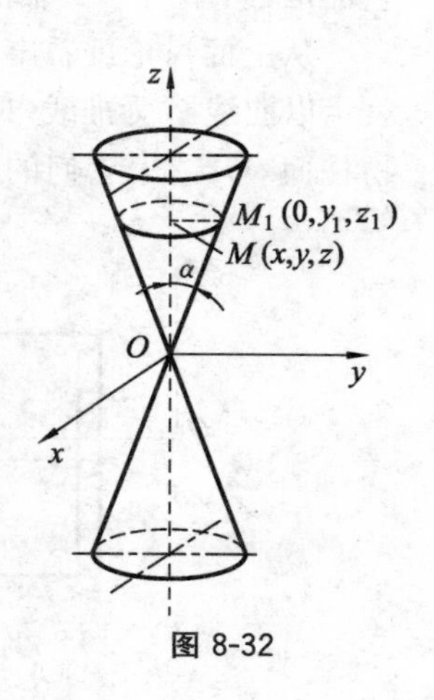

图 8-32

而方程 $z=k\sqrt{x^2+y^2}$ 表示 Oxy 面上方的部分锥面，$z=$

$-k\sqrt{x^2+y^2}$表示 Oxy 面下方的部分锥面.

若将方程(6)中 x 和 y 的前面放置不同的系数,即得到一般方程

$$z^2=\frac{x^2}{a^2}+\frac{y^2}{b^2}.$$

它所表示的曲面为**锥面**,其图形类似于图 8-32. 不同的是它与 Oxy 面平行的平面相交的交线是椭圆,而不是圆.

类似地,可讨论锥面方程

$$x^2=\frac{y^2}{a^2}+\frac{z^2}{b^2},$$

$$y^2=\frac{x^2}{a^2}+\frac{z^2}{b^2}$$

的图形(讨论略).

2. 旋转椭球面与椭球面

将 Oxy 面上的椭圆

$$\frac{x^2}{a^2}+\frac{y^2}{b^2}=1$$

绕 x 轴旋转一周,所产生的旋转曲面叫做**旋转椭球面**,其方程为

$$\frac{x^2}{a^2}+\frac{y^2+z^2}{b^2}=1$$

或

$$\frac{x^2}{a^2}+\frac{y^2}{b^2}+\frac{z^2}{b^2}=1. \tag{7}$$

它与 Oxy 面和 Oxz 面的交线及与它们平行的平面的交线都是椭圆,与 Oyz 面及与它平行的平面的交线都是圆.

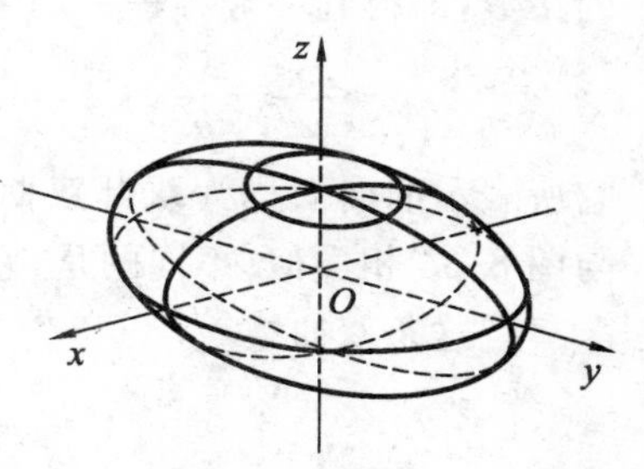

图 8-33

若将方程(7)中 y 和 z 的前面放置不同的系数,即得到一般方程

$$\frac{x^2}{a^2}+\frac{y^2}{b^2}+\frac{z^2}{c^2}=1$$

所表示的曲面为**椭球面**,图形类似于图 8-33. 不同的是它和三个坐标面及其与它们平行的平面的交线都是椭圆. 显然, $|x|\leqslant a$, $|y|\leqslant b$, $|z|\leqslant c$. 椭球面与三个坐标轴的交点叫做顶点.

3. 旋转抛物面与椭圆抛物面

将 Oyz 面上的抛物线

$$y^2=2pz \quad (p>0)$$

绕对称轴 z 轴旋转一周,所产生的旋转曲面叫做**旋转抛物面**(见图 8-34),其方程为

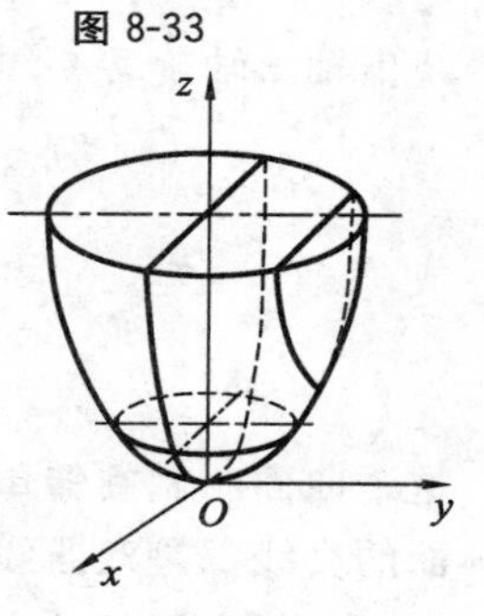

图 8-34

$$x^2+y^2=2pz. \tag{8}$$

这个曲面与 Oyz 面及 Oxz 面的交线都是抛物线，而与垂直于 z 轴的平面的交线为圆($z\geqslant 0$).

若将方程(8)中 x 和 y 的前面放置不同的系数，即得到一般方程

$$\frac{x^2}{2p}+\frac{y^2}{2q}=z \quad (p,q\text{ 同号}).$$

它所表示的曲面为**椭圆抛物面**. 当 p,q 为正时，它的图形与图 8-34 相类似. 不同的是，它与垂直于 z 轴的平面的交线是椭圆.

4. 旋转双曲面和双曲面

把 Oyz 面上的双曲线

$$\frac{y^2}{b^2}-\frac{z^2}{c^2}=1$$

绕着实轴 y 轴旋转一周，所产生的曲面叫做**旋转双曲面**，其方程为

$$\frac{y^2}{b^2}-\frac{x^2+z^2}{c^2}=1$$

或

$$-\frac{x^2}{c^2}+\frac{y^2}{b^2}-\frac{z^2}{c^2}=1. \tag{9}$$

这个曲面称为**旋转双叶双曲面**(见图 8-35)，它与 Oyz 面及 Oxy 面的交线都是双曲线，与同 y 轴垂直的平面的交线为圆($|y|>b$).

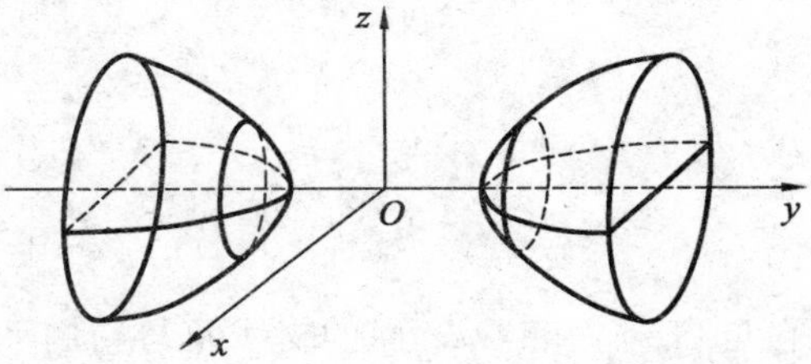

图 8-35

若将方程(9)中 x 和 z 的前面放置不同的系数，即得到一般方程

$$-\frac{x^2}{a^2}+\frac{y^2}{b^2}-\frac{z^2}{c^2}=1.$$

它所表示的曲面称为**双叶双曲面**. 它的图形与图 8-34 相类似. 不同的是，它与垂直于 y 轴的平面的交线是椭圆.

把这条双曲线

$$\frac{y^2}{b^2}-\frac{z^2}{c^2}=1$$

绕虚轴 z 轴旋转一周，所产生的曲面的方程为

$$\frac{x^2+y^2}{b^2}-\frac{z^2}{c^2}=1$$

或

$$\frac{x^2}{b^2}+\frac{y^2}{b^2}-\frac{z^2}{c^2}=1. \tag{10}$$

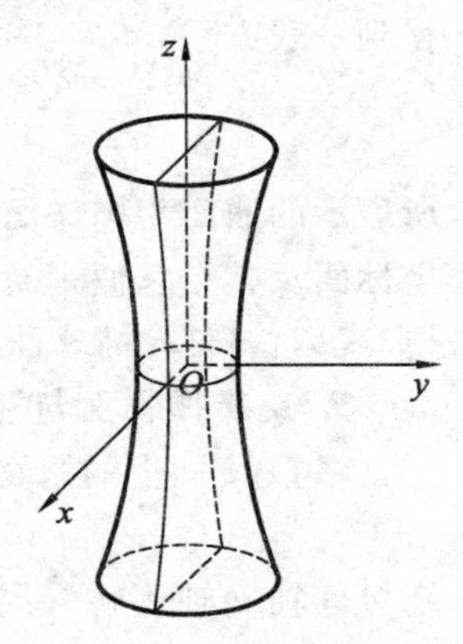

图 8-36

这个曲面叫做**旋转单叶双曲面**(见图 8-36)，它与 Oyz 面及 Oxz 面的交线都是双曲线，与 Oxy 面的交线是圆.

若将方程(10)中 x 和 y 的前面放置不同的系数，即得到一

般方程

$$\frac{x^2}{a^2}+\frac{y^2}{b^2}-\frac{z^2}{c^2}=1,$$

它所表示的曲面称为**单叶双曲面**．它的图形与图 8-36 相类似．不同的是，它与垂直于 z 轴的平面的交线是椭圆．

5．双曲抛物面

由方程

$$-\frac{x^2}{2p}+\frac{y^2}{2q}=z\quad(p,q\text{ 同号})$$

表示的曲面称为**双曲抛物面**．当 p,q 都为正时，其图形如图 8-37 所示．由于图形的形状像马鞍，因此，该曲面也称为马鞍面．

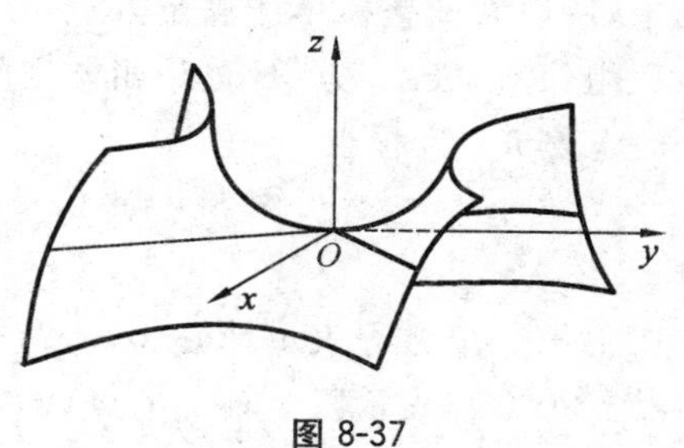

图 8-37

习题 8-5

1．画出下列各方程所表示的曲面：

(1) $x^2+y^2=x$；　(2) $\frac{x^2}{9}-\frac{y^2}{16}=1$；

(3) $y^2-2z+1=0$；　(4) $z=2-y^2$．

2．一动点与两定点(2,3,1)和(4,5,6)等距离，求该动点的轨迹方程．

3．方程 $x^2+y^2+z^2-2x+4y+2z=0$ 表示什么曲面？

4．将 Oxy 坐标面上的抛物线 $y^2=5x$ 绕 x 轴旋转一周，求所生成的旋转曲面的方程．

5．将 Oxz 坐标面上的圆 $x^2+z^2=9$ 绕 z 轴旋转一周，求所生成的旋转曲面的方程．

6．椭圆抛物面的顶点在原点，z 轴是它的对称轴，且点 $A(-1,-2,2)$ 和 $B(1,1,1)$ 在该曲面上，求此曲面方程．

7．指出下列曲面哪些是旋转曲面？如果是旋转曲面，说明它是如何产生的．

(1) $x^2+y^2+z^2=1$；　(2) $x^2+2y^2+3z^2=1$；

(3) $x^2-\frac{y^2}{4}+z^2=1$；　(4) $x^2-y^2-z^2=1$．

第六节　空间曲线的参数方程　投影柱面

一、空间曲线的一般方程

空间曲线可以看作是两个曲面的交线．设这两个曲面 S_1 及 S_2 的方程分别为

$$F(x,y,z)=0\text{ 及 }G(x,y,z)=0,$$

且这两个曲面的交线为 C(见图 8-38)．由于曲线上的任何点同

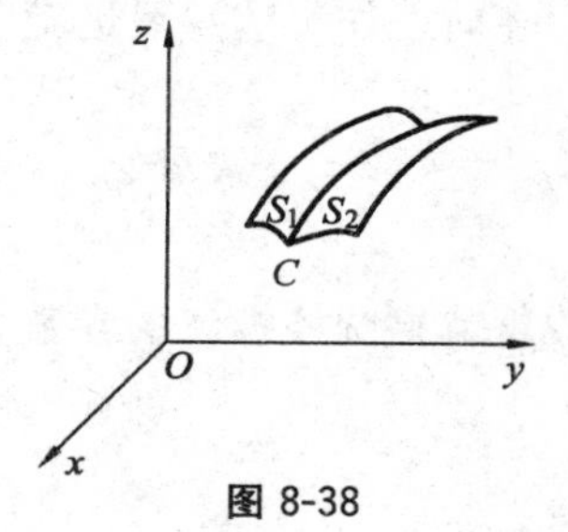

图 8-38

时在这两个曲面上，因此，它的坐标应同时满足这两个曲面的方程，即满足方程组

$$\begin{cases}F(x,y,z)=0,\\G(x,y,z)=0.\end{cases}\tag{1}$$

反之，如果点 M 不在曲线 C 上，那么它不可能同时在两个曲面上，所以它的坐标不能满足方程组(1). 因此，曲线 C 可以用方程组(1)来表示. 方程组(1)叫做空间曲线 C 的一般方程.

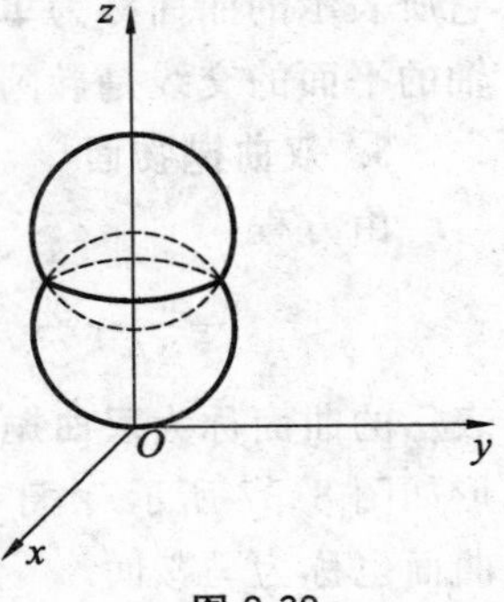

图 8-39

例 1 方程组

$$\begin{cases}x^2+y^2+(z-2)^2=1,\\x^2+y^2+(z-1)^2=1\end{cases}$$

中的第一个方程表示球心(0,0,2)在 z 轴上，半径为 1 的球面；第二个方程表示以 z 轴上的点(0,0,1)为球心，以 1 为半径的球面. 这两个方程组成的方程组表示这两个球面的交线，如图 8-39 所示.

二、空间曲线的参数方程

空间曲线 Γ 除了一般方程以外，也可用参数方程来表示. 只要将曲线 Γ 上的动点 $M(x,y,z)$ 的坐标表示为参数 t 的函数，即

$$\begin{cases}x=x(t),\\y=y(t),\\z=z(t).\end{cases}\tag{2}$$

当给定 $t=t_1$ 时，就得到曲线 Γ 上的一个点 (x_1,y_1,z_1). 随着 t 的变动，就得到 Γ 上的全部点. 方程组(2)叫做空间曲线的参数方程.

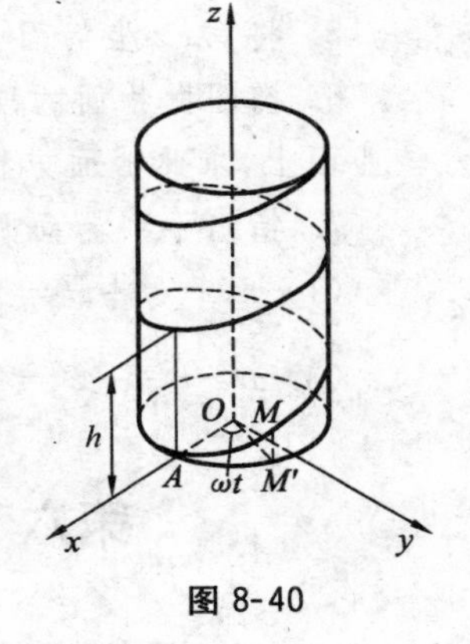

图 8-40

设空间一点 M 在圆柱面 $x^2+y^2=a^2$ 上以角速度 ω 绕 z 轴旋转，同时又以线速度 v 沿平行于 z 轴的正方向上升，其中 ω, v 都是常数，则点 M 的轨迹叫做圆柱螺线或螺旋线. 取时间 t 为参数，建立它的参数方程.

设 $t=0$ 时，动点在 x 轴上的一点 $A(a,0,0)$处. 在时刻 t 时，动点在点 $M(x,y,z)$处(见图 8-40). 由题设，动点 M 在 Oxy 面上的投影 M' 作匀速圆周运动，它在时刻 t 的转角 $\theta=\omega t$，又点 M 在向上作等速直线运动，因此有

$$\begin{cases}x=a\cos\omega t,\\y=a\sin\omega t,\quad t\geqslant 0.\\z=vt,\end{cases}$$

这就是圆柱螺线的参数方程.

例 2　方程组

$$\begin{cases}x^2+y^2=R,\\x^2+z^2=R\end{cases}$$

表示怎样的曲线？将曲线方程用参数方程表示.

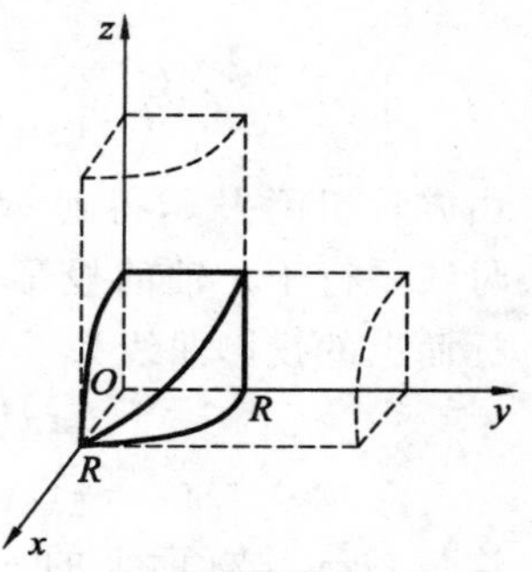

图 8-41

解　方程组中第一个方程表示母线平行于 z 轴的圆柱面，第二个方程表示母线平行于 y 轴的圆柱面. 它们的交线在第一卦限部分，如图 8-41 所示.

令 $x=R\cos t$ 代入方程，得到 $y=R\sin t, z=\pm R\sin t, 0\leqslant t<2\pi$，所以两条曲线的参数方程分别是

$$\begin{cases}x=R\cos t,\\y=R\sin t,\quad 0\leqslant t<2\pi\\z=R\sin t,\end{cases}\text{和}\begin{cases}x=R\cos t,\\y=R\sin t,\quad 0\leqslant t<2\pi.\\z=-R\sin t.\end{cases}$$

三、空间曲线在坐标面上的投影

设空间曲线 Γ 的一般方程为

$$\begin{cases}F(x,y,z)=0,\\G(x,y,z)=0.\end{cases}\tag{3}$$

从方程组(3)消去 z 得到方程

$$H(x,y)=0.\tag{4}$$

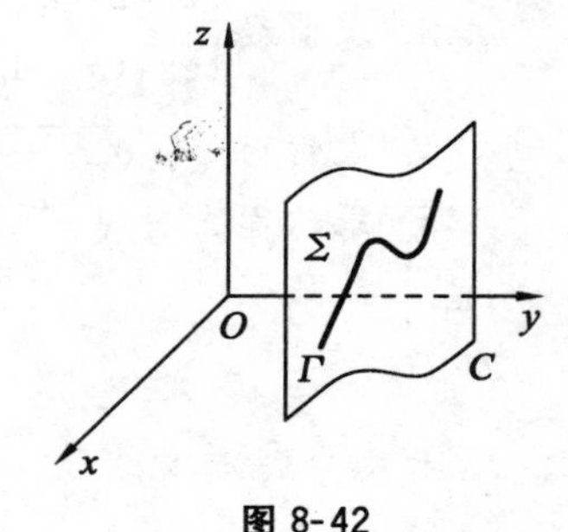

图 8-42

方程(4)表示一个母线平行于 z 轴的柱面. 当 x,y,z 满足方程组(3)时，前两个数 x,y 必定满足方程(4)，即曲线 Γ 上的点都在由方程(4)所表示的曲面上. 因此，方程(4)所表示的曲面为包含曲线 Γ，母线平行于 z 轴的柱面，如图 8-42 所示. 我们称之为曲线 Γ 关于 Oxy 面的**投影柱面**. 该投影柱面与 Oxy 平面的交线 C 称为曲线 Γ 在 Oxy 平面上的**投影曲线**，其方程为

$$\begin{cases}H(x,y)=0,\\z=0.\end{cases}$$

同理，从方程组(3)中消去变量 x 得到 $H(y,z)=0$，或消去变量 y 得到 $H(x,z)=0$，再分别和 $x=0$ 或 $y=0$ 联立，就可以得到包含曲线 T 在 Oyz 面或在 Oxz 面上的投影曲线的方程

$$\begin{cases}R(y,z)=0,\\x=0\end{cases}\text{或}\begin{cases}T(x,z)=0,\\y=0.\end{cases}$$

例 3　设一个立体，由上半球面 $z=\sqrt{4-x^2-y^2}$ 和锥面 $z=\sqrt{3(x^2+y^2)}$ 所围成(见图 8-43)，求它在 Oxy 坐标面上的投影.

解　半球面和锥面的交线为

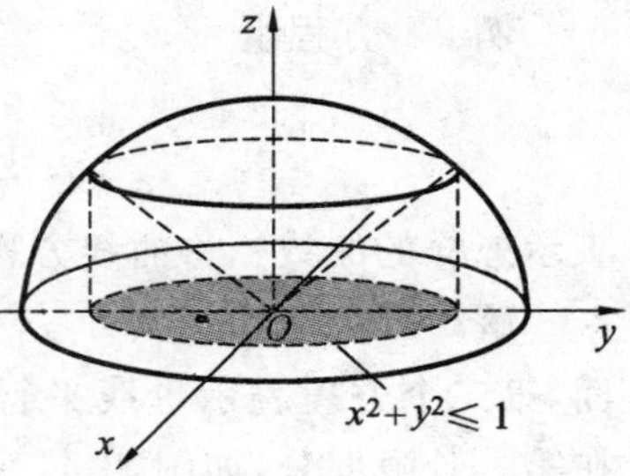

$$C:\begin{cases}z=\sqrt{4-x^2-y^2},\\ z=\sqrt{3(x^2+y^2)}.\end{cases}$$

由方程组消去 z，得到 $x^2+y^2=1$. 这是包含交线 C 而母线平行于 z 轴的投影柱面，因此，交线 C 在 Oxy 坐标面上的投影曲线为

$$\begin{cases}x^2+y^2=1,\\ z=0.\end{cases}$$

x²+y²≤1

图 8-43

这是 Oxy 坐标面上的一个圆，于是，所求立体在 Oxy 坐标面上的投影就是该圆在 Oxy 面上所围的部分，即

$$x^2+y^2\leqslant 1.$$

习题 8-6

1. 求经过曲线 $\begin{cases}-9y^2+6xy-2xz+24x-9y+3z-63=0,\\ 2x-3y+z=9\end{cases}$ 且平行于 z 轴的柱面方程.

2. 求曲线 $\begin{cases}y^2+z^2-2x=0,\\ z=3\end{cases}$ 在 Oxy 面上的投影曲线方程，并指出原曲线是什么曲线.

3. 求曲线 $\begin{cases}z=2-x^2-y^2,\\ z=(x-1)^2+(y-1)^2\end{cases}$ 在三个坐标面上的投影曲线的方程.

4. 求锥面 $z=\sqrt{x^2+y^2}$ 与柱面 $z^2=2x$ 所围立体在三个坐标面上的投影.

5. 求球面 $x^2+y^2+z^2=1$ 和 $x^2+(y-1)^2+(z-1)^2=1$ 的交线在 Oxy 面上的投影方程.

*第七节　综合例题

例 1　设 $\boldsymbol{a}+\boldsymbol{b}+\boldsymbol{c}=\boldsymbol{0}$，$\boldsymbol{a},\boldsymbol{b},\boldsymbol{c}$ 为非零向量，证明 $\boldsymbol{a}\times\boldsymbol{b}=\boldsymbol{b}\times\boldsymbol{c}=\boldsymbol{c}\times\boldsymbol{a}$.

证　因为 $\boldsymbol{a}+\boldsymbol{b}+\boldsymbol{c}=\boldsymbol{0}$，所以 $\boldsymbol{a}\times(\boldsymbol{a}+\boldsymbol{b}+\boldsymbol{c})=\boldsymbol{0}$，即

$$\boldsymbol{a}\times\boldsymbol{a}+\boldsymbol{a}\times\boldsymbol{b}+\boldsymbol{a}\times\boldsymbol{c}=\boldsymbol{0}.$$

又 $\boldsymbol{a}\times\boldsymbol{a}=\boldsymbol{0}$，所以 $\boldsymbol{a}\times\boldsymbol{b}=-\boldsymbol{a}\times\boldsymbol{c}=\boldsymbol{c}\times\boldsymbol{a}$.

同理，由 $\boldsymbol{b}\times(\boldsymbol{a}+\boldsymbol{b}+\boldsymbol{c})=\boldsymbol{0}$ 可得 $\boldsymbol{b}\times\boldsymbol{c}=\boldsymbol{c}\times\boldsymbol{a}$.

例 2　设 $\boldsymbol{a},\boldsymbol{b},\boldsymbol{c}$ 为非零向量，试证：若存在不全为零的三个数 k_1,k_2,k_3 使得 $k_1\boldsymbol{a}\times\boldsymbol{b}+k_2\boldsymbol{b}\times\boldsymbol{c}+k_3\boldsymbol{c}\times\boldsymbol{a}=\boldsymbol{0}$，则三个向量 $\boldsymbol{a}\times\boldsymbol{b},\boldsymbol{b}\times\boldsymbol{a},\boldsymbol{c}\times\boldsymbol{a}$ 共线(即平行).

证　由 $k_1\boldsymbol{a}\times\boldsymbol{b}+k_2\boldsymbol{b}\times\boldsymbol{c}+k_3\boldsymbol{c}\times\boldsymbol{a}=\boldsymbol{0}$，又 k_1,k_2,k_3 不全为零，不妨设 $k_1\neq 0$，则

$$\boldsymbol{c}\cdot(k_1\boldsymbol{a}\times\boldsymbol{b}+k_2\boldsymbol{b}\times\boldsymbol{c}+k_3\boldsymbol{c}\times\boldsymbol{a})=0.$$

利用混合积的性质 $\boldsymbol{c}\cdot(\boldsymbol{b}\times\boldsymbol{c})=0$，$\boldsymbol{c}\cdot(\boldsymbol{c}\times\boldsymbol{a})=0$，故 $k_1\boldsymbol{c}\cdot(\boldsymbol{a}\times\boldsymbol{b})=0$，即 $\boldsymbol{c}\cdot(\boldsymbol{a}\times\boldsymbol{b})=0$，所以三个向量 $\boldsymbol{a},\boldsymbol{b},\boldsymbol{c}$ 共面.

又 $\boldsymbol{a}\times\boldsymbol{b},\boldsymbol{b}\times\boldsymbol{a},\boldsymbol{c}\times\boldsymbol{a}$ 均垂直于这个平面，所以，三个向量 $\boldsymbol{a}\times\boldsymbol{b},\boldsymbol{b}\times\boldsymbol{a},\boldsymbol{c}\times\boldsymbol{a}$ 平行，也即三个向量 $\boldsymbol{a}\times\boldsymbol{b},\boldsymbol{b}\times\boldsymbol{a},\boldsymbol{c}\times\boldsymbol{a}$ 共线.

例 3　求过直线 L_1：$\begin{cases}x-2y+z-1=0,\\2x+y-z-2=0\end{cases}$ 且平行于直线 L_2：$\dfrac{x}{1}=\dfrac{y}{-1}=\dfrac{z}{2}$ 的平面 Π 的方程.

解　直线 L_1 的方向向量为

$$\boldsymbol{s}_1=\begin{vmatrix}\boldsymbol{i}&\boldsymbol{j}&\boldsymbol{k}\\1&-2&1\\2&1&-1\end{vmatrix}=\boldsymbol{i}+3\boldsymbol{j}+5\boldsymbol{k},$$

所求平面 Π 的法向量为

$$\boldsymbol{n}=\boldsymbol{s}_1\times\boldsymbol{s}_2=\begin{vmatrix}\boldsymbol{i}&\boldsymbol{j}&\boldsymbol{k}\\1&3&5\\1&-1&2\end{vmatrix}=11\boldsymbol{i}+3\boldsymbol{j}-4\boldsymbol{k},$$

其中 $\boldsymbol{s}_2$ 为直线 L_2 的方向向量.

下面再在直线 L_1 上求出一点. 令 $z=0$，解方程组

$$\begin{cases}x-2y=1,\\2x+y=2\end{cases}$$

得到直线 L_1 上一点 $(1,0,0)$. 所以，所求平面方程为

$$11x+3y-4z-11=0.$$

例 4　求过点 $(2,1,3)$ 且与直线 $\dfrac{x+1}{3}=\dfrac{y-1}{2}=\dfrac{z}{-1}$ 垂直相交的直线方程.

解　先作一平面过点 $(2,1,3)$ 且垂直于已知直线，该平面的方程为

$$3(x-2)+2(y-1)-(z-3)=0.\tag{1}$$

再求已知直线与该平面的交点. 为此将直线方程写成参数方程

$$x=-1+3t,\ y=1+2t,\ z=-t,$$

将其代入平面方程(1)，求得 $t=\dfrac{3}{7}$，从而求得交点 $\left(\dfrac{2}{7},\dfrac{13}{7},-\dfrac{3}{7}\right)$. 过该点和点 $(2,1,3)$ 的向量为 $\left\{-\dfrac{12}{7},\dfrac{6}{7},-\dfrac{24}{7}\right\}=\dfrac{6}{7}\{-2,1,-4\}$. 因此所求直线方程为

$$\frac{x-2}{-2}=\frac{y-1}{1}=\frac{z-3}{-4}.$$

例 5　求圆 $\begin{cases}x^2+y^2+z^2=10y,\\x+2y+2z-19=0\end{cases}$ 的圆心和半径.

解　该圆是球与平面的交线. 我们首先求球面 $x^2+y^2+z^2=10y$ 的球心 $M_0(0,5,0)$ 在平面 $x+2y+2z-19=0$ 上的投影点. 该点就是所求圆的圆心 M_1.

过球心 M_0 且与平面 $x+2y+2z-19=0$ 垂直的直线方程为

$$\frac{x}{1}=\frac{y-5}{2}=\frac{z}{2}.$$

再求该直线与平面的交点.为此,将直线方程写为参数式:$x=t,y=2t+5,z=2t$,并代入方程 $x+2y+2z-19=0$,求得 $t=1$,所以 M_1 的坐标为(1,7,2).

在该圆上任取一点 P,则$\triangle M_0M_1P$ 组成一个直角三角形,$|M_0M_1|=3,|M_0P|=5$,所以$|M_1P|=4$,即圆的半径为 4.

例 6 求过点 $P(-1,0,4)$,平行于平面 $3x-4y+z=10$ 且与直线 L: $x+1=y-3=\frac{z}{2}$ 相交的直线方程.

解法一 将直线 L 的方程写为参数式

$$\begin{cases}x=-1+t,\\ y=3+t,\\ z=2t.\end{cases}$$

由此,该直线上任意一点 Q 的坐标可表示为 $Q(-1+t,3+t,2t)$.作

$$\overrightarrow{PQ}=(t,3+t,2t-4),$$

令$\overrightarrow{PQ}$与已知平面平行,则

$$\{t,3+t,2t-4\}\cdot\{3,-4,1\}=0,$$

由此解出 $t=16$,于是$\overrightarrow{PQ}=(16,19,28)$是所求直线的方向向量.因此所求直线方程为

$$\frac{x+1}{16}=\frac{y}{19}=\frac{z-4}{28}.$$

解法二 过点 $P(-1,0,4)$作与已知平面平行的平面 Π,其方程为

$$3(x+1)-4y+(z-4)=0.$$

容易求出平面 Π 与直线 L 的交点为 $Q(15,19,32)$.根据 $P(-1,0,4)$和 $Q(15,19,32)$两点写出对称式方程即可.

有时应用平面束方程解题比较方便,下面介绍这种方法.

设直线 L 由两平面

$$\Pi_1: A_1x+B_1y+C_1z+D_1=0,$$
$$\Pi_2: A_2x+B_2y+C_2z+D_2=0$$

相交而成,其中 A_1,B_1,C_1 与 A_2,B_2,C_2 不成比例.作一个三元一次方程

$$A_1x+B_1y+C_1z+D_1+\lambda(A_2x+B_2y+C_2z+D_2)=0, \tag{2}$$

其中 λ 为任意常数.因为 A_1,B_1,C_1 与 A_2,B_2,C_2 不成比例,所以对于任何一个 λ 值,方程(1)的系数 $A_1+\lambda A_2,B_1+\lambda B_2,C_1+\lambda C_2$ 不全为零,从而方程(2)表示一个平面.若一点在直线 L 上,则点必定在平面 Π_1 与平面 Π_2 上,因而点的坐标也满足方程(2),故方程(2)表示通过直线 L 的平面,且对应于不同的 λ 值,方程(2)表示通过直线 L 的不同的平面.反之,通过直线 L 的任何平面(除平面 Π_2 外)都包含在方程(2)所表示的一族平面内.通过定直线的所有平面的全体称为平面束,而方程(1)就作为通过直线 L 的平面束方程(实际

上，方程(2)表示缺少平面 Π_2 的平面束).

例 7　求直线 $\begin{cases} x+2y-z-6=0, \\ x-2y+z=0 \end{cases}$ 在平面 Π：$x+2y+z=0$ 上的投影直线的方程.

解　根据题意，先过这条直线作平面 Π_1，使得平面 Π_1 和 Π 垂直，则所求直线在平面 Π 上的投影直线的方程为平面 Π_1 和 Π 的交线.

过直线 $\begin{cases} x+2y-z-6=0, \\ x-2y+z=0 \end{cases}$ 的平面束的方程为

$$(x+2y-z-6)+\lambda(x-2y+z)=0,$$

即

$$(1+\lambda)x+2(1-\lambda)y+(-1+\lambda)z-6=0,$$

其中 λ 为待定常数. 该平面与平面 $x+2y+z=0$ 垂直的条件是

$$(1+\lambda)\cdot 1+2(1-\lambda)\cdot 2+(-1+\lambda)\cdot 1=0.$$

由此解得 $\lambda=2$. 从而，投影平面的方程为

$$3x-2y+z-6=0.$$

所以投影直线的方程为

$$\begin{cases} 3x-2y+z-6=0, \\ x+2y+z=0. \end{cases}$$

复习题八

一、选择题

1. 设球面方程为 $x^2+(y-1)^2+(z+2)^2=2$，则下列点在球面内部的是(　　).

(A) $(1,2,3)$　　(B) $(0,1,-1)$

(C) $(0,1,1)$　　(D) $(1,1,1)$

2. 已知向量 $\overrightarrow{PQ}=\{4,-4,7\}$ 的终点为 $Q(2,-1,7)$，则起点 P 的坐标为(　　).

(A) $(-2,3,0)$　　(B) $(2,-3,0)$

(C) $(4,-5,14)$　　(D) $(-4,5,14)$

3. 通过点 $M(-5,2,-1)$，且平行与 yOz 平面的平面方程为(　　).

(A) $x+5=0$　　(B) $y-2=0$

(C) $z+1=0$　　(D) $x-1=0$

4. $2x+3y+4z=1$ 在 x,y,z 轴上的截距分别为(　　).

(A) $2,3,4$　　(B) $\frac{1}{2},\frac{1}{3},\frac{1}{4}$　　(C) $1,\frac{3}{2},2$　　(D) $\frac{1}{2},\frac{1}{3},\frac{1}{4}$

5. 设向量 $\boldsymbol{a}$ 与 $\boldsymbol{b}$ 平行但方向相反，且 $|\boldsymbol{a}|>|\boldsymbol{b}|>0$，则下列式子正确的是(　　).

(A) $|\boldsymbol{a}+\boldsymbol{b}|<|\boldsymbol{a}|-|\boldsymbol{b}|$　　(B) $|\boldsymbol{a}+\boldsymbol{b}|>|\boldsymbol{a}|-|\boldsymbol{b}|$

(C) $|\boldsymbol{a}+\boldsymbol{b}|=|\boldsymbol{a}|+|\boldsymbol{b}|$　　(D) $|\boldsymbol{a}+\boldsymbol{b}|=|\boldsymbol{a}|-|\boldsymbol{b}|$

6. $\boldsymbol{a}=\{a_x,a_y,a_z\}$，$\boldsymbol{b}=\{b_x,b_y,b_z\}$，若 $\boldsymbol{a}/\!/\boldsymbol{b}$，则（　　）.

(A) $a_xb_x+a_yb_y+a_zb_z=0$

(B) $\dfrac{a_x}{b_x}=\dfrac{a_y}{b_y}=\dfrac{a_z}{b_z}$

(C) $a_x=\lambda_1 b_x, a_y=\lambda_2 b_y, a_z=\lambda_3 b_z(\lambda_1\neq\lambda_2\neq\lambda_3)$

(D) $\lambda_1 a_xb_x+\lambda_2 a_yb_y+\lambda_3 a_zb_z=0$

7. $\begin{cases}x=1,\\ y=2\end{cases}$ 在空间直角坐标系里表示（　　）.

(A) 一个点　　(B) 两条直线

(C) 两个平面的交线，即直线　　(D) 两个点

8. 点 $M(4,-3,5)$ 到 x 轴的距离 d 为（　　）.

(A) $\sqrt{4^2+(-3)+5^2}$　　(B) $\sqrt{(-3)^2+5^2}$

(C) $\sqrt{4^2+(-3)^2}$　　(D) $\sqrt{4^2+5^2}$

9. 点 $(1,-1,1)$ 在曲面（　　）上.

(A) $x^2-y^2-2z=0$　　(B) $x^2-y^2=z$

(C) $x^2+y^2=2$　　(D) $z=\ln(x^2+y^2)$

10. 非零空间向量 $\boldsymbol{a},\boldsymbol{b}$ 满足 $\boldsymbol{a}\cdot\boldsymbol{b}=0$，则有（　　）.

(A) $\boldsymbol{a}/\!/\boldsymbol{b}$　　(B) $\boldsymbol{a}=\lambda\boldsymbol{b}$（$\lambda$ 为非零常数）

(C) $\boldsymbol{a}\perp\boldsymbol{b}$　　(D) $\boldsymbol{a}+\boldsymbol{b}=\boldsymbol{0}$

11. 过点 $M_1(3,-2,1)$ 与 $M_2(-1,0,2)$ 的直线方程为（　　）.

(A) $-4(x-3)+2(y+2)+(z-1)=0$

(B) $\dfrac{x-3}{4}=\dfrac{y+2}{2}=\dfrac{z-1}{1}$

(C) $\dfrac{x+1}{4}=\dfrac{y}{2}=\dfrac{z-2}{-1}$

(D) $\dfrac{x+1}{-4}=\dfrac{y}{2}=\dfrac{z-2}{1}$

12. 过点 $P(2,0,3)$ 且与直线 $\begin{cases}x-2y+4z-7=0,\\ 3x+5y-2z+1=0\end{cases}$ 垂直的平面方程为（　　）.

(A) $(x-2)-2(y-0)+4(z-3)=0$

(B) $3(x-2)+5(y-0)-2(z-3)=0$

(C) $-16(x-2)+14(y-0)+11(z-3)=0$

(D) $-16(x+2)+14(y-0)+11(z-3)=0$

13. Oxy 平面上曲线 $4x^2-9y^2=36$ 绕 x 轴旋转一周所得曲面方程为（　　）.

(A) $4(x^2+z^2)-9y^2=36$　　(B) $4(x^2+z^2)-9(y^2+z^2)=36$

(C) $4x^2-9(y^2+z^2)=36$　　(D) $4x^2-9y^2=36$

14. 方程 $x^2-\frac{y^2}{4}+z^2=1$ 表示(　　).

(A) 旋转的单叶双曲面　　(B) 锥面

(C) 旋转的双叶双曲面　　(C) 双曲柱面

15. 球面 $x^2+y^2+z^2=R^2$ 与平面 $x+z=a$ 交线在 Oxy 平面上的投影曲线方程为(　　).

(A) $(a-z)^2+y^2+z^2=R^2$　　(B) $\begin{cases}(a-z)^2+y^2+z^2=R^2,\\ z=0\end{cases}$

(C) $x^2+y^2+(a-x)^2=R^2$　　(D) $\begin{cases}x^2+y^2+(a-x)^2=R^2,\\ z=0\end{cases}$

二、综合练习 A

1. 求向量 $\boldsymbol{a}=\{3,-12,4\}$ 在向量 $\boldsymbol{b}=\{6,2,3\}$ 上的投影.

2. 设 $\boldsymbol{a},\boldsymbol{b},\boldsymbol{c}$ 为单位向量,且满足 $\boldsymbol{a}+\boldsymbol{b}+\boldsymbol{c}=\boldsymbol{0}$,求 $\boldsymbol{a}\cdot\boldsymbol{b}+\boldsymbol{b}\cdot\boldsymbol{c}+\boldsymbol{c}\cdot\boldsymbol{a}$.

3. 证明 $|\boldsymbol{a}+\boldsymbol{b}|^2+|\boldsymbol{a}-\boldsymbol{b}|^2=2(|\boldsymbol{a}|^2+|\boldsymbol{b}|^2)$.

4. 设 $\boldsymbol{a}+3\boldsymbol{b}$ 与 $7\boldsymbol{a}-5\boldsymbol{b}$ 垂直,$\boldsymbol{a}-4\boldsymbol{b}$ 与 $7\boldsymbol{a}-2\boldsymbol{b}$ 垂直,求非零向量 $\boldsymbol{a}$ 与 $\boldsymbol{b}$ 的夹角.

5. 求过点(1,2,1)且与两直线

$$\begin{cases}x+2y-z+1=0,\\ x-y+z-1=0\end{cases} \text{和} \begin{cases}2x-y+z=0,\\ x-y+z=0\end{cases}$$

平行的平面的方程.

6. 当 D 为何值时直线 $\begin{cases}3x-y+2z-6=0,\\ x+4y-z+D=0\end{cases}$ 与 z 轴相交?

7. 经过两平面 $4x-y+3z-1=0$ 和 $x+5y-z+2=0$ 的交线作和 y 轴平行的平面.

8. 经过点(-1,2,1)作平行于直线 $\begin{cases}x+y-2z-1=0,\\ x+2y-z+1=0\end{cases}$ 的直线方程.

三、综合练习 B

1. 试证向量 $\frac{|\boldsymbol{b}|\boldsymbol{a}+|\boldsymbol{a}|\boldsymbol{b}}{|\boldsymbol{a}|+|\boldsymbol{b}|}$ 平行向量 $\boldsymbol{a}$ 与 $\boldsymbol{b}$ 夹角的平分线向量.

2. 已知 $\overrightarrow{AB}=\{-3,0,4\}$,$\overrightarrow{AC}=\{5,-2,-14\}$,求 $\angle BAC$ 平分线上的单位向量.

3. 证明点 M_0 到过点 A 且方向平行向量 $\boldsymbol{s}$ 的直线的距离 $d=\frac{|\boldsymbol{r}\times\boldsymbol{s}|}{|\boldsymbol{s}|}$,其中 $\boldsymbol{r}=\overrightarrow{AM_0}$.

4. 过直线 $\begin{cases}x+y-z-1=0,\\ x-y+z+1=0\end{cases}$ 作平面,使它垂直于平面 $x+y+z=0$,求该平面的方程.

5. 求直线 $\begin{cases}2x-4y+z=0,\\ 3x-y-2z-9=0\end{cases}$ 在平面 $4x-y+z=1$ 上的投影直线方程.

6. 利用过 L 的平面束方程求通过直线 L:$\begin{cases}3x+4y-5z-1=0,\\ 6x+8y+z-24=0\end{cases}$ 且与球 x^2+y^2+

$z^2=4$ 相切的平面方程.

7. 过点(0,−1,1)作直线 $\begin{cases} y+1=0, \\ x+2z-7=0 \end{cases}$ 的垂线,求垂线的方程和长度.

8. 已知向量 $\boldsymbol{a}=\boldsymbol{i}+\boldsymbol{k}$ 与 $\boldsymbol{b}=\boldsymbol{j}+2\boldsymbol{k}$ 及点 $M_0(2,1,-1)$,求以点 $M_0(2,1,-1)$ 为始点,同时垂直于 $\boldsymbol{a},\boldsymbol{b}$ 的向量的终点的轨迹方程.

9. 一直线过坐标原点,且与连接原点和点 $M(1,1,1)$ 的直线成 $\frac{\pi}{4}$ 角,求此直线方程.

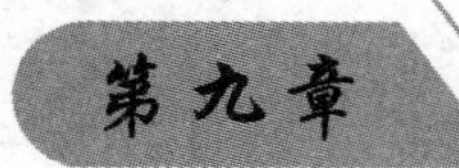

多元函数微分法及其应用

前面几章中，我们讨论的都是只有一个变量的函数，而实际问题往往涉及多个变量之间的关系，反映到数学上，就是要考虑一个变量与另外多个变量的相互依赖关系，即多元函数. 本章将在一元函数微分学的基础上进一步讨论多元函数的微分学. 在很多内容上，讨论将以二元函数为主，但这些概念和方法大多能自然推广到二元以上的函数.

第一节　多元函数的基本概念

一、多元函数的概念

1. 区域

在讨论一元函数时，经常用到实数轴上邻域与区间的概念. 与实数轴上邻域与区间概念类似，首先引入平面上邻域与区域的概念.

设 $P_0(x_0,y_0)$ 是 Oxy 平面上的一个点，δ 是某一正数，点集

$$\left\{(x,y)\mid\sqrt{(x-x_0)^2+(y-y_0)^2}<\delta\right\}$$

称为点 P_0 的 δ 邻域，记为 $U(P_0,\delta)$. 在几何上，$U(P_0,\delta)$ 就是平面 Oxy 上以点 $P_0(x_0,y_0)$ 为中心，$\delta>0$ 为半径的圆的内部所有点的集合（见图 9-1）.

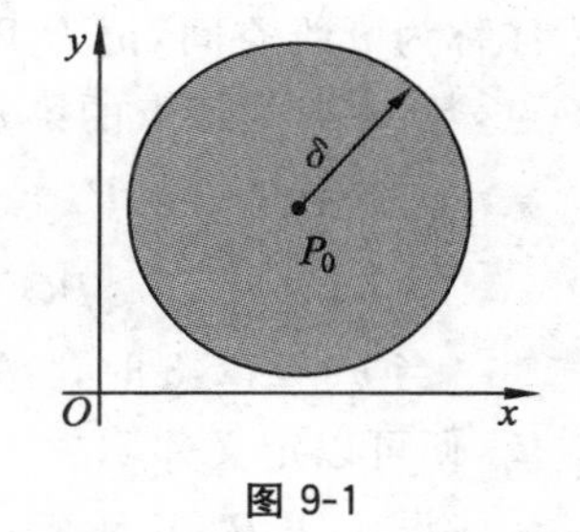

图 9-1

有时不需要强调邻域的半径是多少，这时常用 $U(P_0)$ 表示点 P_0 的邻域. 点 P_0 的去心邻域即去掉中心点 P_0 的邻域，记为 $\hat{U}(P_0,\delta)$ 或 $\hat{U}(P_0)$.

设 D 是平面 Oxy 上的一个点集，如果点 P 的任意邻域内有属于 D 的点，也有不属于 D 的点，则点 P 称为 D 的边界点（见图 9-2）. 集合 D 的边界点可以属于 D，也可以不属于 D. 例如，点集 $D=\{(x,y)\mid x^2+y^2\leqslant 1\}$ 的边界点都属于 D（见图 9-3）. D 的边界点的全体称为 D 的边界. 图 9-3 中 D 的边界是 Oxy 平面上圆周 $x^2+y^2=1$ 上的所有点的全体.

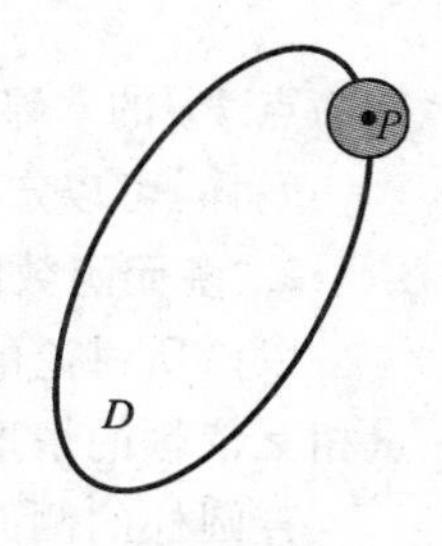

图 9-2

设 D 是一点集. 如果对于 D 内任何两点，都可用折线连接，且此折线上的点都属于 D，则点集 D 称为连通的. 连通的点集称为区域，例如点集 $\{(x,y)\mid x^2+y^2\leqslant 1\}$ 和 $\{(x,y)\mid x+y>0\}$ 都是区域（见图 9-3，图 9-4）. 如果区域 D 不含有它的任何一个边界点，则区域 D 称为开区域；如果区域 D 含有它的所有的边界点，则区域 D 称为闭

区域. 例如,区域$\{(x,y)\,|\,x+y>0\}$是开区域;区域$\{(x,y)\,|\,x^2+y^2\leqslant1\}$为闭区域,区域$\{(x,y)\,|\,1\leqslant x^2+y^2\leqslant4\}$也是闭区域;区域$\{(x,y)\,|\,1<x^2+y^2\leqslant4\}$既不是开区域也不是闭区域.

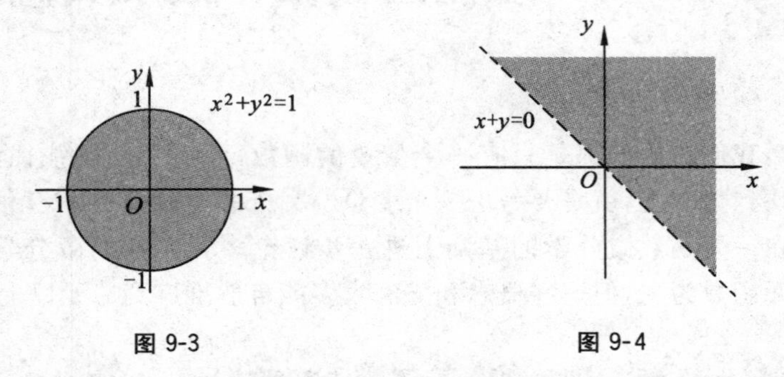

图 9-3　　　　图 9-4

如果区域可以被包围在以原点为中心而半径适当大的圆内,则称这样的区域为有界区域,否则称为无界区域. 例如,$\{(x,y)\,|\,x^2+y^2\leqslant1\}$是有界闭区域(见图9-3),$\{(x,y)\,|\,x+y>0\}$是无界开区域(见图 9-4).

上述平面邻域和区域的概念可进一步推广. 在引入空间直角坐标系后,空间的点与有序三元数组(x,y,z)一一对应,从而有序三元数组(x,y,z)全体表示空间一切点的集合,记为$\mathbf{R}^3$. 一般地,设n为取定的一个自然数,我们把有序n元数组$(x_1,x_2,\cdots,x_n)$的全体称为n维空间,记为$\mathbf{R}^n$. 而每个有序n元数组$(x_1,x_2,\cdots,x_n)$称为n维空间中的一个点,数x_i称为该点的第i个坐标.

n维空间中点$P(x_1,x_2,\cdots,x_n)$和点$Q(y_1,y_2,\cdots,y_n)$间的距离定义为

$$|PQ|=\sqrt{(y_1-x_1)^2+(y_2-x_2)^2+\cdots+(y_n-x_n)^2}.$$

当$n=1,2,3$时,分别对应关于直线(数轴)上、平面内、空间中两点间的距离. 有了距离,便可以定义邻域.

设$P_0\in\mathbf{R}^n$,δ是某一正数,则n维空间内的点集

$$U(P_0,\delta)=\{P\,|\,|PP_0|<\delta,P\in\mathbf{R}^n\}$$

称为点P_0的δ邻域.

同样,可以定义$\mathbf{R}^n$中的边界、区域等一系列概念,这里不再赘述.

2. 多元函数的概念

以前所讨论的函数是一个自变量的函数,但在实际问题中,我们常常会遇到多个变量相互依赖的情形,如:

直圆柱的侧面积S依赖于底半径r和高h. 它们之间的关系式为

$$S=2\pi rh,$$

其中,r和h都是变量,而侧面积S也是变量,并且随着变量r,h的变化而变化.

销售某种产品所得的利润R与该产品的价格P、销量Q、成本C的关系为

$$R=PQ-C.$$

它们都是变量，并且变量 R 随着变量 P,Q 和 C 的变化而变化.

密闭容器中描述气体的温度 T、压力 P 和体积 V 之间关系的理想气体状态方程为

$$\frac{PV}{T}=R,$$

其中,R 是常量,而温度 T、压力 P 和体积 V 都是变量，它们相互依赖.

撇开这些变量的实际意义,抽象出它们的共性,可以概括出多元函数的概念.

定义 1　设 D 是一个平面点集,如果对于 D 中的任意一点(x,y)，变量 z 按照一定的法则,总有唯一确定的实数与之对应,则称变量 z 是变量 x,y 的二元函数,记为

$$z=f(x,y) \text{ 或 } z=z(x,y).$$

其中,变量 x,y 称为自变量,变量 z 称为因变量或函数. 自变量 x,y 的取值范围 D 称为函数的定义域,数集$\{z|z=f(x,y),(x,y)\in D\}$称为函数的值域.

类似地,可以定义三元及三元以上的函数. 当 $n\geqslant 2$ 时,n 元函数统称多元函数.

根据上述定义,直圆柱侧面积 S 是半径 r 和高 h 的二元函数,可记作

$$S=f(r,h)=2\pi rh.$$

其定义域 D 是 $r>0,h>0$.

注　关于函数的定义域,若函数的自变量具有某种实际意义,则应该根据它的实际意义决定其取值范围,如直圆柱的底半径 r 和高 h 必须大于零. 对于单纯由数学式子表示的函数,我们仍做如下约定:使表达式有意义的自变量取值范围,就是函数的定义域.

例 1　求函数 $z=\dfrac{1}{\sqrt{x+y}}$ 的定义域.

解　函数的定义域为$\{(x,y)|x+y>0\}$,它是一个无界开区域(见图 9-4).

例 2　求函数 $z=\dfrac{\arcsin(3-x^2-y^2)}{\sqrt{x-y^2}}$的定义域.

解　由已给函数的表达式可以看出,函数的定义域必须满足

$$\begin{cases}|3-x^2-y^2|\leqslant 1,\\ x-y^2>0,\end{cases}$$

即

$$\begin{cases}2\leqslant x^2+y^2\leqslant 4,\\ x>y^2.\end{cases}$$

故所求定义域为 $D=\{(x,y)|\ 2\leqslant x^2+y^2\leqslant 4,x>y^2\}$,如图 9-5 所示.

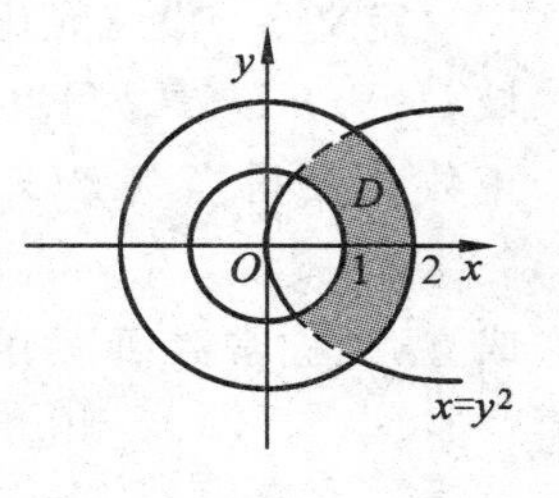

图 9-5

3. 二元函数的几何意义

设二元函数 $z=f(x,y)$的定义域为 D,点集

$$\Sigma=\{(x,y,z)|z=f(x,y),(x,y)\in D\}$$

称为二元函数 $z=f(x,y)$的图形. 容易看出,属于 Σ 的点满足三元方程

$$F(x,y,z)=z-f(x,y)=0.$$

根据曲面方程的知识可知,它在空间直角坐标系中一般表示一个曲面. 对于自变量在 D

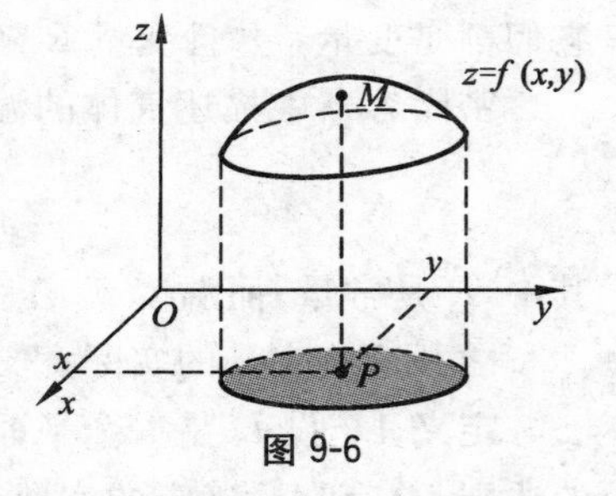

图 9-6

内的每一组值 $P(x,y)$，曲面上的对应点 $M(x,y,z)$ 的竖坐标 z，就是二元函数 $z=f(x,y)$ 的对应值（见图 9-6）. 因此，二元函数的几何图形就是空间中区域 D 上的一张曲面. 例如，函数 $z=\sqrt{1-x^2-y^2}$ 的图形就是以原点为球心、半径为 1 的上半球面.

4. 点函数的概念

一元函数与多元函数都可以统一成点函数的形式.

定义 2　设 Ω 是一个点集（直线、平面或空间的部分），对任意的点 $P\in\Omega$，变量 u 按照某一对应关系总有唯一确定的实数与之对应，则称 u 是 Ω 上的点函数，记作 $u=f(P)$.

当 Ω 是 x 轴上点集时，点函数 $u=f(P)=f(x)$ 为一元函数；当 Ω 是 Oxy 平面上的点集时，点函数 $u=f(P)=f(x,y)$ 为二元函数. 于是应用点函数就可以将多元函数统一起来，将一元函数的有关知识推广到多元函数中.

二、多元函数的极限

先讨论二元函数 $z=f(x,y)$ 当点 (x,y) 趋于点 (x_0,y_0)，即 $P(x,y)\to P_0(x_0,y_0)$ 时的极限.

这里 $P(x,y)\to P_0(x_0,y_0)$ 表示点 P 以任何方式趋于点 P_0，即点 P 与点 P_0 间的距离趋于零，也即

$$\rho=|PP_0|=\sqrt{(x-x_0)^2+(y-y_0)^2}\to 0.$$

与一元函数极限概念类似，如果当动点 $P(x,y)\in D$ 趋于点 $P_0(x_0,y_0)$ 时，$f(x,y)$ 趋于一个常数 A，则称常数 A 为函数 $f(x,y)$ 当点 (x,y) 趋于点 (x_0,y_0) 时的极限. 下面用分析语言"ε-δ"精确描述这个概念.

定义 3　设二元函数 $z=f(x,y)$ 在区域 D 上有定义，对点 $P_0(x_0,y_0)$ 的任何一个邻域 $U(P_0)$，$U(P_0)\cap D$ 都含有无限个点. 如果存在常数 A，对于任意给定的正数 ε，总存在正数 δ，使得当点 $P(x,y)\in D\cap\mathring{U}(P_0,\delta)$ 时，都有

$$|f(P)-A|=|f(x,y)-A|<\varepsilon$$

成立，则称常数 A 为函数 $f(x,y)$ 当点 (x,y) 趋于点 (x_0,y_0) 时的极限，记作

$$\lim_{\substack{x\to x_0\\ y\to y_0}} f(x,y)=A \text{ 或 } f(x,y)\to A\ ((x,y)\to(x_0,y_0)).$$

为了区别于一元函数的极限，将二元函数的极限称为二重极限. 二重极限有时也记作

$$\lim_{(x,y)\to(x_0,y_0)} f(x,y)=A,\ \lim_{P\to P_0} f(P)=A \text{ 或 } f(P)\to A(P\to P_0).$$

例 3　设

$$f(x,y)=\begin{cases}\sqrt{x^2+y^2}\cos\dfrac{xy}{x^2+y^2}, & x^2+y^2\neq 0,\\ 0, & x^2+y^2=0,\end{cases}$$

求$\lim\limits_{\substack{x\to 0\\ y\to 0}} f(x,y)$.

解　当$x^2+y^2\neq 0$时，

$$|f(x,y)|=\left|\sqrt{x^2+y^2}\cos\frac{xy}{x^2+y^2}\right|\leqslant\sqrt{x^2+y^2}.$$

可见，对于任意给定的正数ε，取$\delta=\varepsilon$，则当

$$0<\sqrt{(x-0)^2+(y-0)^2}=\sqrt{x^2+y^2}<\delta,$$

即$P(x,y)\in D\cap\mathring{U}(O,\delta)$时，都有

$$|f(x,y)-0|=|f(x,y)|<\varepsilon$$

成立，所以$\lim\limits_{\substack{x\to 0\\ y\to 0}} f(x,y)=0$.

由二重极限的定义不难看出，所谓二重极限存在，是指动点$P(x,y)$以任何方式趋于定点$P_0(x_0,y_0)$时，相应的函数值都无限接近于同一个常数A. 因此，如果动点$P(x,y)$以某特殊方式，例如沿着所有的直线或特殊的曲线趋于定点$P_0(x_0,y_0)$时，函数值无限接近于常数A，还不能由此断定该函数在点(x_0,y_0)的二重极限存在(参见习题9-1第10题). 但反过来，如果动点$P(x,y)$以不同方式，如沿不同的直线趋于定点$P_0(x_0,y_0)$时，函数趋于不同的值，那么就可以断定该函数在点(x_0,y_0)的二重极限不存在.

例4　设$f(x,y)=\dfrac{xy}{x^2+y^2}$，试证极限$\lim\limits_{\substack{x\to 0\\ y\to 0}} f(x,y)$不存在.

证　当$P(x,y)$沿着直线$y=kx$趋于点$(0,0)$时有

$$\lim_{\substack{x\to 0\\ y=kx\to 0}}\frac{xy}{x^2+y^2}=\lim_{x\to 0}\frac{kx^2}{x^2+k^2x^2}=\frac{k}{1+k^2}.$$

显然它是随着k的变化而改变的，因而，二重极限$\lim\limits_{\substack{x\to 0\\ y\to 0}} f(x,y)$不存在.

以上二元函数的极限可以推广到n元函数中.

对于多元函数，也可定义当自变量趋于无穷大时的极限概念. 另外，多元函数的极限具有与一元函数的极限类似的运算法则与性质，在此不再赘述.

例5　计算极限：

(1) $\lim\limits_{\substack{x\to 0\\ y\to 2}}\dfrac{\ln(1+2xy)}{xy^2}$；　　　　(2) $\lim\limits_{\substack{x\to\infty\\ y\to 1}}\dfrac{\sin(1+xy)}{x^2+y^2}$.

解　(1)

$$\lim_{\substack{x\to 0\\ y\to 2}}\frac{\ln(1+2xy)}{xy^2}=\lim_{\substack{x\to 0\\ y\to 2}}\frac{\ln(1+2xy)}{2xy}\cdot\frac{2}{y}$$

$$=\lim_{\substack{x\to 0\\ y\to 2}}\frac{\ln(1+2xy)}{2xy}\cdot\lim_{\substack{x\to 0\\ y\to 2}}\frac{2}{y}=1\times 1=1.$$

(2) 由于当$x\to\infty$，$y\to 1$时，$\sin(1+xy)$为有界函数，$\dfrac{1}{x^2+y^2}$为无穷小，所以$\dfrac{\sin(1+xy)}{x^2+y^2}$为无穷小，即$\lim\limits_{\substack{x\to\infty\\ y\to 1}}\dfrac{\sin(1+xy)}{x^2+y^2}=0$.

三、多元函数的连续性

以二元函数为例讨论多元函数的连续性.

定义 4 设二元函数 $z=f(x,y)$ 在区域 D 上有定义，对点 $P_0(x_0,y_0)$ 的任何一个邻域 $U(P_0)$，$U(P_0)\cap D$ 都含有无限个点，如果

$$\lim_{\substack{x\to 0\\ y\to 0}} f(x,y)=f(x_0,y_0) \text{ 或 } \lim_{P\to P_0} f(P)=f(P_0), \tag{1}$$

则称函数 $f(x,y)$ 在点 (x_0,y_0) 处连续；否则，称函数 $f(x,y)$ 在点 (x_0,y_0) 处间断.

根据定义 4，例 3 中的函数在原点 $(0,0)$ 是连续的.

例 6 设函数

$$f(x,y)=\begin{cases}\dfrac{xy}{x^2+y^2}, & x^2+y^2\neq 0,\\ 0, & x^2+y^2=0.\end{cases}$$

讨论函数在点 $(0,0)$ 的连续性.

解 由例 4 可知，该函数在点 $(0,0)$ 处极限不存在，因而在点 $(0,0)$ 处不连续.

如果函数 $f(x,y)$ 在区域 D 上每一点都连续，则称 $f(x,y)$ 在区域 D 上连续，或称 $f(x,y)$ 为区域 D 上的连续函数. 在区域 D 上连续的函数，其几何图形为空间中一张不间断、无裂缝的曲面.

由定义 4 可知，例 4 中的函数在原点是不连续的或间断的，函数 $f(x,y)=\dfrac{1}{x^2+y^2-1}$ 在圆周 $x^2+y^2=1$ 上的点均是间断点.

与一元函数类似，二元函数有以下性质：

定理 1 若 $f(x,y)$ 和 $g(x,y)$ 为区域 D 上的连续函数，则 $f(x,y)\pm g(x,y)$，$f(x,y)\cdot g(x,y)$，$\dfrac{f(x,y)}{g(x,y)}(g(x,y)\neq 0)$ 均为区域 D 上的连续函数.

定理 2 连续函数的复合函数仍为连续函数.

与一元初等函数类似，二元初等函数是可用一个式子表示的二元函数，而这个式子是由二元多项式及基本初等函数经过有限次四则运算和复合步骤所构成的. 由定理 1 和定理 2 可以得到：一切二元初等函数在其定义区域内是连续的. 所谓定义区域是指包含在定义域内的区域.

由二元初等函数的连续性可知，如果要求它在点 P 处的极限，而该点又在此函数的定义域内，则极限值就是函数在该点的函数值.

例 7 求 $\lim\limits_{\substack{x\to 0\\ y\to 0}}\dfrac{\sqrt{xy+1}-1}{xy}$.

解

$$\lim_{\substack{x\to 0\\ y\to 0}}\frac{\sqrt{xy+1}-1}{xy}=\lim_{\substack{x\to 0\\ y\to 0}}\frac{xy+1-1}{xy(\sqrt{xy+1}+1)}$$

$$=\lim_{\substack{x\to 0\\y\to 0}}\frac{1}{\sqrt{xy+1}+1}=\frac{1}{2}.$$

以上运算的最后一步用到了二元函数$\frac{1}{\sqrt{xy+1}+1}$在点(0,0)的连续性.

定理 3(最大值和最小值定理)　在有界闭区域 D 上连续的二元函数,必定在 D 上取得最大值和最小值.

定理 4(介值定理)　在有界闭区域 D 上连续的二元函数,如果其最大值与最小值不相等,则该函数在区域 D 上至少有一次取得介于最小值与最大值之间的任何数值.

以上关于二元函数连续性及其有关性质的讨论可以类似推广到 n 元函数.

习题 9-1

1. 求下列各函数的定义域:

(1) $z=\ln(y^2-2x+1)$;　　(2) $z=\frac{1}{\sqrt{1-|x|-|y|}}$;

(3) $z=\arcsin\frac{y}{x}$;　　(4) $z=\sqrt{y-x^2}+\sqrt{4-y}$;

(5) $u=\frac{\sqrt{R^2-x^2-y^2-z^2}}{\sqrt{x^2+y^2+z^2-r^2}}$ $(R>r>0)$.

2. 若 $f(x,y)=\frac{x-2y}{2x-y}$,求 $f(2,1)$和 $f(3,-1)$.

3. 若 $f(x,y)=\frac{2xy}{x^2+y^2}$,求 $f\left(1,\frac{y}{x}\right)$.

4. 设 $f(x)=x^2+x,g(x,y)=xy,h(x)=x+1$,求 $f[g(1,2)]$及 $g[f(1),h(2)]$.

5. 已知 $f(x,y)=\ln x\cdot\ln y$,试证:$f(xy,uv)=f(x,u)+f(x,v)+f(y,u)+f(y,v)$.

6. 求下列极限:

(1) $\lim\limits_{\substack{x\to 0\\y\to 0}}\frac{xy}{\sqrt{xy+9}-3}$;　　(2) $\lim\limits_{\substack{x\to 0\\y\to 1}}\frac{1-xy}{x^2+y^2}$;

(3) $\lim\limits_{\substack{x\to 0\\y\to 2}}\frac{\sin(xy)}{x}$;　　(4) $\lim\limits_{\substack{x\to 0\\y\to 0}}(x^2+y^2)\sin\frac{1}{x^2+y^2}$;

(5) $\lim\limits_{\substack{x\to 0\\y\to 0}}\frac{x^2y^2}{1-\cos(xy)}$;　　(6) $\lim\limits_{\substack{x\to\infty\\y\to k}}\left(1+\frac{y}{x}\right)^x$, $k\neq 0$;

(7) $\lim\limits_{\substack{x\to\infty\\y\to 0}}\left(1+\frac{1}{x}\right)^{\frac{x^2}{x+y}}$.

7. 证明极限$\lim\limits_{\substack{x\to 0\\y\to 0}}\frac{x+y}{x-y}$不存在.

8. 证明极限$\lim\limits_{\substack{x\to 0\\ y\to 0}} \dfrac{xy}{\sqrt{x^2+y^2}}=0$.

9. 函数 $f(x,y)=\dfrac{y+2x-1}{x^2+y^2-2x}$在何处间断?

10. 如果点 $P(x,y)$沿任意直线趋于点 $P_0(x_0,y_0)$时,函数 $f(x,y)$的极限都存在,则极限$\lim\limits_{\substack{x\to x_0\\ y\to y_0}} f(x,y)$一定存在吗?$\left(\text{研究例子}\lim\limits_{\substack{x\to 0\\ y\to 0}} \dfrac{x^3y}{x^6+y^2}\right)$

11. 如果函数 $f(x,y)$固定变量 x,而看作为 y 的一元函数是连续的,固定变量 y,而看作为 x 的一元函数也是连续的,那么二元函数 $f(x,y)$一定连续吗?(以本节例 6 为例)

第二节 偏导数

在研究一元函数时,我们从研究函数的变化率出发,引入了导数的概念. 对于多元函数,同样需要讨论函数关于某个变量的变化率,这就是偏导数的概念.

一、偏导数的概念及计算

1. 偏导数的概念

首先考虑多元函数关于其中一个自变量的变化率. 以二元函数 $z=f(x,y)$为例,如果只有自变量 x 变化,而自变量 y 固定(即看作常量),这时它就是 x 的一元函数. 该函数对 x 的导数,就称为二元函数 $z=f(x,y)$对于 x 的偏导数,即有如下定义:

定义 设函数 $z=f(x,y)$在点(x_0,y_0)的某一邻域内有定义,当 y 固定在 y_0 而 x 在 x_0 处有增量 Δx 时,相应地函数有增量

$$f(x_0+\Delta x,y_0)-f(x_0,y_0).$$

如果极限

$$\lim_{\Delta x\to 0}\frac{f(x_0+\Delta x,y_0)-f(x_0,y_0)}{\Delta x} \tag{1}$$

存在,则称此极限为函数 $z=f(x,y)$在点(x_0,y_0)处对 x 的偏导数,记作

$$\left.\frac{\partial z}{\partial x}\right|_{(x_0,y_0)},\ \left.\frac{\partial f}{\partial x}\right|_{(x_0,y_0)},\ z_x(x_0,y_0)\ \text{或}\ f_x(x_0,y_0).$$

例如,极限(1)可以表示为

$$f_x(x_0,y_0)=\lim_{\Delta x\to 0}\frac{f(x_0+\Delta x,y_0)-f(x_0,y_0)}{\Delta x}. \tag{2}$$

类似地,函数 $z=f(x,y)$在点(x_0,y_0)处对 y 的偏导数定义为

$$\lim_{\Delta y\to 0}\frac{f(x_0,y_0+\Delta y)-f(x_0,y_0)}{\Delta y}, \tag{3}$$

记作

$$\left.\frac{\partial z}{\partial y}\right|_{(x_0,y_0)},\ \left.\frac{\partial f}{\partial y}\right|_{(x_0,y_0)},\ \left.z_y\right|_{(x_0,y_0)}\text{ 或 } f_y(x_0,y_0).$$

如果函数 $z=f(x,y)$ 在区域 D 内每一点 (x,y) 处对 x 的偏导数都存在，那么这个偏导数就是 x,y 的函数，就称它为函数 $z=f(x,y)$ 对自变量 x 的偏导函数，记作

$$\frac{\partial z}{\partial x},\ \frac{\partial f}{\partial x},\ z_x\text{ 或 } f_x(x,y).$$

类似地，可以定义函数 $z=f(x,y)$ 对自变量 y 的偏导函数，记作

$$\frac{\partial z}{\partial y},\ \frac{\partial f}{\partial y},\ z_y\text{ 或 } f_y(x,y).$$

由偏导数的概念可知，$f(x,y)$ 在点 (x_0,y_0) 处对 x 的偏导数 $f_x(x_0,y_0)$ 显然就是偏导函数 $f_x(x,y)$ 在点 (x_0,y_0) 处的函数值；$f_y(x_0,y_0)$ 就是偏导函数 $f_y(x,y)$ 在点 (x_0,y_0) 处的函数值. 像一元函数的导函数一样，以后在不至于混淆时也把偏导函数简称为偏导数.

2. 偏导数的计算

由偏导数的定义可知，求二元函数 $z=f(x,y)$ 的偏导数，并不需要用新的方法. 因为只有一个自变量在变动，另一个自变量是看作固定的，所以这仍旧是一元函数的求导问题. 如计算 $\frac{\partial f}{\partial x}$ 时，只要把 y 暂时看作常量而对 x 求导数；计算 $\frac{\partial f}{\partial y}$ 时，则只要把 x 暂时看作常量而对 y 求导数.

例 1　求 $z=x^2y+xy^2+1$ 在点 $(2,3)$ 处的偏导数.

解　把 y 看作常量，得 $\frac{\partial z}{\partial x}=2xy+y^2$，所以

$$\left.\frac{\partial z}{\partial x}\right|_{(2,3)}=\left.(2xy+y^2)\right|_{(2,3)}=21.$$

把 x 看作常量，得 $\frac{\partial z}{\partial y}=x^2+2xy$，所以

$$\left.\frac{\partial z}{\partial y}\right|_{(2,3)}=\left.(x^2+2xy)\right|_{(2,3)}=16.$$

例 2　求 $z=x^y(x>0,x\neq1)$ 的偏导数.

解　把 y 看作常量，则 z 为 x 的幂函数，有

$$\frac{\partial z}{\partial x}=yx^{y-1}.$$

把 x 看作常量，则 z 为 y 的指数函数，有

$$\frac{\partial z}{\partial y}=x^y\ln x.$$

例 3　已知理想气体的状态方程 $PV=RT$（R 为常量），求证

$$\frac{\partial P}{\partial V}\cdot\frac{\partial V}{\partial T}\cdot\frac{\partial T}{\partial P}=-1.$$

证 对于 $P=\frac{RT}{V}$ 来说，T,V 是自变量，则 $\frac{\partial P}{\partial V}=-\frac{RT}{V^2}$；

对于 $V=\frac{RT}{P}$ 来说，T,P 是自变量，则 $\frac{\partial V}{\partial T}=\frac{R}{P}$；

对于 $T=\frac{PV}{R}$ 来说，P,V 是自变量，则 $\frac{\partial T}{\partial P}=\frac{V}{R}$.

所以

$$\frac{\partial P}{\partial V}\cdot\frac{\partial V}{\partial T}\cdot\frac{\partial T}{\partial P}=-\frac{RT}{V^2}\cdot\frac{R}{P}\cdot\frac{V}{R}=-\frac{RT}{PV}=-1.$$

理想气体的状态方程是热力学中的一个重要关系式. 在此我们看到偏导数 $\frac{\partial P}{\partial V}$ 是一个整体记号，不能看作是 ∂P 与 ∂V 的商 $\left(\frac{\partial V}{\partial T},\frac{\partial T}{\partial P}\text{也是这样}\right)$，否则关系式的右端将是 1 而不是 -1.

对于一元函数，当函数可导时，函数必定是连续的. 对于多元函数，这一结论还成立吗？下面的例子可以说明，对于二元函数来说，偏导数在某点存在，不能保证函数在该点连续.

例 4 设函数

$$f(x,y)=\begin{cases}\frac{xy}{x^2+y^2}, & x^2+y^2\neq 0,\\ 0, & x^2+y^2=0.\end{cases}$$

说明 $f_x(0,0)$，$f_y(0,0)$ 都存在，但函数 $f(x,y)$ 在点 $(0,0)$ 不连续.

解 根据定义可得

$$f_x(0,0)=\lim_{\Delta x\to 0}\frac{f(0+\Delta x,0)-f(0,0)}{\Delta x}=\lim_{\Delta x\to 0}0=0.$$

同理可得

$$f_y(0,0)=\lim_{\Delta y\to 0}\frac{f(0+\Delta y,0)-f(0,0)}{\Delta y}=\lim_{\Delta y\to 0}0=0.$$

所以，函数 $f(x,y)$ 在点 $(0,0)$ 处两个偏导数都存在. 但由上一节例 6 可知，函数 $f(x,y)$ 在点 $(0,0)$ 处是不连续的.

偏导数的概念还可以推广到二元以上的函数. 例如三元函数 $u=f(x,y,z)$ 在点 (x,y,z) 处对 x 的偏导数定义为

$$f_x(x,y,z)=\lim_{\Delta x\to 0}\frac{f(x+\Delta x,y,z)-f(x,y,z)}{\Delta x},$$

其中，点 (x,y,z) 是函数 $u=f(x,y,z)$ 的定义域的内点. 它们的求法仍旧是一元函数的求导问题.

例 5 设函数 $u=\sqrt{R^2-x^2-2y^2-3z^2}$，求 $\frac{\partial u}{\partial x},\frac{\partial u}{\partial y},\frac{\partial u}{\partial z}$.

解 把 y 和 z 都看成常量，得

$$\frac{\partial u}{\partial x}=-\frac{x}{\sqrt{R^2-x^2-2y^2-3z^2}}.$$

同理可得

$$\frac{\partial u}{\partial y}=-\frac{2y}{\sqrt{R^2-x^2-2y^2-3z^2}},$$

$$\frac{\partial u}{\partial z}=-\frac{3z}{\sqrt{R^2-x^2-2y^2-3z^2}}.$$

3. 偏导数的几何意义

如图 9-7 所示，偏导数 $f_x(x_0,y_0)$ 表示曲面 $z=f(x,y)$ 与平面 $y=y_0$ 的交线在点 $M_0(x_0,y_0,f(x_0,y_0))$ 处的切线关于 x 轴的斜率；偏导数 $f_y(x_0,y_0)$ 表示曲面 $z=f(x,y)$ 与平面 $x=x_0$ 的交线在点 $M_0(x_0,y_0,f(x_0,y_0))$处的切线关于 y 轴的斜率.

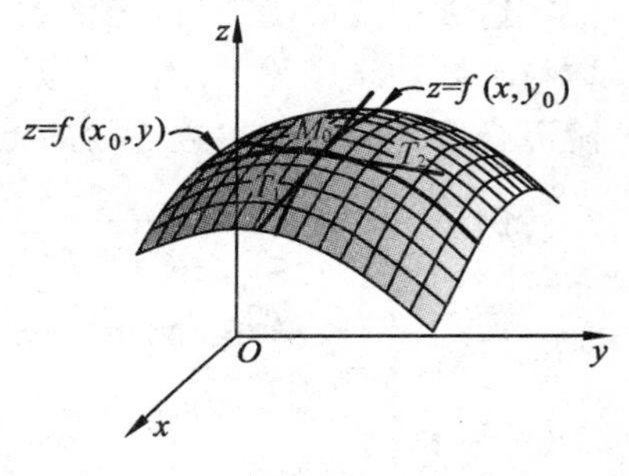

图 9-7

二、高阶偏导数

设函数 $z=f(x,y)$在区域 D 内具有偏导数

$$\frac{\partial z}{\partial x}=f_x(x,y),\ \frac{\partial z}{\partial y}=f_y(x,y).$$

一般来说，在 D 内 $f_x(x,y)$，$f_y(x,y)$均是 x,y 的函数. 如果这两个函数的偏导数也存在，则称它们是函数 $z=f(x,y)$的二阶偏导数. 二元函数依照对变量求导数的次序不同而有下列四个二阶偏导数：

$$\frac{\partial}{\partial x}\left(\frac{\partial z}{\partial x}\right)=\frac{\partial^2 z}{\partial x^2}=f_{xx}(x,y),$$

$$\frac{\partial}{\partial y}\left(\frac{\partial z}{\partial x}\right)=\frac{\partial^2 z}{\partial x\partial y}=f_{xy}(x,y),$$

$$\frac{\partial}{\partial x}\left(\frac{\partial z}{\partial y}\right)=\frac{\partial^2 z}{\partial y\partial x}=f_{yx}(x,y),$$

$$\frac{\partial}{\partial y}\left(\frac{\partial z}{\partial y}\right)=\frac{\partial^2 z}{\partial y^2}=f_{yy}(x,y),$$

其中，$f_{xy}(x,y)$和 $f_{yx}(x,y)$称为二阶混合偏导数.

同样可得三阶、四阶以至 n 阶偏导数. 二阶及二阶以上的偏导数统称为高阶偏导数.

例 6　求 $z=x^4y-5xy^2+12\sqrt{x}$的各二阶偏导数.

解　$\frac{\partial z}{\partial x}=4x^3y-5y^2+\frac{6}{\sqrt{x}}$，$\frac{\partial z}{\partial y}=x^4-10xy$，

$$\frac{\partial^2 z}{\partial x^2}=12x^2y-\frac{3}{\sqrt{x^3}},\quad \frac{\partial^2 z}{\partial x\partial y}=4x^3-10y,$$

$$\frac{\partial^2 z}{\partial y\partial x}=4x^3-10y,\quad \frac{\partial^2 z}{\partial y^2}=-10x.$$

可以看到，例 6 中两个二阶混合偏导数是相等的，即$\frac{\partial^2 z}{\partial x\partial y}=\frac{\partial^2 z}{\partial y\partial x}$. 这并不是偶然现象，事实上，有下述定理.

定理　如果函数 $z=f(x,y)$ 的两个二阶混合偏导数$\frac{\partial^2 z}{\partial x\partial y}$及$\frac{\partial^2 z}{\partial y\partial x}$在区域 D 内连续，那么在该区域内这两个二阶混合偏导数必相等. 也就是说，二阶混合偏导数在连续的条件下与求导的次序无关.

证明从略.

通常用到的函数（初等函数）的混合偏导数一般都是连续的，因此，它们的混合偏导数与求导的顺序无关. 对于二元以上的多元函数同样可类似地定义高阶偏导数，并且高阶混合偏导数在偏导数连续的条件下也与求偏导的次序无关.

例 7　证明 $u=\frac{1}{\sqrt{x^2+y^2+z^2}}$满足方程$\frac{\partial^2 u}{\partial x^2}+\frac{\partial^2 u}{\partial y^2}+\frac{\partial^2 u}{\partial z^2}=0$.

证　记 $r=\sqrt{x^2+y^2+z^2}$，则

$$\frac{\partial u}{\partial x}=-\frac{1}{r^2}\frac{\partial r}{\partial x}=-\frac{1}{r^2}\frac{x}{r}=-\frac{x}{r^3},$$

$$\frac{\partial^2 u}{\partial x^2}=-\frac{1}{r^3}+\frac{3x}{r^4}\frac{\partial r}{\partial x}=-\frac{1}{r^3}+\frac{3x^2}{r^5}.$$

由函数关于自变量的对称性，同样有

$$\frac{\partial^2 u}{\partial y^2}=-\frac{1}{r^3}+\frac{3y^2}{r^5},\ \frac{\partial^2 u}{\partial z^2}=-\frac{1}{r^3}+\frac{3z^2}{r^5},$$

从而

$$\frac{\partial^2 u}{\partial x^2}+\frac{\partial^2 u}{\partial y^2}+\frac{\partial^2 u}{\partial z^3}=-\frac{3}{r^3}+\frac{3(x^2+y^2+z^2)}{r^5}=-\frac{3}{r^3}+\frac{3r^2}{r^5}=0.$$

例 7 中的方程称为三维拉普拉斯（Laplace）方程. 它是数学物理方程中一种重要的方程.

习题 9-2

1. 求下列函数的偏导数：

(1) $z=xy-\frac{x}{y}$；　　(2) $z=xy\ln(x^2+y^2)$；

(3) $z=(1+xy)^y$；　　(4) $z=\sin(x-y)\mathrm{e}^{-xy}$；

(5) $z=\arctan\frac{y}{x}$；　　(6) $s=\frac{u^2+v^2}{uv}$；

(7) $z=\int_0^{xy}\mathrm{e}^{-t^2}\mathrm{d}t$；　　(8) $z=\sqrt{\ln(xy)}$；

(9) $z=\mathrm{e}^{\sin(xy)}$；　　(10) $z=\ln^2\frac{x}{y}$；

(11) $u=x^{\frac{y}{z}}$；　　(12) $u=\arctan(x-y)^z$.

2. (1) 已知 $f(x,y)=x^2y^2-2y$，求 $f_x(2,3)$；

(2) 已知 $f(x,y)=\ln(x+\sqrt{x^2+y^2})$，求 $f_x(3,4)$，$f_y(3,4)$.

3. 设 $f(x,y)=x+(y-1)\arcsin\sqrt{\dfrac{x}{y}}$，求 $f_x(x,1)$.

4. 设 $z=\ln(\sqrt{x}+\sqrt{y})$，证明：$x\dfrac{\partial z}{\partial x}+y\dfrac{\partial z}{\partial y}=\dfrac{1}{2}$.

5. 求下列函数的二阶偏导数：

(1) $z=x^4+y^4-4x^2y^2$；　　(2) $z=4x^3+3x^2y-3xy^2-x+y$；

(3) $z=x\ln(x+y)$；　　(4) $z=x\sin(x+y)+y\cos(x+y)$.

6. 验证 $z=\ln\sqrt{x^2+y^2}$ 满足方程 $\dfrac{\partial^2 z}{\partial x^2}+\dfrac{\partial^2 z}{\partial y^2}=0$.

7. 验证 $z=2\cos^2\left(x-\dfrac{t}{2}\right)$ 满足方程 $2\dfrac{\partial^2 z}{\partial t^2}+\dfrac{\partial^2 z}{\partial x\partial t}=0$.

8. 在一个由两个电阻 R_1，R_2 并联产生的电路中，总电阻 R 和电阻 R_1，R_2 有如下关系：

$$\frac{1}{R}=\frac{1}{R_1}+\frac{1}{R_2} \text{ 或 } R=f(R_1,R_2)=\frac{R_1R_2}{R_1+R_2}.$$

证明 $R=f(R_1,R_2)$ 满足方程

$$R_1^2\frac{\partial R}{\partial R_1}+R_2^2\frac{\partial R}{\partial R_2}=2R^2.$$

第三节　全微分

前面讨论的是函数关于某一个变量变化的情况，但应用中常常还需要讨论函数关于所有变量变化的情况. 这就需要引入全微分的概念.

一、全微分的概念

在一元函数 $y=f(x)$ 中，若 $f'(x)\neq 0$，那么，函数的微分 $\mathrm{d}y$ 是函数增量 Δy 的线性主部，并且可用 $\mathrm{d}y$ 近似地代替 Δy. 在实际问题中，有时需要研究多元函数中各个自变量都取得增量时函数所获得的增量，并且希望用简单的形式近似表示.

设函数 $z=f(x, y)$ 在点 (x_0, y_0) 的某个邻域内有定义. 当 x 从 x_0 取得改变量 $\Delta x(\Delta x\neq 0)$，而 $y=y_0$ 保持不变时，函数 z 得到一个改变量

$$f(x_0+\Delta x, y_0)-f(x_0, y_0).$$

该改变量称为函数 $f(x, y)$ 对于 x 的偏改变量或偏增量. 类似地，定义函数 $f(x, y)$ 对于 y 的偏改变量或偏增量为

$$f(x_0, y_0+\Delta y)-f(x_0, y_0).$$

对于自变量分别从 x_0，y_0 取得改变量 Δx，Δy，函数 z 的相应改变量

$$\Delta z=f(x_0+\Delta x,\ y_0+\Delta y)-f(x_0,\ y_0)$$

称为函数 $f(x,\ y)$的全改变量或全增量.

利用全增量的定义与符号，第一节中函数 $f(x,\ y)$在点$(x_0,\ y_0)$连续的定义式(1)可表示为

$$\lim_{\substack{\Delta x\to 0\\ \Delta y\to 0}} f(x_0+\Delta x,\ y_0+\Delta y)=f(x_0,\ y_0)\ \text{或}\ \lim_{\substack{\Delta x\to 0\\ \Delta y\to 0}}\Delta z=0. \tag{1}$$

一般来说，计算函数的全增量比较复杂.与一元函数相似，我们希望用自变量增量的线性函数 $A\Delta x+B\Delta y$ 近似代替全增量 Δz，由此引入全微分的定义.

定义　如果函数 $z=f(x,y)$在点(x,y)的全增量

$$\Delta z=f(x+\Delta x,y+\Delta y)-f(x,y)$$

可表示为

$$\Delta z=A\Delta x+B\Delta y+o(\rho), \tag{2}$$

其中，A，B 不依赖于 Δx，Δy 而仅与 x，y 有关，$o(\rho)$是当$(\Delta x,\Delta y)\to(0,0)$或 $\rho=\sqrt{(\Delta x)^2+(\Delta y)^2}\to 0$ 时 ρ 的高阶无穷小量，则称函数 $z=f(x,y)$在点(x,y)可微，$A\Delta x+B\Delta y$ 称为函数 $z=f(x,y)$在点(x,y)的全微分，记作 $\mathrm{d}z$，即

$$\mathrm{d}z=A\Delta x+B\Delta y. \tag{3}$$

若函数在区域 D 内各点都可微，则称该函数在区域 D 内可微.

二元函数全微分的概念可类似推广到多元函数.

根据函数 $z=f(x,y)$在点$(x_0,\ y_0)$连续的定义式(1)及可微的定义式(2)，即可得到下面的定理.

定理 1　如果函数 $z=f(x,y)$在点$(x_0,\ y_0)$可微，则函数 $z=f(x,y)$在该点处必定连续.

一元函数在某点的导数存在是其微分存在的充分必要条件，但对于多元函数情形是不一样的.先给出下面的定理.

定理 2　如果函数 $z=f(x,y)$在点(x,y)可微，则此函数在该点处两个偏导数都存在，且

$$\mathrm{d}z=\frac{\partial z}{\partial x}\Delta x+\frac{\partial z}{\partial y}\Delta y. \tag{4}$$

证　因 $z=f(x,y)$在(x,y)处可微，故

$$\Delta z=f(x+\Delta x,y+\Delta y)-f(x,y)=A\Delta x+B\Delta y+o(\rho).$$

其中，$o(\rho)$是 $\rho=\sqrt{(\Delta x)^2+(\Delta y)^2}$ 的高阶无穷小.若令 $\Delta y=0$，此时，$\rho=|\Delta x|$，则有

$$f(x+\Delta x,y)-f(x,y)=A\Delta x+o(|\Delta x|),$$

再令 $\Delta x\to 0$，注意到$\dfrac{|\Delta x|}{\Delta x}$是有界量，得

$$\lim_{\Delta x\to 0}\frac{f(x+\Delta x,y)-f(x,y)}{\Delta x}=A+\lim_{\Delta x\to 0}\frac{o(|\Delta x|)}{|\Delta x|}\frac{|\Delta x|}{\Delta x}=A.$$

即证得偏导数$\frac{\partial z}{\partial x}$存在，且$A=\frac{\partial z}{\partial x}$.

同理可证$B=\frac{\partial z}{\partial y}$. 从而

$$\mathrm{d}z=A\Delta x+B\Delta y=\frac{\partial z}{\partial x}\Delta x+\frac{\partial z}{\partial y}\Delta y.$$

定理 2 说明，若函数在点(x,y)可微，则偏导数必定存在. 但反之不成立，即函数偏导都存在不能保证函数是可微的. 例如，上节例 4 中的函数

$$f(x,y)=\begin{cases}\frac{xy}{x^2+y^2}, & x^2+y^2\neq 0,\\ 0, & x^2+y^2=0\end{cases}$$

在点(0,0)处$f_x(0,0)=0$及$f_y(0,0)=0$，即$f(x,y)$在原点处两个偏导数都存在，但在原点不连续，根据定理 1 可知，函数在原点一定是不可微的.

但是，如果再假定函数的各个偏导数连续，则可以证明函数是可微分的，即有下面的定理.

定理 3　如果函数$z=f(x,y)$的偏导数$f_x(x,y)$，$f_y(x,y)$在点(x,y)连续，则函数在该点可微分.

证明从略.

习惯上，将自变量的增量Δx，Δy分别记作$\mathrm{d}x$和$\mathrm{d}y$，并分别称为自变量的微分，这样二元函数的全微分就表示为

$$\mathrm{d}z=\frac{\partial z}{\partial x}\mathrm{d}x+\frac{\partial z}{\partial y}\mathrm{d}y.$$

以上关于二元函数全微分的定义及可微的结论可以类似地推广到三元及三元以上的多元函数.

例 1　求函数$z=x^2y^3$，当$x=2$，$y=-1$，$\Delta x=0.02$，$\Delta y=-0.01$时的全微分.

解　$$\mathrm{d}z=2xy^3\Delta x+3x^2y^2\Delta y=xy^2(2y\Delta x+3x\Delta y).$$

当$x=2$，$y=-1$，$\Delta x=0.02$，$\Delta y=-0.01$时，有

$$\mathrm{d}z=2\times(-1)^2[2\times(-1)\times 0.02+3\times 2\times(-0.01)]=-0.20.$$

二、全微分的应用

若二元函数$z=f(x,y)$在点(x_0,y_0)是可微分的，则$\Delta z-\mathrm{d}z=o(\rho)$. 因此，当$f_x(x_0,y_0)$，$f_y(x_0,y_0)$不全为零且$|\Delta x|$，$|\Delta y|$充分小时，有$\mathrm{d}z\approx\Delta z$，即

$$f(x+\Delta x,y+\Delta y)\approx f(x,y)+f_x(x,y)\Delta x+f_y(x,y)\Delta y.\quad(5)$$

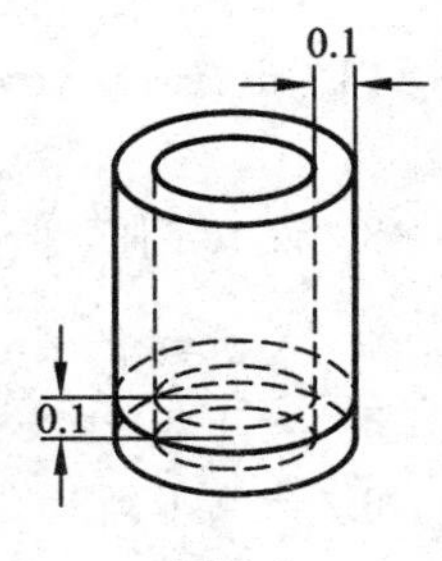

图 9-8

例 2　有一无盖圆柱容器（见图 9-8），容器外壳的厚度为 0.1 cm，内高为 20 cm，内半径为 4 cm，求容器外壳体积的近似值.

解　设圆柱形容器的半径为r，高为h，则圆柱体的体积为

$$V=\pi r^2 h.$$

外壳体积可看作容器体积 V 在 $r=4, h=20$ 时，$\Delta r=\Delta h=0.1$ 时的全增量，可用全微分近似计算.

由于 $\frac{\partial V}{\partial r}=2\pi rh, \frac{\partial V}{\partial h}=\pi r^2$ 连续，根据式(5)，得

$$\begin{aligned}\Delta V\approx \mathrm{d}V &=\frac{\partial V}{\partial r}\Delta r+\frac{\partial V}{\partial h}\Delta h=2\pi rh\Delta r+\pi r^2\Delta h\\ &=2\pi\times 4\times 20\times 0.1+\pi\times 4^2\times 0.1=17.6\pi\ \mathrm{cm}^3\end{aligned}$$

因此，该容器外壳体积约为 $17.6\pi\ \mathrm{cm}^3$.

例 3 计算 $\sqrt{(1.02)^3+(1.97)^3}$ 的近似值.

解 令 $f(x,y)=\sqrt{x^3+y^3}$，则 $\sqrt{(1.02)^3+(1.97)^3}$ 可看作函数 $f(x,y)$ 在点 $(1, 2)$ 处自变量取增量 $\Delta x=0.02, \Delta y=-0.03$ 时的函数值. 利用式(5)有

$$f(x+\Delta x, y+\Delta y)\approx\sqrt{x^3+y^3}+\frac{3}{2\sqrt{x^3+y^3}}(x^2\Delta x+y^2\Delta y).$$

于是

$$\begin{aligned}\sqrt{(1.02)^3+(1.97)^3}&=f(1+0.02,\ 2-0.03)\\ &\approx\sqrt{1^3+2^3}+\frac{3}{2\sqrt{1^3+2^3}}[1^2\times 0.02+2^2\times(-0.03)]\approx 2.95.\end{aligned}$$

习题 9-3

1. 求下列函数的全微分：

(1) $z=\sqrt{\frac{x}{y}}$；　　(2) $z=\tan(x^2 y)$；

(3) $z=\sqrt{\frac{ax+by}{ax-by}}$；　　(4) $z=x^{y^2}$；

(5) $z=\arctan^2\frac{x}{y}$.

2. 证明：

(1) $\mathrm{d}(xy)=y\mathrm{d}x+x\mathrm{d}y$；　　(2) $\mathrm{d}\left(\frac{x}{y}\right)=\frac{y\mathrm{d}x-x\mathrm{d}y}{y^2}$.

3. 设 $u=\left(\frac{x}{y}\right)^{\frac{1}{z}}$，求 $\mathrm{d}u|_{(1,1,1)}$.

4. 求函数 $z=\ln(1+x^2+y^2)$，当 $x=1, y=2$ 时的全微分.

5. 求函数 $z=x^2y^3$，当 $x=2, y=-1, \Delta x=0.02, \Delta y=-0.01$ 时的全微分.

6. 计算下列近似值：

(1) $10.1^{2.03}$；　　(2) $\sqrt[3]{(2.02)^2+(1.99)^2}$.

7. 已知边长 $x=6$ m 与 $y=8$ m 的矩形，求当 x 边增加 5 cm，y 边减少 10 cm 时，此矩形对角线变化的近似值.

第四节　多元复合函数与隐函数的求导

一、多元复合函数的求导法则

对于多元函数的复合函数，利用偏导数的定义，可以直接用一元函数的复合函数求导法求其偏导数. 但是对于一般的复合函数，建立相应的求导法则是非常重要的. 先讨论最简单的情形.

设 $z=f(u,v)$ 是自变量 u 和 v 的二元函数，而 $u=\varphi(x)$，$v=\psi(x)$ 是自变量 x 的一元函数，则 $z=f(\varphi(x),\psi(x))$ 是 x 的复合函数.

定理 1　设函数 $z=f(u,v)$ 可微，函数 $u=\varphi(x)$，$v=\psi(x)$ 可导，则复合函数 $z=f(\varphi(x),\psi(x))$ 对 x 可导，且有

$$\frac{\mathrm{d}z}{\mathrm{d}x}=\frac{\partial f}{\partial u}\frac{\mathrm{d}u}{\mathrm{d}x}+\frac{\partial f}{\partial v}\frac{\mathrm{d}v}{\mathrm{d}x}=\frac{\partial f}{\partial u}\varphi'(x)+\frac{\partial f}{\partial v}\psi'(x). \tag{1}$$

证　设对应于自变量改变量 Δx，中间变量 $u=\varphi(x)$ 和 $v=\psi(x)$ 的改变量分别为 Δu 和 Δv，进而函数 z 有改变量为 Δz. 因函数 $z=f(u,v)$ 可微，由定义有

$$\Delta z=\frac{\partial f}{\partial u}\Delta u+\frac{\partial f}{\partial v}\Delta v+\alpha(\rho)\rho, \tag{2}$$

其中，$\rho=\sqrt{(\Delta u)^2+(\Delta v)^2}$，$\alpha(\rho)$ 为无穷小量（$\rho\to 0$ 时）. 将式(2)两端同除以 Δx，得

$$\begin{aligned}\frac{\Delta z}{\Delta x}&=\frac{\partial f}{\partial u}\frac{\Delta u}{\Delta x}+\frac{\partial f}{\partial v}\frac{\Delta v}{\Delta x}+\alpha(\rho)\frac{\rho}{\Delta x}\\&=\frac{\partial f}{\partial u}\frac{\Delta u}{\Delta x}+\frac{\partial f}{\partial v}\frac{\Delta v}{\Delta x}+\alpha(\rho)\frac{|\Delta x|}{\Delta x}\sqrt{\left(\frac{\Delta u}{\Delta x}\right)^2+\left(\frac{\Delta v}{\Delta x}\right)^2}.\end{aligned}$$

因 $u=\varphi(x)$，$v=\psi(x)$ 可导，故 $\Delta x\to 0$ 时，$\rho\to 0$. 于是，在上式中令 $\Delta x\to 0$，可得

$$\frac{\mathrm{d}z}{\mathrm{d}x}=\frac{\partial f}{\partial u}\frac{\mathrm{d}u}{\mathrm{d}x}+\frac{\partial f}{\partial v}\frac{\mathrm{d}v}{\mathrm{d}x}=\frac{\partial f}{\partial u}\varphi'(x)+\frac{\partial f}{\partial v}\psi'(x).$$

如果将定理 1 中的函数 $u=\varphi(x)$，$v=\psi(x)$ 可导改为 $u=\varphi(x,y)$，$v=\psi(x,y)$ 在点 (x,y) 有偏导数，只要将 $\frac{\mathrm{d}u}{\mathrm{d}x}$，$\frac{\mathrm{d}v}{\mathrm{d}x}$ 分别改为 $\frac{\partial u}{\partial x}$，$\frac{\partial v}{\partial x}$ 即可得到

$$\frac{\partial z}{\partial x}=\frac{\partial f}{\partial u}\frac{\partial u}{\partial x}+\frac{\partial f}{\partial v}\frac{\partial v}{\partial x}.$$

同样有

$$\frac{\partial z}{\partial y}=\frac{\partial f}{\partial u}\frac{\partial u}{\partial y}+\frac{\partial f}{\partial v}\frac{\partial v}{\partial y},$$

或记为

$$\frac{\partial z}{\partial x}=\frac{\partial z}{\partial u}\frac{\partial u}{\partial x}+\frac{\partial z}{\partial v}\frac{\partial v}{\partial x}, \tag{3}$$

$$\frac{\partial z}{\partial y}=\frac{\partial z}{\partial u}\frac{\partial u}{\partial y}+\frac{\partial z}{\partial v}\frac{\partial v}{\partial y}. \tag{4}$$

公式(1)还可以推广到复合函数的中间变量多于两个的情形.例如,设 $z=f(u,v,w)$ 可微,$u=\varphi(x)$,$v=\psi(x)$,$w=\omega(x)$关于 x 可导,则有

$$\frac{\mathrm{d}z}{\mathrm{d}x}=\frac{\partial f}{\partial u}\varphi'(x)+\frac{\partial f}{\partial v}\psi'(x)+\frac{\partial f}{\partial w}\omega'(x). \tag{5}$$

例 1　设 $z=f(u,v)=\mathrm{e}^{u^2v}$,其中 u 和 v 是中间变量,$u=2x^2$, $v=\sin x$.求$\frac{\mathrm{d}z}{\mathrm{d}x}$.

解　先计算

$$\frac{\partial f}{\partial u}=\mathrm{e}^{u^2v}2uv,\ \frac{\partial f}{\partial v}=\mathrm{e}^{u^2v}u^2,\ \frac{\mathrm{d}u}{\mathrm{d}x}=4x,\ \frac{\mathrm{d}v}{\mathrm{d}x}=\cos x.$$

利用公式(1)得到

$$\begin{aligned}\frac{\mathrm{d}z}{\mathrm{d}x}&=\frac{\partial f}{\partial u}\frac{\mathrm{d}u}{\mathrm{d}x}+\frac{\partial f}{\partial v}\frac{\mathrm{d}v}{\mathrm{d}x}=\mathrm{e}^{u^2v}2uv\,4x+\mathrm{e}^{u^2v}u^2\cos x\\&=4x^3\mathrm{e}^{4x^4\sin x}(4\sin x+x\cos x).\end{aligned}$$

例 2　设 $z=u^2\ln v$, 而 $u=\frac{x}{y}$, $v=3x-2y$, 求$\frac{\partial z}{\partial x}$, $\frac{\partial z}{\partial y}$.

解　利用式(3),可得

$$\begin{aligned}\frac{\partial z}{\partial x}&=\frac{\partial z}{\partial u}\frac{\partial u}{\partial x}+\frac{\partial z}{\partial v}\frac{\partial v}{\partial x}\\&=2u\ln v\cdot\frac{1}{y}+\frac{u^2}{v}\cdot 3=\frac{2x}{y^2}\ln(3x-2y)+\frac{3x^2}{y^2(3x-2y)}.\end{aligned}$$

再利用式(4),可得

$$\begin{aligned}\frac{\partial z}{\partial y}&=\frac{\partial z}{\partial u}\frac{\partial u}{\partial y}+\frac{\partial z}{\partial v}\frac{\partial v}{\partial y}\\&=2u\ln v\cdot\left(-\frac{x}{y^2}\right)+\frac{u^2}{v}\cdot(-2)=-\frac{2x^2}{y^3}\ln(3x-2y)-\frac{-2x^2}{y^2(3x-2y)}.\end{aligned}$$

例 3　设 $z=\frac{1}{2}\frac{y^2}{x}+\varphi(xy)$, φ 为可微函数, 求证 $x^2\frac{\partial z}{\partial x}-xy\frac{\partial z}{\partial y}+\frac{3}{2}y^2=0$.

证　因为

$$\frac{\partial z}{\partial x}=-\frac{y^2}{2x^2}+y\varphi'(xy),\ \frac{\partial z}{\partial y}=\frac{y}{x}+x\varphi'(xy),$$

所以

$$\begin{aligned}x^2\frac{\partial z}{\partial x}-xy\frac{\partial z}{\partial y}&=x^2\left[-\frac{y^2}{2x^2}+y\varphi'(xy)\right]-xy\left[\frac{y}{x}+x\varphi'(xy)\right]\\&=-\frac{y^2}{2}+x^2y\varphi'(xy)-y^2-x^2y\varphi'(xy)=-\frac{3}{2}y^2,\end{aligned}$$

即

$$x^2\frac{\partial z}{\partial x}-xy\frac{\partial z}{\partial y}+\frac{3}{2}y^2=0.$$

例 4　设 $Q=f(x,xy,xyz)$,且 f 存在一阶连续偏导数,求函数 Q 的全部一阶偏

导数.

解　设 $u=x$, $v=xy$, $w=xyz$,则 $Q=f(u,v,w)$. 我们用 f_1'表示函数 $f(u,v,w)$对第一个变量 u 的偏导数,即 $f_1'=\frac{\partial f}{\partial u}$;类似地,记 $f_2'=\frac{\partial f}{\partial v}$, $f_3'=\frac{\partial f}{\partial w}$. 这种表示法不依赖于中间变量具体用什么符号表示,简洁且含义清楚,是偏导数运算中常用的一种表示法.

根据复合函数求导法则,可得

$$\frac{\partial Q}{\partial x}=\frac{\partial f}{\partial u}\frac{\partial u}{\partial x}+\frac{\partial f}{\partial v}\frac{\partial v}{\partial x}+\frac{\partial f}{\partial w}\frac{\partial w}{\partial x}=f_1'+yf_2'+yzf_3',$$

$$\frac{\partial Q}{\partial y}=\frac{\partial f}{\partial u}\frac{\partial u}{\partial y}+\frac{\partial f}{\partial v}\frac{\partial v}{\partial y}+\frac{\partial f}{\partial w}\frac{\partial w}{\partial y}=xf_2'+xzf_3',$$

$$\frac{\partial Q}{\partial z}=\frac{\partial f}{\partial u}\frac{\partial u}{\partial z}+\frac{\partial f}{\partial v}\frac{\partial v}{\partial z}+\frac{\partial f}{\partial w}\frac{\partial w}{\partial z}=xyf_3'.$$

例 5　设 $z=f(xy,x^2-y^2)$, f 具有二阶连续偏导数,求$\frac{\partial z}{\partial x}$,$\frac{\partial^2 z}{\partial x^2}$及$\frac{\partial^2 z}{\partial x\partial y}$.

解　令 $u=xy$,$v=x^2-y^2$,则函数由 $z=f(u,v)$复合而成. 类似地,我们记 $f_{11}''=\frac{\partial^2 f}{\partial u^2}$, $f_{12}''=\frac{\partial^2 f}{\partial u\partial v}$, $f_{22}''=\frac{\partial^2 f}{\partial v^2}$,…. 根据复合函数求导法则,有

$$\frac{\partial z}{\partial x}=\frac{\partial f}{\partial u}\frac{\partial u}{\partial x}+\frac{\partial f}{\partial v}\frac{\partial v}{\partial x}=yf_1'+2xf_2',$$

$$\begin{aligned}\frac{\partial^2 z}{\partial x^2}&=y(f_1')_x'+2f_2'+2x(f_2')_x'\\&=2f_2'+y(yf_{11}''+2xf_{12}'')+2x(yf_{21}''+2xf_{22}'').\end{aligned}$$

由于 f 具有二阶连续偏导数,所以 $f_{12}''=f_{21}''$. 因此

$$\frac{\partial^2 z}{\partial x^2}=2f_2'+y^2f_{11}''+4xyf_{21}''+4x^2f_{22}''.$$

同样

$$\begin{aligned}\frac{\partial^2 z}{\partial x\partial y}&=f_1'+y(f_1')_y'+2x(f_2')_y'\\&=f_1'+y(xf_{11}''-2yf_{12}'')+2x(xf_{21}''-2yf_{22}'')\\&=f_1'+xyf_{11}''+2(x^2-y^2)f_{12}''-4xyf_{22}''.\end{aligned}$$

最后,利用多元复合函数求导公式,可以证明多元函数全微分的一个重要性质——全微分形式的不变性.

设函数 $z=f(x,y)$可微,当 x,y 为自变量时,有全微分公式

$$\mathrm{d}z=\frac{\partial z}{\partial x}\mathrm{d}x+\frac{\partial z}{\partial y}\mathrm{d}y;$$

当 $x=x(s,t)$, $y=y(s,t)$为可微函数时,对复合函数 $z=f[x(s,t),y(s,t)]$仍有全微分公式

$$\mathrm{d}z=\frac{\partial z}{\partial x}\mathrm{d}x+\frac{\partial z}{\partial y}\mathrm{d}y.$$

事实上，由复合函数求导法则，有

$$\frac{\partial z}{\partial s}=\frac{\partial z}{\partial x}\frac{\partial x}{\partial s}+\frac{\partial z}{\partial y}\frac{\partial y}{\partial s},$$

$$\frac{\partial z}{\partial t}=\frac{\partial z}{\partial x}\frac{\partial x}{\partial t}+\frac{\partial z}{\partial y}\frac{\partial y}{\partial t}.$$

于是，由全微分定义可得

$$\begin{aligned}\mathrm{d}z&=\frac{\partial z}{\partial s}\mathrm{d}s+\frac{\partial z}{\partial t}\mathrm{d}t\\&=\left(\frac{\partial z}{\partial x}\frac{\partial x}{\partial s}+\frac{\partial z}{\partial y}\frac{\partial y}{\partial s}\right)\mathrm{d}s+\left(\frac{\partial z}{\partial x}\frac{\partial x}{\partial t}+\frac{\partial z}{\partial y}\frac{\partial y}{\partial t}\right)\mathrm{d}t\\&=\frac{\partial z}{\partial x}\left(\frac{\partial x}{\partial s}\mathrm{d}s+\frac{\partial x}{\partial t}\mathrm{d}t\right)+\frac{\partial z}{\partial y}\left(\frac{\partial y}{\partial s}\mathrm{d}s+\frac{\partial y}{\partial t}\mathrm{d}t\right)\\&=\frac{\partial z}{\partial x}\mathrm{d}x+\frac{\partial z}{\partial y}\mathrm{d}y.\end{aligned}$$

全微分形式不变性表明，对于函数 $z=f(x,y)$，无论 x,y 是中间变量还是自变量，其全微分公式 $\mathrm{d}z=\frac{\partial z}{\partial x}\mathrm{d}x+\frac{\partial z}{\partial y}\mathrm{d}y$ 总成立.

例 6　利用全微分形式不变性求 $z=x\ln(x^2+2y^2)$ 的偏导数.

解

$$\begin{aligned}\mathrm{d}z&=\ln(x^2+2y^2)\mathrm{d}x+x\mathrm{d}[\ln(x^2+2y^2)]\\&=\ln(x^2+2y^2)\mathrm{d}x+\frac{x}{x^2+2y^2}\mathrm{d}(x^2+2y^2)\\&=\ln(x^2+2y^2)\mathrm{d}x+\frac{x(2x\mathrm{d}x+4y\mathrm{d}y)}{x^2+2y^2}\\&=\left[\ln(x^2+2y^2)+\frac{2x^2}{x^2+2y^2}\right]\mathrm{d}x+\frac{4xy}{x^2+2y^2}\mathrm{d}y.\end{aligned}$$

另一方面，$\mathrm{d}z=\frac{\partial z}{\partial x}\mathrm{d}x+\frac{\partial z}{\partial y}\mathrm{d}y$，比较微分前面的系数即得

$$\frac{\partial z}{\partial x}=\ln(x^2+2y^2)+\frac{2x^2}{x^2+2y^2},\ \frac{\partial z}{\partial y}=\frac{4xy}{x^2+2y^2}.$$

二、一个方程确定的隐函数

在一元函数情形中，曾经引入了隐函数的概念，并且给出直接由方程

$$F(x,y)=0 \tag{6}$$

求其所确定的函数导数的方法. 下面将给出由方程(6)确定隐函数的隐函数存在性定理，并通过复合函数的求导法则建立一元和二元隐函数的求导公式.

隐函数存在定理 1　设函数 $F(x,y)$ 在点 (x_0,y_0) 的某一邻域内具有连续的偏导数，且 $F(x_0,y_0)=0$，$F_y(x_0,y_0)\neq 0$，则方程 $F(x,y)=0$ 在点 (x_0,y_0) 的某一邻域内恒能唯一确定一个单值连续且具有连续导数的函数 $y=f(x)$. 它满足条件 $y_0=f(x_0)$，并有

$$\frac{\mathrm{d}y}{\mathrm{d}x}=-\frac{F_x}{F_y}. \tag{7}$$

隐函数的存在性证明从略.下面仅给出公式(7)的推导过程.

因 $y=f(x)$ 是由 $F(x,y)=0$ 确定的隐函数,故有恒等式 $F[x, f(x)]\equiv 0$. 利用复合函数的求导法则,在该等式两端同时对 x 求导,得

$$\frac{\partial F}{\partial x}+\frac{\partial F}{\partial y}\frac{\mathrm{d}y}{\mathrm{d}x}=0. \tag{8}$$

由于 F_y 连续,且 $F_y(x_0,y_0)\neq 0$,所以存在点 (x_0,y_0) 的一个邻域,在这个邻域内 $F_y\neq 0$,于是从式(8)中解出 $\frac{\mathrm{d}y}{\mathrm{d}x}$,即得公式(7).

例 7 求由方程 $y-xe^y+x=0$ 所确定的函数 $y=f(x)$ 的导数 $\frac{\mathrm{d}y}{\mathrm{d}x}$.

解法一 直接在方程中对 x 求导.注意到 y 是 x 的函数,得

$$y'-e^y-xe^yy'+1=0,$$

解得

$$\frac{\mathrm{d}y}{\mathrm{d}x}==\frac{e^y-1}{1-xe^y}.$$

解法二 设 $F(x, y)=y-xe^y+x$, 则

$$\frac{\partial F}{\partial x}=-e^y+1,\ \frac{\partial F}{\partial y}=1-xe^y.$$

于是,由公式(7)得

$$\frac{\mathrm{d}y}{\mathrm{d}x}=-\frac{-e^y+1}{1-xe^y}=\frac{e^y-1}{1-xe^y}.$$

类似地,对于由方程 $F(x,y,z)=0$ 确定二元函数 $z=f(x,y)$ 的情形,有下列结论:

隐函数存在定理 2 设函数 $F(x,y,z)$ 在点 (x_0,y_0,z_0) 的某一邻域内具有连续的偏导数,且 $F(x_0,y_0,z_0)=0$, $F_z(x_0,y_0,z_0)\neq 0$,则方程 $F(x,y,z)=0$ 在点 (x_0,y_0,z_0) 的某一邻域内恒能唯一确定一个单值连续且具有连续偏导数的函数 $z=f(x,y)$. 它满足条件 $z_0=f(x_0,y_0)$,并有

$$\frac{\partial z}{\partial x}=-\frac{F_x}{F_z},\ \frac{\partial z}{\partial y}=-\frac{F_y}{F_z}. \tag{9}$$

为得到求导公式(9),在恒等式 $F(x,y, f(x,y))\equiv 0$ 两端分别对 x 和 y 求导,得

$$F_x+F_z\frac{\partial z}{\partial x}=0,\ F_y+F_z\frac{\partial z}{\partial y}=0. \tag{10}$$

因为 F_z 连续,且 $F_z(x_0,y_0,z_0)\neq 0$,所以存在点 (x_0,y_0,z_0) 的一个邻域,在这个邻域内 $F_z\neq 0$. 于是从公式(10)中解出 $\frac{\partial z}{\partial x}$ 和 $\frac{\partial z}{\partial y}$,即得公式(9).

例 8 设方程 $x^2+y^2+z^2-4z=0$ 确定了函数 $z=z(x,y)$,求 $\left.\frac{\partial z}{\partial x}\right|_{(0,\sqrt{3},1)}$, $\left.\frac{\partial z}{\partial y}\right|_{(0,\sqrt{3},1)}$.

解 令 $F(x,y,z)=x^2+y^2+z^2-4z$, 则

$$F_x=2x,\ F_y=2y,\ F_z=2z-4.$$

利用式(9)得

$$\left.\frac{\partial z}{\partial x}\right|_{(0,\sqrt{3},1)}=-\left.\frac{F_x}{F_z}\right|_{(0,\sqrt{3},1)}=\left.\frac{x}{2-z}\right|_{(0,\sqrt{3},1)}=0,$$

$$\left.\frac{\partial z}{\partial y}\right|_{(0,\sqrt{3},1)}=-\left.\frac{F_y}{F_z}\right|_{(0,\sqrt{3},1)}=\left.\frac{y}{2-z}\right|_{(0,\sqrt{3},1)}=\sqrt{3}.$$

三、由方程组确定的隐函数的偏导数

我们还常常会遇到由方程组确定的隐函数.为此,需要将隐函数存在定理进行推广.我们不仅增加方程中变量的个数,同时还增加方程的个数,例如考虑方程组

$$\begin{cases}F(x,y,u,v)=0,\\G(x,y,u,v)=0.\end{cases}\tag{11}$$

这四个变量中,有两个变量比如 x,y 可作为自变量独立变化.因此,方程组就可确定两个二元函数 $u=u(x,y),v=v(x,y)$.

隐函数存在定理 3 设函数 $F(x,y,u,v)$ 和 $G(x,y,u,v)$ 在点 $P(x_0,y_0,u_0,v_0)$ 的邻域内具有连续的偏导数,又 $F(x_0,y_0,u_0,v_0)=0,G(x_0,y_0,u_0,v_0)=0$,由偏导数所组成的函数行列式(或称为雅可比(Jacobi)式)

$$J=\frac{\partial(F,G)}{\partial(u,v)}=\begin{vmatrix}F_u & F_v\\G_u & G_v\end{vmatrix}$$

在点 P 不等于零,则方程组(11)在点 P 的某一邻域内能唯一确定一组连续且具有偏导数的函数 $u=u(x,y),v=v(x,y)$,满足条件 $u_0=u(x_0,y_0),v_0=v(x_0,y_0)$,并有

$$\begin{aligned}\frac{\partial u}{\partial x}&=-\frac{1}{J}\frac{\partial(F,G)}{\partial(x,v)},\\\frac{\partial v}{\partial x}&=-\frac{1}{J}\frac{\partial(F,G)}{\partial(u,x)},\\\frac{\partial u}{\partial y}&=-\frac{1}{J}\frac{\partial(F,G)}{\partial(y,v)},\\\frac{\partial v}{\partial y}&=-\frac{1}{J}\frac{\partial(F,G)}{\partial(u,y)}.\end{aligned}\tag{12}$$

这里

$$\frac{\partial(F,G)}{\partial(x,v)}=\begin{vmatrix}F_x & F_v\\G_x & G_v\end{vmatrix},\ \frac{\partial(F,G)}{\partial(u,x)}=\begin{vmatrix}F_u & F_x\\G_u & G_x\end{vmatrix},\ \frac{\partial(F,G)}{\partial(y,v)}=\begin{vmatrix}F_y & F_v\\G_y & G_v\end{vmatrix},\ \frac{\partial(F,G)}{\partial(u,y)}=\begin{vmatrix}F_u & F_y\\G_u & G_y\end{vmatrix}.$$

定理证明略,仅对公式(12)进行推导.

由方程(11)知

$$\begin{cases}F[x,y,u(x,y),v(x,y)]\equiv 0,\\G[x,y,u(x,y),v(x,y)]\equiv 0.\end{cases}$$

将恒等式两端对 x 求偏导.注意到 u,v 均是 x,y 的函数,应用多元复合函数求导法则,得

$$\begin{cases} F_x+F_u\dfrac{\partial u}{\partial x}+F_v\dfrac{\partial v}{\partial x}=0, \\ G_x+G_u\dfrac{\partial u}{\partial x}+G_v\dfrac{\partial v}{\partial x}=0. \end{cases}$$

这是关于$\frac{\partial u}{\partial x}$,$\frac{\partial v}{\partial x}$的线性方程组.由假设可知在点 P 的一个邻域内,系数行列式

$$J=\begin{vmatrix} F_u & F_v \\ G_u & G_v \end{vmatrix}\neq 0,$$

从而可解出$\frac{\partial u}{\partial x}$,$\frac{\partial v}{\partial x}$,也就是式(12)的前两式成立.

同理,将恒等式两端对 y 求偏导可得式(12)的后两式成立.

在处理实际问题时可采用式(12)求偏导,也可采用方程组两端直接求导的方法.

例 9　设函数 $u=u(x,y)$ 和 $v=v(x,y)$ 由方程 $xu-yv=0$,$yu+xv=1$ 确定,求$\frac{\partial u}{\partial x}$,$\frac{\partial v}{\partial x}$.

解　记 $F(x,y,u,v)=xu-yv$,$G(x,y,u,v)=yu+xv-1$,则

$$J=\frac{\partial(F,G)}{\partial(u,v)}=\begin{vmatrix} x & -y \\ y & x \end{vmatrix}=x^2+y^2,$$

$$\frac{\partial(F,G)}{\partial(x,v)}=\begin{vmatrix} u & -y \\ v & x \end{vmatrix}=xu+yv,$$

$$\frac{\partial(F,G)}{\partial(u,x)}=\begin{vmatrix} x & u \\ y & v \end{vmatrix}=xv-uy.$$

在 $x^2+y^2\neq 0$ 的条件下,利用公式(12)得

$$\frac{\partial u}{\partial x}=-\frac{xu+yv}{x^2+y^2},\ \frac{\partial v}{\partial x}=\frac{yu-xv}{x^2+y^2}.$$

例 10　设方程组$\begin{cases} u^2+v^2-x^2-y=0, \\ -u+v-xy+1=0 \end{cases}$确定函数 $x=x(u,v)$ 和 $y=y(u,v)$,求$\frac{\partial x}{\partial u}$,$\frac{\partial y}{\partial u}$.

解　方程组两端对 u 求偏导数,得

$$\begin{cases} 2u-2x\dfrac{\partial x}{\partial u}-\dfrac{\partial y}{\partial u}=0, \\ -1-y\dfrac{\partial x}{\partial u}-x\dfrac{\partial y}{\partial u}=0. \end{cases}$$

将第一个方程两端乘以 y,第二个方程两端乘以 $-2x$,再将两个方程相加,即可解得

$$\frac{\partial y}{\partial u}=-\frac{2x+2yu}{2x^2-y}.$$

再将求得的$\frac{\partial y}{\partial u}$代入第一个方程,解得

$$\frac{\partial x}{\partial u}=\frac{2xu+1}{2x^2-y}.$$

有时方程组(11)中只有三个变量，例如考虑方程组

$$\begin{cases}F(x,y,z)=0,\\G(x,y,z)=0.\end{cases}\tag{13}$$

这时，在三个变量中，一般只能有一个自变量如 x 独立变化，另外两个变量就是 x 的一元函数 $y=y(x)$，$z=z(x)$. 此时有

$$\begin{aligned}\frac{\mathrm{d}y}{\mathrm{d}x}&=-\frac{1}{J}\frac{\partial(F,G)}{\partial(x,z)}=-\frac{1}{J}\begin{vmatrix}F_x & F_z\\G_x & G_z\end{vmatrix},\\\frac{\mathrm{d}z}{\mathrm{d}x}&=-\frac{1}{J}\frac{\partial(F,G)}{\partial(y,x)}=-\frac{1}{J}\begin{vmatrix}F_y & F_x\\G_y & G_x\end{vmatrix},\end{aligned}\tag{14}$$

其中，$J=\dfrac{\partial(F,G)}{\partial(y,z)}=\begin{vmatrix}F_y & F_z\\G_y & G_z\end{vmatrix}\neq0$. 但更多的是用对方程组直接求导的方法.

例 11　求由方程组 $x^2+y^2+z^2=6$，$x+y+z=0$ 确定的函数 $y=y(x)$，$z=z(x)$ 的导数 $\dfrac{\mathrm{d}y}{\mathrm{d}x}$，$\dfrac{\mathrm{d}z}{\mathrm{d}x}$.

解　将所给方程的两端对 x 求导并移项，得

$$\begin{cases}y\dfrac{\mathrm{d}y}{\mathrm{d}x}+z\dfrac{\mathrm{d}z}{\mathrm{d}x}=-x,\\\dfrac{\mathrm{d}y}{\mathrm{d}x}+\dfrac{\mathrm{d}z}{\mathrm{d}x}=-1,\end{cases}$$

解得

$$\frac{\mathrm{d}y}{\mathrm{d}x}=\frac{z-x}{y-z},\ \frac{\mathrm{d}z}{\mathrm{d}x}=\frac{y-x}{z-y}.$$

习题 9-4

1. 求下列复合函数的导数：

(1) 设 $z=\arctan(xy)$，而 $y=\mathrm{e}^x$，求 $\dfrac{\mathrm{d}z}{\mathrm{d}x}$；

(2) 设 $z=\dfrac{x}{y}$，$x=ct$，$y=\ln t$，c 为常数，求 $\dfrac{\mathrm{d}z}{\mathrm{d}t}$；

(3) 设 $z=u^3v+v^3u$，$u=x\cos y$，$v=x\sin y$，求 $\dfrac{\partial z}{\partial x}$，$\dfrac{\partial z}{\partial y}$；

(4) 设 $z=\mathrm{e}^u\sin v$，$u=xy$，$v=x+y$，求 $\dfrac{\partial z}{\partial x}$，$\dfrac{\partial z}{\partial y}$；

(5) 设 $z=u^3$，$u=y^x$，求 $\dfrac{\partial z}{\partial x}$，$\dfrac{\partial z}{\partial y}$；

(6) 设 $z=\sqrt{v}\ln u$，$u=\dfrac{x}{y}$，$v=x^2+2y^2$，求 $\dfrac{\partial z}{\partial x}$，$\dfrac{\partial z}{\partial y}$.

2. 设 $z=\arctan\frac{x}{y}$，而 $x=u+v, y=u-v$，验证$\frac{\partial z}{\partial u}+\frac{\partial z}{\partial v}=\frac{u-v}{u^2+v^2}$.

3. 设 $z=xy+xf(u), u=\frac{y}{x}$，$f(u)$可导，试证 $x\frac{\partial z}{\partial x}+y\frac{\partial z}{\partial y}=xy+z$.

4. 设函数 $z=f(x^2+y^2)$，f 有连续的导数，证明 $y\frac{\partial z}{\partial x}-x\frac{\partial z}{\partial y}=0$.

5. 设 f 可微，求下列函数的一阶偏导数：

(1) $w=f(x^2-y^2, e^{xy})$；　　(2) $z=f\left(x,\frac{x}{y}\right)+y\varphi(x^2-y^2)$.

*6. 设 $f(u,v)$具有二阶连续偏导数，求下列函数的偏导数$\frac{\partial^2 z}{\partial x^2},\frac{\partial^2 z}{\partial x\partial y},\frac{\partial^2 z}{\partial y^2}$：

(1) $z=f(xy,y)$；　　(2) $z=x^2 f\left(\frac{y}{x}\right)$.

7. 设 $w=f(x-y,y-z,t-z)$，函数 $f(u,v,s)$有连续的偏导数，证明$\frac{\partial w}{\partial x}+\frac{\partial w}{\partial y}+\frac{\partial w}{\partial z}+\frac{\partial w}{\partial t}=0$.

8. 设函数 $y=y(x)$由方程 $\sin y+e^x-xy^2=0$ 确定，试求$\frac{dy}{dx}$.

9. 设 $z=z(x,y)$由方程 $x+y^2+z^3-xy=2z$ 确定，试求$\frac{\partial z}{\partial x}$，$\frac{\partial z}{\partial y}$.

10. 设 $z=z(x,y)$由方程 $x^3+y^3+z^3+6xyz=1$ 确定，试求$\frac{\partial z}{\partial x}$，$\frac{\partial z}{\partial y}$.

11. 设 $z=z(x,y)$由方程 $e^z=xyz$ 确定，试求$\frac{\partial z}{\partial x}$，$\frac{\partial z}{\partial y}$.

12. 设 $z=z(x,y)$由方程 $x=e^{yz}+z^2$ 确定，试求 dz.

13. 设 $z=z(x,y)$由方程 $z^5-xz^4+yz^3=1$ 确定，试求$\left.\frac{\partial z}{\partial x}\right|_{(0,0)}$.

14. 求由方程组所确定的函数的导数或偏导数：

(1) 设$\begin{cases}x^2+y^2+z^2=4,\\(x-1)^2+y^2=1,\end{cases}$求$\left.\frac{dy}{dx}\right|_{(1,1,\sqrt{2})}$，$\left.\frac{dz}{dx}\right|_{(1,1,\sqrt{2})}$；

(2) 设$\begin{cases}e^u+u\sin v-x=0,\\e^u-u\cos v-y=0,\end{cases}$求$\frac{\partial u}{\partial x},\frac{\partial u}{\partial y},\frac{\partial v}{\partial x},\frac{\partial v}{\partial y}$.

15. 1 mol 理想气体的压强 P(kPa)、体积 V(L)和温度 T(K)由方程 $PV=8.31T$ 给出，当温度为 300 K 且以 0.1 K/s 速率增加，体积为 100 L 且以 0.2 L/s 速率增加时，求压力的变化速率.

16. 在一个由 n 个电阻 $R_1,R_2,\cdots,R_n$ 并联组成的电路中，总电阻 R 和各电阻有如下关系

$$\frac{1}{R}=\frac{1}{R_1}+\frac{1}{R_2}+\cdots+\frac{1}{R_n},$$

证明电阻 R 和各电阻 $R_1,R_2,\cdots,R_n$ 满足方程

$$R_1^2\frac{\partial R}{\partial R_1}+R_2^2\frac{\partial R}{\partial R_2}+\cdots+R_n^2\frac{\partial R}{\partial R_n}=nR^2.$$

第五节 多元函数微分学在几何上的应用

在一元函数微分学中，平面曲线的切线是用割线的极限定义的，即用导数定义曲线的切线的斜率. 对于空间的曲线与曲面，同样可利用偏导数讨论相应的几何问题.

一、空间曲线的切线和法平面

设空间曲线 Γ 的参数方程是

$$\begin{cases}x=x(t),\\ y=y(t),\\ z=z(t).\end{cases}\tag{1}$$

这些函数均是可导函数，且导数不全为零.

考虑曲线 Γ 上对应于 $t=t_0$ 的点 $M(x_0,y_0,z_0)$ 及对应于 $t=t_0+\Delta t$ 的邻近一点 $M'(x_0+\Delta x,y_0+\Delta y,z_0+\Delta z)$. 根据直线的两点式方程，曲线 Γ 的割线 MM' 的方程是

$$\frac{x-x_0}{\Delta x}=\frac{y-y_0}{\Delta y}=\frac{z-z_0}{\Delta z}.$$

当 M' 沿着 Γ 趋于 M 时，割线 MM' 的极限位置 MT 就是曲线 Γ 在点 M 处的切线(见图 9-9). 用 Δt 除上式的各分母，得

$$\frac{x-x_0}{\frac{\Delta x}{\Delta t}}=\frac{y-y_0}{\frac{\Delta y}{\Delta t}}=\frac{z-z_0}{\frac{\Delta z}{\Delta t}}.$$

令 $M'\to M$(这时 $\Delta t\to 0$)，通过对上式取极限，即得曲线 Γ 在点 M 处的切线方程为

$$\frac{x-x_0}{x'(t_0)}=\frac{y-y_0}{y'(t_0)}=\frac{z-z_0}{z'(t_0)}.\tag{2}$$

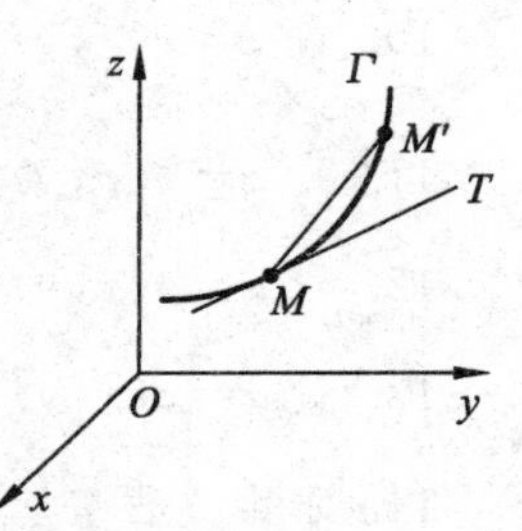

图 9-9

如果方程(2)中的分母中有一项或两项为零，则应按空间解析几何中有关直线对称式方程的说明来理解.

切线的方向向量称为曲线的切向量. 由切线方程(2)知，向量 $\boldsymbol{T}=(x'(t_0),y'(t_0),z'(t_0))$ 是曲线 Γ 在点 M 处的一个切向量.

通过点 M 并与切线垂直的平面称为曲线 Γ 在点 M 处的法平面. 法平面的法向向量即切线的方向向量 $\boldsymbol{T}$，因此该法平面的方程为

$$x'(t_0)(x-x_0)+y'(t_0)(y-y_0)+z'(t_0)(z-z_0)=0.\tag{3}$$

例 1 求螺旋线 $x=a\cos t,y=a\sin t,z=kt(a\neq 0,k\neq 0)$ 在 $t=\frac{\pi}{2}$ 处对应的点的切线

和法平面方程.

解　螺旋线上 $t=\frac{\pi}{2}$ 对应的点为 $\left(0,a,\frac{\pi}{2}k\right)$. 该点的切向量

$$\boldsymbol{T}=\{(a\cos t)',(a\sin t)',(kt)'\}\Big|_{t=\frac{\pi}{2}}=(-a,0,k).$$

故所求切线方程是

$$\frac{x}{-a}=\frac{y-a}{0}=\frac{z-\frac{\pi}{2}k}{k},$$

即

$$\begin{cases} y=a, \\ z=k\left(\frac{\pi}{2}-\frac{x}{a}\right). \end{cases}$$

而法平面方程是

$$-ax+k\left(z-\frac{\pi}{2}k\right)=0.$$

如果空间曲线 Γ 的方程为

$$\begin{cases} y=y(x), \\ z=z(x), \end{cases}$$

则取 x 为参数,它就可以表示为参数方程的形式:

$$\begin{cases} x=x, \\ y=y(x), \\ z=z(x). \end{cases}$$

若 $y(x),z(x)$ 均在 $x=x_0$ 处可导,那么切向量 $\boldsymbol{T}=(1,y'(x_0),z'(x_0))$. 曲线 Γ 在点 $M(x_0,y_0,z_0)$ 处的切线方程为

$$\frac{x-x_0}{1}=\frac{y-y_0}{y'(x_0)}=\frac{z-z_0}{z'(x_0)}. \tag{4}$$

在点 $M(x_0,y_0,z_0)$ 处的法平面方程为

$$(x-x_0)+y'(x_0)(y-y_0)+z'(x_0)(z-z_0)=0. \tag{5}$$

如果空间曲线 Γ 的方程为

$$\begin{cases} F(x,y,z)=0, \\ G(x,y,z)=0, \end{cases} \tag{6}$$

$M(x_0,y_0,z_0)$ 是曲线 Γ 上的一个点,设由方程组(6)在点 M 的某邻域内确定了一组函数 $y=y(x),z=z(x)$,则 $y'(x_0),z'(x_0)$ 可用第四节方程组确定的隐函数的求导方法求得. 这时曲线 Γ 上点 M 处的切向量即为 $\boldsymbol{T}=(1,y'(x_0),z'(x_0))$,再利用方程(4)、方程(5)给出曲线 Γ 上点 $M(x_0,y_0,z_0)$ 的切线和法平面.

例 2　求曲线 $x^2+y^2+z^2=6,x+y+z=0$ 在点(1,−2, 1)处的切线及法平面方程.

解　由上一节例 11 解得

$$\frac{\mathrm{d}y}{\mathrm{d}x}=\frac{z-x}{y-z},\ \frac{\mathrm{d}z}{\mathrm{d}x}=\frac{y-x}{z-y}.$$

所以

$$\left.\frac{\mathrm{d}y}{\mathrm{d}x}\right|_{(1,-2,1)}=0,\ \left.\frac{\mathrm{d}z}{\mathrm{d}x}\right|_{(1,-2,1)}=-1.$$

由此得切向量

$$\boldsymbol{T}=(1,0,-1),$$

故所求切线方程为

$$\frac{x-1}{1}=\frac{y+2}{0}=\frac{z-1}{-1};$$

法平面方程为

$$(x-1)+0\cdot(y+2)-(z-1)=0,$$

即

$$x-z=0.$$

二、曲面的切平面与法线

设曲面 Σ 的方程为

$$F(x,y,z)=0, \tag{7}$$

$M(x_0,y_0,z_0)$是曲面 Σ 上的一点，并设函数 $F(x,y,z)$ 的偏导数在该点连续且不同时为零.

在曲面 Σ 上，通过点 M 任意引一条曲线 Γ（见图 9-10）. 假定曲线 Γ 的参数方程为

$$x=x(t),\ y=y(t),\ z=z(t),\ t=t_0,$$

对应于点 $M(x_0,y_0,z_0)$，且 $x'(t_0),y'(t_0),z'(t_0)$不全为零，则由式(2)可得该曲线的切线方程为

$$\frac{x-x_0}{x'(t_0)}=\frac{y-y_0}{y'(t_0)}=\frac{z-z_0}{z'(t_0)}.$$

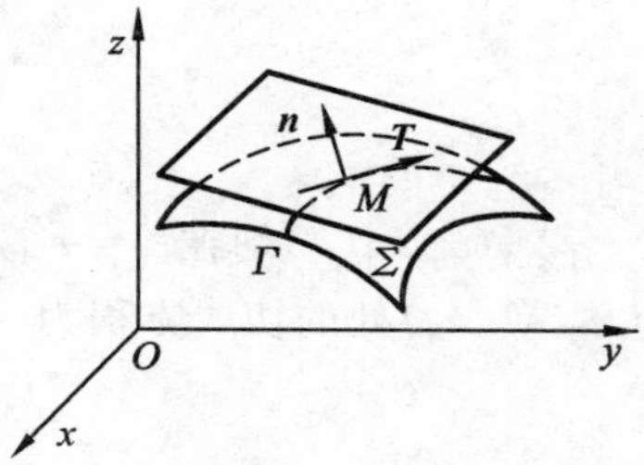

图 9-10

下面将证明，在曲面 Σ 上通过点 M 且在点 M 处具有切线的任何曲线，它们在点 M 处的切线都在同一个平面上. 事实上，因为曲线 Γ 完全在曲面 Σ 上，所以有恒等式

$$F[x(t),y(t),z(t)]\equiv 0.$$

又因 $F(x,y,z)$在点(x_0,y_0,z_0)处有连续偏导数，且 $x'(t_0),y'(t_0),z'(t_0)$存在，所以该恒等式两端对 t 求导，得

$$\left.\frac{\mathrm{d}F}{\mathrm{d}t}\right|_{t=t_0}=0,$$

即

$$F_x(x_0,y_0,z_0)x'(t_0)+F_y(x_0,y_0,z_0)y'(t_0)+F_z(x_0,y_0,z_0)z'(t_0)=0. \tag{8}$$

引入向量

$$\boldsymbol{n}=\{F_x(x_0,y_0,z_0),F_y(x_0,y_0,z_0),F_z(x_0,y_0,z_0)\},$$

则式(8)表示曲线 $\boldsymbol{F}$ 在点 M 处的切向量

$$\boldsymbol{T}=\{x'(t_0),y'(t_0),z'(t_0)\}$$

与向量 $\boldsymbol{n}$ 垂直. 因为曲线 Γ 是曲面上通过点 M 的任意一条曲线,它们在点 M 的切线都与同一个向量 $\boldsymbol{n}$ 垂直,所以曲面上通过点 M 的一切曲线在点 M 的切线都在同一个平面上(见图 9-10). 这个平面称为曲面 Σ 在点 M 的切平面,其方程是

$$F_x(x_0,y_0,z_0)(x-x_0)+F_y(x_0,y_0,z_0)(y-y_0)+F_z(x_0,y_0,z_0)(z-z_0)=0. \tag{9}$$

通过点 $M(x_0,y_0,z_0)$ 而垂直于切平面(9)的直线称为曲面在该点的法线,其方程是

$$\frac{x-x_0}{F_x(x_0,y_0,z_0)}=\frac{y-y_0}{F_y(x_0,y_0,z_0)}=\frac{z-z_0}{F_z(x_0,y_0,z_0)}. \tag{10}$$

垂直于曲面的切平面的向量称为曲面的法向量. 向量

$$\boldsymbol{n}=\{F_x(x_0,y_0,z_0),F_y(x_0,y_0,z_0),F_z(x_0,y_0,z_0)\}$$

就是曲面 Σ 在点 M 处的一个法向量.

当曲面由函数 $z=f(x,y)$ 表示时,只要令 $F(x,y,z)=z-f(x,y)$,即可应用上述结果. 此时,曲面的法向量为 $(-f_x(x_0,y_0),-f_y(x_0,y_0),1)$. 设 α,β,γ 表示曲面的法向量的方向角,且假定法向量和 z 轴正向的夹角 γ 为锐角,则法向量的方向余弦为

$$\cos\alpha=\frac{-f_x}{\sqrt{1+f_x^2+f_y^2}},\ \cos\beta=\frac{-f_y}{\sqrt{1+f_x^2+f_y^2}},\ \cos\gamma=\frac{1}{\sqrt{1+f_x^2+f_y^2}},$$

其中, $f_x=f_x(x_0,y_0)$, $f_y=f_y(x_0,y_0)$.

例 3　求曲面 $z-\mathrm{e}^z+2xy=3$ 在点 $(1,2,0)$ 处的切平面及法线方程.

解　令 $F(x,y,z)=z-\mathrm{e}^z+2xy-3$,则

$$F_x\Big|_{(1,2,0)}=2y\Big|_{(1,2,0)}=4,$$

$$F_y\Big|_{(1,2,0)}=2x\Big|_{(1,2,0)}=2,$$

$$F_z\Big|_{(1,2,0)}=1-\mathrm{e}^z\Big|_{(1,2,0)}=0.$$

故切平面方程为

$$4(x-1)+2(y-2)+0\cdot(z-0)=0,$$

即

$$2x+y-4=0;$$

法线方程为

$$\frac{x-1}{2}=\frac{y-2}{1}=\frac{z-0}{0}.$$

例 4　求曲面 $x^2+2y^2+3z^2=21$ 上平行于平面 $x+4y+6z=0$ 的切平面方程.

解　设 (x_0,y_0,z_0) 为曲面上的切点,则切平面方程为

$$2x_0(x-x_0)+4y_0(y-y_0)+6z_0(z-z_0)=0.$$

依题意,切平面方程平行于已知平面,因此

$$\frac{2x_0}{1}=\frac{4y_0}{4}=\frac{6z_0}{6},$$

解得

$$2x_0=y_0=z_0.$$

因为(x_0,y_0,z_0)是曲面上的切点,故将此关系代入曲面方程,解得 $x_0=\pm1$,于是所求切点为$(1,2,2)$和$(-1,-2,-2)$.对应的切平面方程分别是

$$2(x-1)+8(y-2)+12(z-2)=0,$$
$$-2(x+1)-8(y+2)-12(z+2)=0,$$

即
$$x+4y+6z=21,\ x+4y+6z=-21.$$

习题 9-5

1. 设曲线 $x=\cos t,y=\sin t,z=\tan\dfrac{t}{2}$ 在点$(0,1,1)$的一个切向量与 Ox 轴正向的夹角为锐角,求此向量与 Oz 轴正向的夹角.

2. 求曲面 $z=\sin x\sin y\sin(x+y)$ 在点 $\left(\dfrac{\pi}{6},\dfrac{\pi}{3},\dfrac{\sqrt{3}}{4}\right)$ 一个法向量.

3. 求曲线 $x=t-\sin t,y=1-\cos t,z=4\sin\dfrac{t}{2}$ 在点 $\left(\dfrac{\pi}{2}-1,1,2\sqrt{2}\right)$ 处的切线及法平面.

4. 求曲线 $x^2+z^2=10,y^2+z^2=10$ 在点$(1,1,3)$处的切线及法平面方程.

5. 求曲面 $z=x^2+y^2$ 在点$(1,2,5)$的切平面和法线方程.

6. 求曲面 $x^2z^3+2y^2z+4=0$ 在点$(2,0,-1)$处的切平面和法线方程.

7. 求曲面 $x^2-y^2-z^2+6=0$ 垂直于直线 $\dfrac{x-3}{2}=y-1=\dfrac{z-2}{-3}$ 的切平面方程.

8. 求曲面 $z=x^2+y^2$ 上与直线 $\begin{cases}x+2y=2,\\2y-z=4\end{cases}$ 垂直的切平面方程.

第六节 多元函数的极值与最值

在许多应用问题中,往往要求某一多元函数的最大值或最小值,也统称最值.与一元函数相类似,多元函数的最值与极大值、极小值有着密切的联系.下面以二元函数为例,讨论多元函数的极值和最值问题.

一、多元函数的极值

定义 设函数 $z=f(x,y)$ 在点(x_0,y_0)的某邻域内有定义.如果对该邻域内异于点(x_0,y_0)的点(x,y),恒有不等式

$$f(x_0,y_0)>f(x,y) \text{ 或 } f(x_0,y_0)<f(x,y)$$

成立，则称函数 $f(x,y)$ 在点 (x_0,y_0) 处取得极大值（或极小值）$f(x_0,y_0)$，并称点 (x_0,y_0) 为 $f(x,y)$ 的极大值点（或极小值点）．函数 $f(x,y)$ 的极大值与极小值统称为极值，极大值点与极小值点统称为极值点．

定理 1（极值存在的必要条件） 设函数 $z=f(x,y)$ 在点 (x_0,y_0) 处的一阶偏导数存在，且 (x_0,y_0) 为该函数的极值点，则必有

$$\begin{cases} f_x(x_0,y_0)=0, \\ f_y(x_0,y_0)=0. \end{cases}$$

证 不妨设 $z=f(x,y)$ 在点 (x_0,y_0) 处取极大值，依定义，对点 (x_0,y_0) 某邻域内异于点 (x_0,y_0) 的任何点 (x,y)，恒有

$$f(x,y)<f(x_0,y_0),$$

特别对该邻域内的点 $(x,y_0)\neq(x_0,y_0)$，有

$$f(x,y_0)<f(x_0,y_0).$$

这表明，一元函数 $f(x,y_0)$ 在点 $x=x_0$ 处取极大值．由一元函数取极值的必要条件，可知

$$f_x(x_0,y_0)=0.$$

类似地，可证

$$f_y(x_0,y_0)=0.$$

一阶偏导数 $f_x(x_0,y_0)$，$f_y(x_0,y_0)$ 等于零的点也称为二元函数 $z=f(x,y)$ 的驻点．和一元函数一样，若在点 (x_0,y_0) 处偏导数存在，则极值点必定在驻点处取得，但驻点不一定是极值点．

例如，函数 $z=f(x,y)=1-(x^2+y^2)$ 在驻点 $(0,0)$ 处取极大值，这是因为对于 $(x,y)\neq(0,0)$，恒有

$$f(0,0)=1>1-(x^2+y^2)=f(x,y)$$

成立；而函数 $z=x^2-y^2$ 在驻点 $(0,0)$ 处既不取极大值也不取极小值．

注意，极值点还有可能是一阶偏导数不存在的点．例如，函数 $z=-\sqrt{x^2+y^2}$ 在点 $(0,0)$ 处取极大值，该函数在点 $(0,0)$ 处的一阶偏导数不存在．

要判定一个驻点是极值点需要满足如下充分条件：

定理 2（极值的充分条件） 设函数 $z=f(x,y)$ 在点 (x_0,y_0) 的某邻域内连续，存在二阶连续偏导数，且

$$f_x(x_0,y_0)=f_y(x_0,y_0)=0.$$

记 $A=f_{xx}(x_0,y_0)$，$B=f_{xy}(x_0,y_0)$，$C=f_{yy}(x_0,y_0)$，$\Delta=AC-B^2$，则

(1) 当 $\Delta>0$ 时，(x_0,y_0) 为极值点，且 $A<0$ 时为极大点，$A>0$ 时为极小点；

(2) 当 $\Delta<0$ 时，(x_0,y_0) 不是极值点．

证明从略．

注意，当 $\Delta=0$ 时，(x_0,y_0) 是否为极值点需另行讨论．

例 1 求函数 $f(x,y)=y^3-x^2+6x-12y+5$ 的极值.

解 先解方程组

$$\begin{cases} f_x(x,y)=-2x+6=0, \\ f_y(x,y)=3y^2-12=0, \end{cases}$$

得驻点(3,2),(3,−2).

再求出二阶偏导数

$$f_{xx}(x,y)=-2,\ f_{xy}(x,y)=0,\ f_{yy}(x,y)=6y.$$

在点(3,2)处,

$$\Delta=AC-B^2=-24<0,$$

所以 $f(3,2)$ 不是极值;在点(3,−2)处,

$$\Delta=AC-B^2=24>0,\ \text{且}\ A=-2<0,$$

所以函数在点(3,−2)处有极大值,且极大值为 $f(3,-2)=30$.

二、多元函数的最值

和一元函数一样,求函数在有界闭区域 D 上的最大值或最小值时,可将函数在区域 D 内部的驻点求出,再将函数在驻点处的值和函数在边界上的值进行比较,即可求出函数的最大值或最小值. 但对于二元函数来说,区域的边界通常是由一条或数条曲线围成的,这时函数值的比较就不是那么容易了. 下面通过一个例子说明求解方法.

例 2 求二元函数 $z=f(x,y)=x^2y(4-x-y)$ 在直线 $x+y=6$,x 轴和 y 轴所围成的闭区域 D 上的最大值与最小值.

解 如图 9-11 所示,先求函数在区域 D 内的驻点.

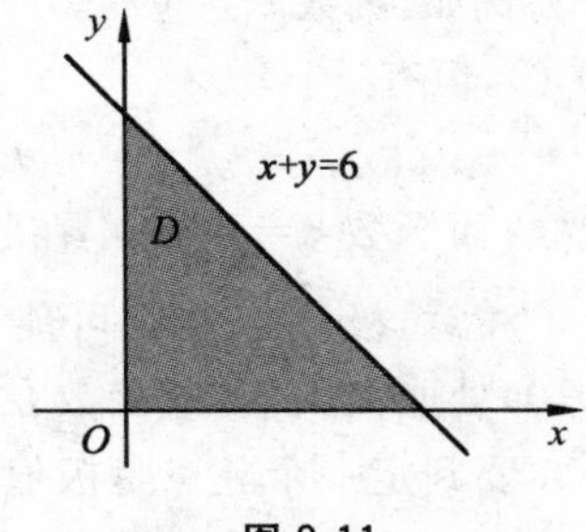

图 9-11

解方程组

$$\begin{cases} f_x(x,y)=2xy(4-x-y)-x^2y=0, \\ f_y(x,y)=x^2(4-x-y)-x^2y=0. \end{cases}$$

得区域 D 内的唯一驻点(2,1),且 $f(2,1)=4$.

再求 $f(x,y)$ 在 D 边界上的最值.

(1) 在边界 $x=0$ 和 $y=0$ 上,

$$f(x,y)=0;$$

(2) 在边界 $x+y=6$ 上,$y=6-x$,于是

$$f(x,y)=2x^2(x-6).$$

由 $f_x=4x(x-6)+2x^2=0$,得 $x_1=0$,$x_2=4$,于是

$$y=6-x\Big|_{x=4}=2,\ f(4,2)=-64.$$

比较后可知 $f(2,1)=4$ 为最大值,$f(4,2)=-64$ 为最小值.

实际问题中函数的最大(小)值点往往在区域 D 的内部. 这时,如果函数在区域 D 内只有一个驻点,那么就可以肯定该驻点处的函数值就是函数在区域 D 上的最大(小)值.

例 3　某厂要造一个容积为 V_0 的无盖长方体水池，当长、宽、高取怎样的尺寸时，才能使用料最省？

解　设水池的长、宽、高分别为 x,y,z，表面积为 S，则有

$$S=xy+2(yz+zx).$$

由于

$$xyz=V_0,$$

即

$$z=\frac{V_0}{xy},$$

所以

$$S=xy+\frac{2V_0}{x}+\frac{2V_0}{y}\ (x>0,y>0).$$

可见水池的表面积 S 是 x 和 y 的二元函数.

令

$$S_x=y-\frac{2V_0}{x^2}=0,\ S_y=x-\frac{2V_0}{y^2}=0,$$

解得

$$x=\sqrt[3]{2V_0},\ y=\sqrt[3]{2V_0},$$

这时

$$z=\frac{1}{2}\sqrt[3]{2V_0}.$$

因函数 S 在区域 $D:x>0,y>0$ 内只有唯一的驻点，因此可断定当长 $x=\sqrt[3]{2V_0}$、宽 $y=\sqrt[3]{2V_0}$、高 $z=\frac{1}{2}\sqrt[3]{2V_0}$ 时，水池的表面积 S 取得最小值，即所用的材料最省.

三、条件极值

上面讨论的极值问题中，自变量在定义域内可以任意取值，未受其他任何限制. 这类极值称为无条件极值. 但在实际问题中，常会遇到对函数的自变量还附加某些约束条件的极值问题，如例 3 中的 x,y,z 要受条件 $xyz=V_0$ 的限制，又如求函数在某个边界上的最值，自变量要受边界条件的限制. 这类附有约束条件的极值称为条件极值.

如果约束条件比较简单，可以将求解条件极值问题化为无条件极值问题，如例 3. 但在一般条件下，条件极值问题并不是都能转化为无条件极值问题的. 此时，常用的解决方法是拉格朗日乘数法.

拉格朗日乘数法　要求函数 $z=f(x,y)$（应用上也称为目标函数）在附加条件

$$\varphi(x,y)=0 \tag{1}$$

下的可能极值点，步骤如下：

(1) 构造辅助函数(称为拉格朗日函数)

$$L=L(x,y,\lambda)=f(x,y)+\lambda\varphi(x,y), \tag{2}$$

其中,λ为待定常数,称为拉格朗日乘数.

(2) 利用拉格朗日函数(2)取极值的必要条件

$$\begin{cases}L_x=f_x+\lambda\varphi_x=0,\\ L_y=f_y+\lambda\varphi_y=0,\end{cases}$$

以及附加条件(1),得到三个方程的方程组,求出可能的极值点(x,y)和待定常数λ.

求出的(x,y)是否为极值点,一般由实际问题的实际意义判定.

多元函数的条件极值方法类似.

例 4　设某工厂生产某种产品的数量$P(\mathrm{t})$与所用两种原料 A, B 的数量$x(\mathrm{t})$, $y(\mathrm{t})$间有关系式$P=0.005x^2y$,现有资金 150 万元.已知 A,B 原料的单价分别为每吨 1 万元和 2 万元,问购进两种原料各多少,可使生产的数量最多,生产数量最大值为多少?

解　设购 A 种原料$x(\mathrm{t})$, B 种原料$y(\mathrm{t})$,则问题归结为求目标函数

$$P=0.005x^2y$$

在约束条件$x+2y=150$下的最大值.

作拉格朗日函数

$$F(x,y)=0.005x^2y+\lambda(x+2y-150).$$

解方程组

$$\begin{cases}F_x=0.01xy+\lambda=0,\\ F_y=0.005x^2+2\lambda=0,\\ x+2y=150,\end{cases}$$

得$x=100\ \mathrm{t}$, $y=25\ \mathrm{t}$.此时$P=1\,250\ \mathrm{t}$.

因为驻点唯一,且实际问题的最大值存在,因此,当购 A 种原料 100 t, B 种原料 25 t 时,生产的数量最多,生产数量最大值为 1 250 t.

例 5　求表面积为a^2而体积为最大的长方体的体积.

解　设长方体的长、宽、高分别为x,y和z,则题设问题归结为在约束条件

$$\varphi(x,y,z)=2(xy+yz+zx)-a^2=0 \tag{3}$$

下,求目标函数

$$V=xyz\ (x>0,y>0,z>0)$$

的最大值.

作拉格朗日函数

$$L(x,y,z,\lambda)=xyz+\lambda\varphi(x,y,z)=xyz+\lambda[2(xy+yz+zx)-a^2].$$

由方程组

$$\begin{cases}L_x=yz+2\lambda(y+z)=0,\\ L_y=xz+2\lambda(x+z)=0,\\ L_x=xy+2\lambda(y+x)=0\end{cases}$$

可得

$$\frac{x}{y}=\frac{x+z}{y+z},\ \frac{y}{z}=\frac{x+y}{x+z},$$

进而解得 $x=y=z$. 将此代入到约束条件(3)，求得唯一可能的极值点

$$x=y=z=\frac{\sqrt{6}}{6}a.$$

由问题本身的实际意义可知，该点就是所求的最大值点，此时最大值为 $V=\frac{\sqrt{6}}{36}a^3$.

例 6　某工厂通过电视和报纸两种媒体做广告，已知销售收入 R(万元)与电视广告费 x(万元)、报纸广告费 y(万元)的关系为

$$R(x,y)=15+14x+32y-8xy-2x^2-10y^2.$$

如果计划支出 1.5 万元广告费，求最佳广告策略.

解　广告费为 1.5 万元时的最佳广告策略就是在 $x+y=1.5$ 的条件下求 $R(x,y)$ 的最大值问题. 作拉格朗日函数

$$L(x,y)=15+14x+32y-8xy-2x^2-10y^2+\lambda(x+y-1.5).$$

解方程组

$$\begin{cases}L'_x=14-8y-4x+\lambda=0,\\ L'_y=32-8x-20y+\lambda=0,\\ x+y-1.5=0,\end{cases}$$

得到唯一可能的极值点(0, 1.5).

由问题本身可知最大值一定存在，所以当报纸广告费 $y=1.5$ 万元时，销售收入达到最高，即 $R(0,1.5)=40.5$ 万元，即只做报纸广告为最佳的策略.

拉格朗日乘数法还适用于自变量多于两个、约束条件多于一个的情形.

例如求函数 $u=f(x,y,z)$ 在边界曲线

$$\begin{cases}\varphi(x,y,z)=0,\\ \psi(x,y,z)=0,\end{cases}\tag{4}$$

或约束条件(4)下的极值. 此时，拉格朗日函数为

$$L=f(x,y,z)+\lambda_1\varphi(x,y,z)+\lambda_2\psi(x,y,z).$$

对应的方程组为

$$\begin{cases}f_x+\lambda_1\varphi_x+\lambda_2\psi_x=0,\\ f_y+\lambda_1\varphi_y+\lambda_2\psi_y=0,\\ f_z+\lambda_1\varphi_z+\lambda_2\psi_z=0,\\ \varphi(x,y,z)=0,\\ \psi(x,y,z)=0.\end{cases}$$

求解方程组得到可能的极值点，再利用问题本身的意义即可求出最大(小)值.

习题 9-6

1. 求下列函数的极值：

(1) $f(x,y)=4(x-y)-x^2-y^2$；

(2) $f(x,y)=e^{2x}(x+y^2+2y)$；

(3) $f(x,y)=(6x-x^2)(4y-y^2)$；

(4) $f(x,y)=3x^2y+y^3-3x^2-3y^2+2$.

2. 求 $z=x^2+y^2-xy-x-y$ 在区域 $D:x\geqslant 0,y\geqslant 0,x+y\leqslant 3$ 上的最值.

3. 在椭圆 $x^2+4y^2=4$ 上求一点，使其到直线 $2x+3y-6=0$ 的距离最短.

4. 求内接于半径为 a 的球且有最大体积的长方体.

5. 将周长为 $2p$ 的矩形绕它的一边旋转而构成圆柱体. 问矩形的边长各为多少时，才可使圆柱体的体积最大？

6. 欲围一个面积为 60 m² 的矩形场地，正面所用材料每米造价 10 元，其余三面每米造价 5 元，问场地长、宽各多少时，所用材料费最少？

7. 用 a(元)购料，建造一个宽与深相同的长方体水池，已知四周的单位面积材料费为底面单位面积材料费的 1.2 倍，求水池长与宽(深)各多少，才能使容积最大(设单位面积材料费为 k(元))？

第七节　方向导数与梯度

一、方向导数的概念

二元函数 $f(x,y)$的偏导数 f_x 与 f_y 分别表示函数沿 x 轴方向变化和沿 y 轴方向变化时的变化率，但仅此还不够，应用中还常常需要研究函数 $f(x,y)$沿其他方向变化时的变化率. 例如，气象站要预报某地在某时的气温、风向和风力，就必须知道该地沿某些方向气温和气压的变化情况，即沿某些方向的变化率，也就是所谓的方向导数.

定义 1　设二元函数 $z=f(x,y)$在点 $P_0(x_0,y_0)$的某邻域 $U(P_0)$内有定义，l 为自 P_0 点出发的射线，$P(x_0+\Delta x,y_0+\Delta y)\in U(P_0)$为射线 l 上的另外一点. 用 $\rho=\sqrt{(\Delta x)^2+(\Delta y)^2}$表示两点 P_0，P 之间的距离. 如果极限

$$\lim_{\rho\to 0}\frac{f(x_0+\Delta x,y_0+\Delta y)-f(x_0,y_0)}{\rho}$$

存在，则称此极限为函数 $f(x,y)$在点 P_0 沿方向 l 的方向导数，记作$\frac{\partial f(x_0,y_0)}{\partial l}$，即

$$\frac{\partial f(x_0,y_0)}{\partial l}=\lim_{\rho\to 0}\frac{f(x_0+\Delta x,y_0+\Delta y)-f(x_0,y_0)}{\rho}.$$

如果函数 $z=f(x,y)$在区域 D 内每一点(x,y)处沿方向 l 的方向导数都存在，则记

$$\frac{\partial f}{\partial l}=\frac{\partial f(x,y)}{\partial l}.$$

注意，在方向导数定义中，ρ 总是正的，因此是单向导数. 根据定义 1 可知，函数 $z=f(x,y)$ 沿 x 轴与 y 轴正方向的方向导数就是 f_x 与 f_y；沿 x 轴与 y 轴负方向的方向导数就是 $-f_x$ 与 $-f_y$. 在一般情形下有如下定理：

定理　如果函数 $f(x,y)$ 在点 $P(x,y)$ 是可微的，那么函数在该点沿任一方向 l 的方向导数都存在，且有

$$\frac{\partial f}{\partial l}=\frac{\partial f}{\partial x}\cos\alpha+\frac{\partial f}{\partial y}\cos\beta, \tag{1}$$

其中，$\cos\alpha$，$\cos\beta$ 是方向 l 的方向余弦.

证

$$f(x+\Delta x,y+\Delta y)-f(x,y)=\frac{\partial f}{\partial x}\Delta x+\frac{\partial f}{\partial y}\Delta y+o(\rho),$$

两端各除以 ρ，得到

$$\begin{aligned}\frac{f(x+\Delta x,y+\Delta y)-f(x,y)}{\rho}&=\frac{\partial f}{\partial x}\cdot\frac{\Delta x}{\rho}+\frac{\partial f}{\partial y}\cdot\frac{\Delta y}{\rho}+\frac{o(\rho)}{\rho}\\&=\frac{\partial f}{\partial x}\cos\alpha+\frac{\partial f}{\partial y}\cos\beta+\frac{o(\rho)}{\rho},\end{aligned}$$

所以

$$\lim_{\rho\to 0}\frac{f(x+\Delta x,y+\Delta y)-f(x,y)}{\rho}=\frac{\partial f}{\partial x}\cos\alpha+\frac{\partial f}{\partial y}\cos\beta,$$

即式(1)成立.

例 1　求函数 $z=x^2y^2+xy$ 在点 $P(2,-1)$ 处沿向量 $l=3\boldsymbol{i}+4\boldsymbol{j}$ 方向的方向导数.

解　因为

$$\left.\frac{\partial z}{\partial x}\right|_{(2,-1)}=\left.(2xy^2+y)\right|_{(2,-1)}=3,$$

$$\left.\frac{\partial z}{\partial y}\right|_{(2,-1)}=\left.(2x^2y+x)\right|_{(2,-1)}=-6,$$

与 l 同向的单位向量为 $\frac{3}{5}\boldsymbol{i}+\frac{4}{5}\boldsymbol{k}$，故方向余弦 $\cos\alpha=\frac{3}{5}$，$\cos\beta=\frac{4}{5}$. 所以，在点 $P(2,-1)$ 处所求的方向导数为

$$\left.\frac{\partial z}{\partial l}\right|_{(2,-1)}=3\cdot\frac{3}{5}+(-6)\cdot\frac{4}{5}=-3.$$

对于三元函数 $u=f(x,y,z)$，同样可定义函数在点 (x_0,y_0,z_0) 沿方向 l 的方向导数

$$\frac{\partial f(x_0,y_0,z_0)}{\partial l}=\lim_{\rho\to 0}\frac{f(x_0+\Delta x,y_0+\Delta y,z_0+\Delta z)-f(x_0,y_0,z_0)}{\rho}.$$

其中，$\rho=\sqrt{(\Delta x)^2+(\Delta y)^2+(\Delta z)^2}$、$P(x_0+\Delta x,y_0+\Delta y,z_0+\Delta z)$ 为射线 l 上另外一点，并且有类似的计算公式

$$\frac{\partial u}{\partial l}=\frac{\partial f}{\partial x}\cos\alpha+\frac{\partial f}{\partial y}\cos\beta+\frac{\partial f}{\partial z}\cos\gamma, \tag{2}$$

其中，$\cos\alpha,\cos\beta,\cos\gamma$ 为射线 l 的方向余弦.

例 2 求函数 $u=f(x,y,z)=\ln(x+\sqrt{y^2+z^2})$ 在点 $A(1,0,1)$ 沿点 A 指向点 $B(3,-2,2)$ 方向的方向导数.

解 这里 l 的方向即为 $\overrightarrow{AB}=(2,-2,1)$ 的方向，方向余弦为

$$\cos\alpha=\frac{2}{3},\ \cos\beta=-\frac{2}{3},\ \cos\gamma=\frac{1}{3}.$$

又

$$\left.\frac{\partial u}{\partial x}\right|_{(1,0,1)}=\left.\frac{1}{x+\sqrt{y^2+z^2}}\right|_{(1,0,1)}=\frac{1}{2},$$

$$\left.\frac{\partial u}{\partial y}\right|_{(1,0,1)}=\left.\frac{1}{x+\sqrt{y^2+z^2}}\cdot\frac{y}{\sqrt{y^2+z^2}}\right|_{(1,0,1)}=0,$$

$$\left.\frac{\partial u}{\partial z}\right|_{(1,0,1)}=\left.\frac{1}{x+\sqrt{y^2+z^2}}\cdot\frac{z}{\sqrt{y^2+z^2}}\right|_{(1,0,1)}=\frac{1}{2}.$$

利用公式(2)得

$$\frac{\partial f(1,0,1)}{\partial l}=\frac{1}{2}\cdot\frac{2}{3}+0\cdot\left(-\frac{2}{3}\right)+\frac{1}{2}\cdot\frac{1}{3}=\frac{1}{2}.$$

二、梯度

定义 2 设 $z=f(x,y)$ 在平面区域 D 内可微，则对 D 内每一个点 $P(x,y)$，都可定出一个向量

$$\frac{\partial f}{\partial x}\boldsymbol{i}+\frac{\partial f}{\partial y}\boldsymbol{j},$$

称该向量为函数 $z=f(x,y)$ 在点 $P(x,y)$ 的梯度，记作 $\mathbf{grad}\ f(x,y)$，即

$$\mathbf{grad}\ f(x,y)=\frac{\partial f}{\partial x}\boldsymbol{i}+\frac{\partial f}{\partial y}\boldsymbol{j}.$$

如果设 $\boldsymbol{e}_l=\cos\alpha\boldsymbol{i}+\sin\beta\boldsymbol{j}$ 是方向 l 上的单位向量，则

$$\frac{\partial f}{\partial l}=\frac{\partial f}{\partial x}\cos\alpha+\frac{\partial f}{\partial y}\cos\beta=\mathbf{grad}\ f(x,y)\cdot\boldsymbol{e}_l.$$

根据数量积的定义，有

$$\frac{\partial f}{\partial l}=|\mathbf{grad}\ f(x,y)|\cos(\mathbf{grad}\ f(x,y)\widehat{,}\boldsymbol{e}_l).$$

这里，$(\mathbf{grad}\ f(x,y)\widehat{,}\boldsymbol{e}_l)$ 表示向量 $\mathbf{grad}\ f(x,y)$ 与 $\boldsymbol{e}_l$ 的夹角. 当方向 l 与梯度的方向一致时，有

$$\cos(\mathbf{grad}\ f(x,y)\widehat{,}\boldsymbol{e}_l)=1,$$

从而 $\frac{\partial f}{\partial l}$ 有最大值. 所以沿梯度方向的方向导数达到最大值，也就是说，梯度的方向是函数 $f(x,y)$ 在这点增长最快的方向. 因此，可得到如下结论：

函数在某点的梯度是这样一个向量，它的方向是函数在该点的方向导数取得最大值

的方向，它的模为方向导数的最大值，且有

$$|\mathbf{grad}\ f(x,y)|=\sqrt{\left(\frac{\partial f}{\partial x}\right)^2+\left(\frac{\partial f}{\partial y}\right)^2}.$$

上述梯度概念可以类似地推广到三元函数的情形. 设函数 $u=f(x,y,z)$ 在空间区域 G 内具有一阶连续偏导数，则对于每一点 $P(x,y,z)\in G$，都可定出一个向量

$$\frac{\partial f}{\partial x}\boldsymbol{i}+\frac{\partial f}{\partial y}\boldsymbol{j}+\frac{\partial f}{\partial z}\boldsymbol{k}.$$

该向量称为函数 $u=f(x,y,z)$ 在点 $P(x,y,z)$ 的梯度，记为 $\mathbf{grad}\ f(x,y,z)$，即

$$\mathbf{grad}\ f(x,y,z)=\frac{\partial f}{\partial x}\boldsymbol{i}+\frac{\partial f}{\partial y}\boldsymbol{j}+\frac{\partial f}{\partial z}\boldsymbol{k}.$$

经与二元函数的情形完全类似的讨论可知，三元函数的梯度也是这样一个向量，它的方向是函数在该点的方向导数取得最大值的方向，而它的模为方向导数的最大值.

例 3　设函数 $f(x,y,z)=xy^2+z^3-xyz$.

(1) 求 $\mathbf{grad}\ f(x,y,z)$；

(2) 在点(1,1,1)处 $f(x,y,z)$ 沿哪个方向的方向导数最大？最大值是多少？

解　(1) 由

$$\left.\frac{\partial f}{\partial x}\right|_{(1,1,1)}=\left.(y^2-yz)\right|_{(1,1,1)}=0,$$

$$\left.\frac{\partial f}{\partial y}\right|_{(1,1,1)}=\left.(2xy-xz)\right|_{(1,1,1)}=1,$$

$$\left.\frac{\partial f}{\partial z}\right|_{(1,1,1)}=\left.(3z^2-xy)\right|_{(1,1,1)}=2,$$

得到

$$\mathbf{grad}\ f(1,1,1)=\boldsymbol{j}+2\boldsymbol{k}.$$

(2) 由梯度与方向导数的关系知，函数 $f(x,y,z)$ 在点(1,1,1)处沿梯度方向 $\boldsymbol{j}+2\boldsymbol{k}$ 的方向导数最大，最大值是 $|\mathbf{grad}\ f(1,1,1)|=\sqrt{5}$.

习题 9-7

1. 求 $f(x,y)=xy+yz+zx$ 在点(1,1,2)处沿方向 l 的方向导数，l 的方向角为 30°，45°，60°.

2. 求 $z=xyz$ 在点 $M(5,1,2)$ 处沿从点 $M(5,1,2)$ 到点 $N(9,4,14)$ 的方向的方向导数.

3. 求函数 $u=x+y+z$ 在点(0,0,1)沿球面 $x^2+y^2+z^2=1$ 的外法线方向的方向导数.

4. 求函数 $f(x,y,z)=x^2y^2+yz^3$ 在点(1,2,1)处的梯度.

5. 函数 $u=xy^2z$ 在点(1,−1, 2)处沿什么方向的方向导数最大？求此最大值.

6. 求函数 $z=1-\left(\frac{x^2}{a^2}+\frac{y^2}{b^2}\right)$ 在点 $\left(\frac{a}{\sqrt{2}},\frac{b}{\sqrt{2}}\right)$ 处沿曲线 $\frac{x^2}{a^2}+\frac{y^2}{b^2}=1$ 在这点的内法线方

向的方向导数.

7. 金属球的球心位于坐标原点. 设金属球体中任意一点的温度和这点到球心的距离成反比,且在球体中点(1,2,2)处测得温度为 120 ℃,求:

(1) 在点(1,2,2)处温度沿着该点指向点(2,1,3)的方向的变化率;

(2) 证明:在球中任意一点温度增加最大的方向是该点指向原点的方向.

8. 如果函数 $f(x,y)$沿任意方向的方向导数都存在,则 $f(x,y)$关于 x 或 y 的偏导数一定存在吗? 研究例子 $f(x,y)=\sqrt{x^2+y^2}$(注意:这里的方向导数不能用公式(1)求).

第八节 最小二乘法

在工程实验和社会经济规律中有许多问题常常需要根据已有的观察数据确定若干变量之间的函数关系. 例如,从大量的市场统计资料中寻求市场的需求量与消费者的可支配收入、商品的价格、生产费用等函数关系;从观察的一系列实验数据来获得铜导线的电阻与温度的函数关系,等等. 在确定这些函数关系的过程中,人们通常是根据一些专业知识及实验观察数据来总结出这两个变量之间函数关系的近似表达式,再通过数学的方法确定其中的若干参数,这样得到的表达式称为**经验公式**. 建立经验公式的一个常用方法就是**最小二乘法**,也称为曲线拟合. 下面简单介绍最小二乘法的原理.

首先确定经验公式的的类型,例如确定函数是线性函数 $f(x)=a_0+a_1x$,二次函数 $f(x)=a_0+a_1x+a_2x^2$或指数函数 $y=ke^{mx}$ 等;然后还需要确定公式中的参数,例如线性函数 $y=a_0+a_1x$ 中的 a_0 与 a_1 等.

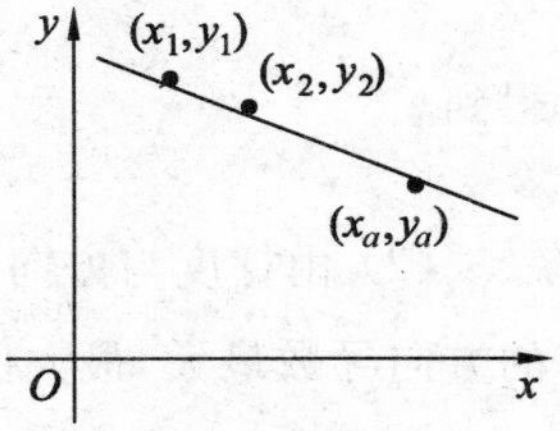

确定经验公式中的参数需要大量的已有数据,这些数据或是通过大量的调查统计,或是通过反复实验观察记录获得. 当已有自变量 x 取一系列 $x_1,x_2,\cdots,x_m$ 时函数 y 的对应数据 $(x_1,y_1),(x_2,y_2),\cdots,(x_n,y_m)$,可将这些数据在直角坐标系平面 Oxy 画出来,如图 9-12 所示. 假设数据表示的点几乎分布于某一条直线周围,经验认为这两个变量 x,y 有线性关系,设其关系式为

图 9-12

$$y=ax+b,$$

然后用适当的方法建立数学方程,如在点 $x_1,x_2,\cdots,x_m$ 处寻求参数 a,b,使得函数值偏差 $f(x_1)-y_1,f(x_2)-y_2,\cdots,f(x_m)-y_m$ 的平方和最小.

下面通过例子介绍建立经验公式的具体做法. 在直线上,横坐标为 x_i 的点的纵坐标为

$$\hat{y}_i=a+bx_i,$$

误差为 $\varepsilon_i=y_i-\hat{y}_i=y_i-(a+bx_i)$. 该误差称为实际值与理论值的误差.

现求一组合适的 a,b,使得误差的平方和达到最小,即已知

$$E=\sum_{i=1}^{n}\varepsilon_i^2=\sum_{i=1}^{n}[y_i-(a+bx_i)]^2,$$

要求 E 的极小值. 根据极值的必要条件,有

$$\frac{\partial E}{\partial a}=2\sum_{i=1}^{n}[y_i-(a+bx_i)](-1),$$

$$\frac{\partial E}{\partial b}=2\sum_{i=1}^{n}[y_i-(a+bx_i)](-x_i).$$

令 $\frac{\partial E}{\partial a}=0,\frac{\partial E}{\partial b}=0$,并化简方程组

$$\begin{cases}na+b\sum_{i=1}^{n}x_i=\sum_{i=1}^{n}y_i,\\ a\sum_{i=1}^{n}x_i+b\sum_{i=1}^{n}x_i^2=\sum_{i=1}^{n}x_iy_i,\end{cases}$$

从而求得驻点是

$$b=\frac{\sum_{i=1}^{n}x_iy_i-\frac{1}{n}\sum_{i=1}^{n}x_i\sum_{i=1}^{n}y_i}{\sum_{i=1}^{n}x_i^2-\frac{1}{n}\left(\sum_{i=1}^{n}x_i\right)^2},\ a=\frac{1}{n}\sum_{i=1}^{n}y_i-b\frac{1}{n}\sum_{i=1}^{n}x_i,$$

此即为 a,b 的最小二乘估计量.

例 1　某企业年度的 1—12 月份维修成本的历史数据见表 9-1.

表 9-1

i	1	2	3	4	5	6	7	8	9	10	11	12
x_i	1 200	1 300	1 150	1 050	900	800	700	800	950	1 100	1 250	1 400
y_i	900	910	840	850	820	730	720	780	750	890	920	930

其中,x 表示机器工作的时间(小时),y 表示维修的成本. 试求维修成本函数.

解　由题意可设经验公式为 $y=ax+b$. 根据题目中的数据计算出相关数据,结果见表 9-2.

表 9-2

i	x_i	y_i	x_iy_i	x_i^2	i	x_i	y_i	x_iy_i	x_i^2
1	1 200	900	1 080 000	1 440 000	8	800	780	624 000	640 000
2	1 300	910	1 183 000	1 690 000	9	950	750	712 500	902 500
3	1 150	840	966 000	1 322 500	10	1 100	890	979 000	1 210 000
4	1 050	850	892 500	1 102 500	11	1 250	920	1 150 000	1 562 500
5	900	820	738 000	810 000	12	1 400	930	1 302 000	1 960 000
6	800	730	584 000	640 000	$\sum$	12 600	10 040	10 715 000	13 770 000
7	700	720	504 000	490 000					

代入数据得

$$b=\frac{\sum_{i=1}^{n}x_iy_i-\frac{1}{n}\sum_{i=1}^{n}x_i\sum_{i=1}^{n}y_i}{\sum_{i=1}^{n}x_i^2-\frac{1}{n}\left(\sum_{i=1}^{n}x_i\right)^2}=500.67.$$

$$a=\frac{1}{n}\sum_{i=1}^{n}y_i-b\frac{1}{n}\sum_{i=1}^{n}x_i=0.32,$$

所以经验公式为

$$y=0.32x+500.67.$$

例 2 为研究某种单分子化学反应的速度，我们用 t 表示从实验开始算起的时间，y 表示 t 时刻反应器内反应物的剩余量. 设在实验中测得一组数据见表 9-3.

表 9-3

i	1	2	3	4	5	6	7	8
t_i	3	6	9	12	15	18	21	24
y_i	57.6	41.9	31.0	22.7	16.6	12.2	8.9	6.5

试根据以上数据确定函数 $y=f(t)$ 的经验公式.

解 由化学反应速度的专业理论可知，$y=f(t)$ 通常是指数函数. 设 $y=ke^{mt}$，其中 k 与 m 是待定参数. 将 $y=ke^{mt}$ 两边取常用对数，得

$$\lg y=(m\lg e)t+\lg k.$$

记 $a=\lg k$，$b=m\lg e\approx 0.434m$，则函数可表示为

$$\lg y=a+bt.$$

只要将 $\lg y$ 改记为 Y，则上式即化成了一个线性函数 $Y=a+bt$.

在应用中经常使用一种半对数坐标纸，如图 9-13 所示. 这种坐标纸的横轴上各点处所标的数字与普通的直角坐标纸相同，而纵轴上各点处所标的数是这样的，它的常用对数就是该点到原点的距离. 当把表 9-3 中各对实验数据 (t_i, y_i) 所对应的点在半对数坐标纸上画出之后(见图 9-13)可以看出，这些点的连线非常接近于一条直线，这说明了 $y=f(t)$ 可以假设为指数函数 $y=ke^{mt}$.

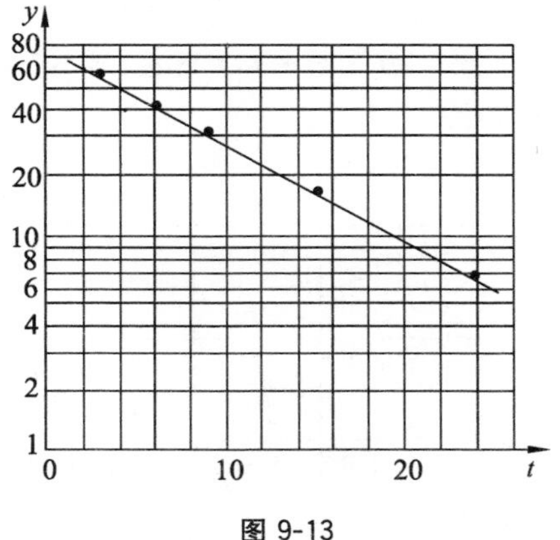

图 9-13

下面按线性函数的模型 $Y=a+bt$ 来确定未知参数 a 与 b. 与例 1 中的讨论类似，由偏差平方和最小的要求可以建立它的方程组

$$\begin{cases} 8a+\left(\sum_{i=1}^{8} t_i\right)b = \sum_{i=1}^{8} Y_i, \\ \left(\sum_{i=1}^{8} t_i\right)a+\left(\sum_{i=1}^{8} t_i^2\right)b = \sum_{i=1}^{8} t_i Y_i, \end{cases}$$

其中 $y_i=\lg y_i$. 代入表 9-3 中的数据可得

$$\begin{cases} 8a+108b=10.3, \\ 108a+1\,836b=122. \end{cases}$$

解方程组，得 $a=1.896, b=-0.045$. 因此，$k=78.78, m=-0.103\,6$. 于是所求经验公式为

$$y=78.78\mathrm{e}^{-0.103\,6}.$$

第九节　综合例题

例 1　证明函数

$$f(x,y)=\begin{cases} \dfrac{xy}{\sqrt{x^2+y^2}}, & x^2+y^2\neq 0, \\ 0, & x^2+y^2=0 \end{cases}$$

(1) 在点(0,0)处连续；

(2) 在点(0,0)偏导数存在；

(3) 函数在点(0,0)处是不可微的.

证　(1) 利用不等式 $2|xy|\leqslant x^2+y^2$ 得 $x^2+y^2\neq 0$ 时，

$$|f(x,y)|\leqslant \frac{x^2+y^2}{2\sqrt{x^2+y^2}}=\frac{1}{2}\sqrt{x^2+y^2}.$$

于是，当 $(x,y)\to(0,0)$ 时，$|f(x,y)|\to 0$，即

$$\lim_{\substack{x\to 0\\ y\to 0}} f(x,y)=f(0,0)=0.$$

所以函数 $f(x,y)$ 在点(0,0)处连续.

(2) 由定义可知

$$f_x(0,0)=\lim_{\Delta x\to 0}\frac{f(0+\Delta x,0)-f(0,0)}{\Delta x}=\lim_{\Delta x\to 0} 0=0,$$

同样有

$$f_y(0,0)=\lim_{\Delta y\to 0}\frac{f(0+\Delta y,0)-f(0,0)}{\Delta y}=\lim_{\Delta y\to 0} 0=0.$$

所以，函数 $f(x,y)$ 在原点(0,0)处两个偏导数都存在.

(3) 由 $\Delta f-[f_x(0,0)\cdot\Delta x+f_y(0,0)\cdot\Delta y]=\dfrac{\Delta x\cdot\Delta y}{\sqrt{(\Delta x)^2+(\Delta y)^2}}$，得

$$\frac{\Delta f-[f_x(0,0)\cdot\Delta x+f_y(0,0)\cdot\Delta y]}{\rho}=\frac{\Delta x\cdot\Delta y}{(\Delta x)^2+(\Delta y)^2}.$$

由本章第一节中的例 4 可知，上式当$(\Delta x,\Delta y)\to(0,0)$时极限不存在，因此函数在点$(0,0)$处是不可微的.

例 2 求 $z=(2x^2-y^2)^{4x+3y}$的偏导数.

解 设 $u=2x^2-y^2$，$v=4x+3y$，则 $z=u^v$. 于是

$$\begin{aligned}\frac{\partial z}{\partial x}&=\frac{\partial z}{\partial u}\cdot\frac{\partial u}{\partial x}+\frac{\partial z}{\partial v}\cdot\frac{\partial v}{\partial x}\\&=vu^{v-1}\cdot 4x+u^v\ln u\cdot 4\\&=4x(4x+3y)(2x^2-y^2)^{4x+3y-1}+4(2x^2-y^2)^{4x+3y}\ln(2x^2-y^2),\end{aligned}$$

$$\begin{aligned}\frac{\partial z}{\partial y}&=\frac{\partial z}{\partial u}\cdot\frac{\partial u}{\partial y}+\frac{\partial z}{\partial v}\cdot\frac{\partial v}{\partial y}\\&=-vu^{v-1}\cdot 2y+u^v\ln u\cdot 3\\&=-2y(4x+3y)(2x^2-y^2)^{4x+3y-1}+3(2x^2-y^2)^{4x+3y}\ln(2x^2-y^2).\end{aligned}$$

例 3 设 $u=f(x,y,z)=x^3yz^2$，如果

(1) $z=z(x,y)$为方程 $x^3+y^3+z^3-3xyz=0$ 所确定的函数，求$\left.\dfrac{\partial u}{\partial x}\right|_{(-1,0,1)}$；

(2) $y=y(x,z)$为方程 $x^3+y^3+z^3-3xyz=0$ 所确定的函数，求$\left.\dfrac{\partial u}{\partial x}\right|_{(-1,0,1)}$.

解 (1) 注意到 z 是 x,y 的二元函数，因此有

$$\frac{\partial u}{\partial x}=3x^2yz^2+2x^3yz\,\frac{\partial z}{\partial x}.$$

对方程两边关于 x 求偏导数可得

$$3x^2+3z^2\,\frac{\partial z}{\partial x}-3yz-3xy\,\frac{\partial z}{\partial x}=0,$$

解得$\dfrac{\partial z}{\partial x}=\dfrac{x^2-yz}{xy-z^2}$. 因此，

$$\left.\frac{\partial u}{\partial x}\right|_{(-1,0,1)}=\left.\left[3x^2yz^2+2x^3yz\cdot\left(\frac{x^2-yz}{xy-z^2}\right)\right]\right|_{(-1,0,1)}=0.$$

(2) 注意到 y 是 x,z 的二元函数，因此有

$$\frac{\partial u}{\partial x}=3x^2yz^2+x^3z^2\,\frac{\partial y}{\partial x}.$$

对方程两边关于 x 求偏导数，类似可得$\dfrac{\partial y}{\partial x}=\dfrac{x^2-yz}{xz-y^2}$. 于是

$$\left.\frac{\partial u}{\partial x}\right|_{(-1,0,1)}=\left.\left[3x^2yz^2+x^3z^2\cdot\left(\frac{x^2-yz}{xz-y^2}\right)\right]\right|_{(-1,0,1)}=1.$$

例 4 设 $z=f(x,y,u)=y\sin x+u^2$，$u=\varphi(x,y)$，$\varphi(x,y)$具有二阶连续偏导数，求$\dfrac{\partial z}{\partial x},\dfrac{\partial^2 z}{\partial x^2},\dfrac{\partial^2 z}{\partial x\partial y}$.

解
$$\frac{\partial z}{\partial x}=\frac{\partial f}{\partial x}+\frac{\partial f}{\partial u}\frac{\partial u}{\partial x}=y\cos x+2u\,\frac{\partial u}{\partial x},$$

$$\frac{\partial^2 z}{\partial x^2}=-y\sin x+2\left(\frac{\partial u}{\partial x}\right)^2+2u\frac{\partial^2 u}{\partial x^2},$$

$$\frac{\partial^2 z}{\partial x\partial y}=\cos x+2\frac{\partial u}{\partial x}\frac{\partial u}{\partial y}+2u\frac{\partial^2 u}{\partial x\partial y}.$$

此例中要注意符号$\frac{\partial z}{\partial x}$与$\frac{\partial f}{\partial x}$的区别.

例 5　设 $z=\sin(xy)+\varphi\left(x,\frac{x}{y}\right)$，$\varphi(u,v)$有二阶偏导数，求$\frac{\partial^2 z}{\partial x\partial y}$.

解　$\frac{\partial z}{\partial x}=y\cos(xy)+\varphi_1'+\varphi_2'\frac{1}{y}$,

$$\frac{\partial^2 z}{\partial x\partial y}=\cos(xy)-xy\sin(xy)+\varphi_{12}''\left(-\frac{x}{y^2}\right)-\frac{1}{y^2}\varphi_2'+\frac{1}{y}\left(-\frac{x}{y^2}\right)\varphi_{22}''$$

$$=\cos(xy)-xy\sin(xy)-\frac{x}{y^2}\varphi_{12}''-\frac{1}{y^2}\varphi_2'-\frac{x}{y^3}\varphi_{22}''.$$

例 6　设$\frac{x}{z}=\ln\frac{z}{y}$确定函数 $z=f(x,y)$，求$\frac{\partial z}{\partial x}$，$\frac{\partial z}{\partial y}$.

解　令 $F(x,y)=\frac{x}{z}-\ln\frac{z}{y}=\frac{x}{z}-\ln z+\ln y$，则

$$F_x=\frac{1}{z},\ F_y=\frac{1}{y},\ F_z=-\frac{x}{z^2}-\frac{1}{z},$$

$$\frac{\partial z}{\partial x}=-\frac{F_x}{F_z}=-\frac{\frac{1}{z}}{-\frac{x}{z^2}-\frac{1}{z}}=\frac{1}{\frac{x}{z}+1}=\frac{1}{1+\ln z-\ln y},$$

$$\frac{\partial z}{\partial y}=-\frac{F_y}{F_z}=-\frac{\frac{1}{y}}{-\frac{x}{z^2}-\frac{1}{z}}=\frac{z}{y\left(\frac{x}{z}+1\right)}=\frac{z}{y(1+\ln z-\ln y)}.$$

例 6 也可用对方程两边直接求偏导数的方法求得，还可将方程改写为 $x=z(\ln z-\ln y)$求得.

例 7　设 $F(u,v)$可微，试证曲面 $F\left(\frac{x-a}{z-c},\frac{y-b}{z-c}\right)=0$ 上任一点处的切平面都通过一个定点.

解　曲面 $G(x,y,z)=0$ 的法向量为$\{G_x,G_y,G_z\}$，若令 $G(x,y,z)=F\left(\frac{x-a}{z-c},\frac{y-b}{z-c}\right)$，则有

$$G_x=F_1\frac{1}{z-c},\ G_y=F_2\frac{1}{z-c},\ G_z=-\frac{1}{(z-c)^2}[F_1(x-a)+F_2(y-b)].$$

设 $P(x_0,y_0,z_0)$为曲面上任一点，则该点的法向量为

$$\boldsymbol{n}=\left\{F_1\frac{1}{z_0-c},F_2\frac{1}{z_0-c},-\frac{1}{(z_0-c)^2}[F_1(x_0-a)+F_2(y_0-b)]\right\},$$

所以该点的切平面方程为

$$F_1\frac{x-x_0}{z_0-c}+F_2\frac{y-y_0}{z_0-c}-\frac{1}{(z_0-c)^2}[F_1(x_0-a)+F_2(y_0-b)](z-z_0)=0.$$

容易看到，当 $x=a,y=b,z=c$ 时上面方程恒满足，所以切平面过定的点 (a,b,c).

例 8　求原点到椭圆 $\begin{cases}x+y+z-1=0,\\x^2+y^2-z=0\end{cases}$ 的最长与最短距离.

解　点 (x,y,z) 到原点距离为

$$d^2=x^2+y^2+z^2.$$

于是问题可化为求目标函数 $d^2=x^2+y^2+z^2$ 在条件 $x+y+z-1=0$ 和 $x^2+y^2-z=0$ 下的最小值和最大值.

作拉格朗日函数

$$L(x,y,z)=x^2+y^2+z^2+\lambda(x+y+z-1)+\mu(x^2+y^2-z),$$

利用函数 $L(x,y,z)$ 取极值的必要条件得到

$$\begin{cases}L_x=2x+\lambda+2x\mu=0, & (1)\\ L_y=2y+\lambda+2y\mu=0, & (2)\\ L_z=2z+\lambda-\mu=0, & (3)\\ L_\lambda=x+y+z-1=0, & (4)\\ L_\mu=x^2+y^2-z=0. & (5)\end{cases}$$

解这个方程组，由式(1)、式(2)得 $x=y$（$\mu=-1$ 不可能，舍去）. 将其代入式(4)、式(5)得

$$\begin{cases}2x+z-1=0,\\ z=2x^2,\end{cases}$$

解得 $x=\frac{-1\pm\sqrt{3}}{2}$. 由此求得两个驻点

$$\left(\frac{-1+\sqrt{3}}{2},\frac{-1+\sqrt{3}}{2},2-\sqrt{3}\right),\ \left(\frac{-1-\sqrt{3}}{2},\frac{-1-\sqrt{3}}{2},2+\sqrt{3}\right).$$

由于原点到椭圆的最长与最短距离必定存在，根据实际问题的意义，这两个驻点上的函数值就是所求的最长与最短距离. 将其代入 $d^2=x^2+y^2+z^2$，分别计算得最长距离

$$d_{\max}=\sqrt{9+5\sqrt{3}},$$

最短距离

$$d_{\min}=\sqrt{9-5\sqrt{3}}.$$

注　目标函数的选择不是唯一的. 例 9 中的目标函数选取使应用问题求解比较简单. 读者还可选取其他形式的目标函数，对求解过程做一个比较.

复习题九

一、选择题

1. 点(　　)不是二元函数 $z=x^3-y^3+3x^2+3y^2-9x$ 的驻点.

(A) $(0,0)$　　(B) $(1,2)$　　(C) $(-3,0)$　　(D) $(-3,2)$

2. 二元函数 $z=x^3-y^3+3x^2+3y^2-9x$ 的极小点是(　　).

(A) $(1,0)$　　(B) $(1,2)$　　(C) $(-3,0)$　　(D) $(-3,2)$

3. 已知函数 $f(xy,x+y)=x^2+y^2+xy$，则 $\dfrac{\partial f(x,y)}{\partial x}$，$\dfrac{\partial f(x,y)}{\partial y}$ 分别为(　　).

(A) $-1,2y$　　(B) $2y,-1$

(C) $2x+2y,2y+x$　　(D) $2y,2x$

4. $\lim\limits_{\substack{x\to 0\\ y\to 0}}\dfrac{3xy}{\sqrt{xy+1}-1}$ 等于(　　).

(A) 3　　(B) 6　　(C) 不存在　　(D) ∞

5. 设 $u=\ln(1+x+y^2+z^3)$，则 $(u_x+u_y+u_z)\Big|_{(1,1,1)}=$(　　).

(A) 3　　(B) 6　　(C) $\dfrac{1}{2}$　　(D) $\dfrac{3}{2}$

6. 设 $u=f(xyz)$ 可微，则 $\dfrac{\partial u}{\partial x}=$(　　).

(A) $\dfrac{\mathrm{d}f}{\mathrm{d}x}$　　(B) $f_x(xyz)$

(C) $f'(xyz)\cdot yz$　　(D) $\dfrac{\mathrm{d}f}{\mathrm{d}x}\cdot yz$

7. 设函数 $z=z(x,y)$ 由方程 $xyz+\sqrt{x^2+y^2+z^2}=\sqrt{2}$ 确定，则 $z=z(x,y)$ 在点 $(1,0,-1)$ 处的全微分 $\mathrm{d}z=$(　　).

(A) $\mathrm{d}x+\sqrt{2}\mathrm{d}y$　　(B) $-\mathrm{d}x+\sqrt{2}\mathrm{d}y$

(C) $-\mathrm{d}x-\sqrt{2}\mathrm{d}y$　　(D) $\mathrm{d}x-\sqrt{2}\mathrm{d}y$

8. 曲面 $\mathrm{e}^z-z+xy=3$ 在点 $(2,1,0)$ 处的切平面方程为(　　).

(A) $2x+y-4=0$　　(B) $2x+y-z-4=0$

(C) $x+2y-4=0$　　(D) $2x+y-5=0$

9. 曲线 $\begin{cases} z=\dfrac{x^2+y^2}{4}, \\ y=4 \end{cases}$ 在点 $(2,4,5)$ 处的切线与 x 轴正向所成角度为(　　).

(A) $\dfrac{\pi}{2}$　　(B) $\dfrac{\pi}{3}$　　(C) $\dfrac{\pi}{4}$　　(D) $\dfrac{\pi}{6}$

10. 设函数 $z=z(x,y)$ 由方程 $F(x-z,y-z)=0$ 确定，$F(u,v)$ 关于 u 和 v 具有连续的偏导数，且 $F_u+F_v\neq 0$，则 $\dfrac{\partial z}{\partial x}+\dfrac{\partial z}{\partial y}=$(　　).

(A) 0　　(B) 1　　(C) -1　　(D) z

11. $z=x+2y$ 在满足 $x^2+y^2=5$ 的条件下的极小值为(　　).

(A) 5　　(B) -5　　(C) $2\sqrt{5}$　　(D) $-2\sqrt{5}$

12. $z=f(x,y)$ 在点 (x_0,y_0) 处存在偏导数是 $z=f(x,y)$ 在点 (x_0,y_0) 处可微的(　　).

(A) 充分条件　　(B) 必要条件

(C) 充要条件　　(D) 既非充分条件也非必要条件

13. 二元函数 $f(x,y)$ 在点 (x_0,y_0) 处两个偏导数存在是 $f(x,y)$ 在该点连续的(　　).

(A) 充分条件而非必要条件

(B) 必要条件而非充分条件

(C) 充要条件

(D) 既非充分条件也非必要条件

14. 二元函数 $z=f(x,y)$ 在 (x_0,y_0) 处可微的充分条件是(　　).

(A) $f'_x(x_0,y_0)$ 及 $f'_y(x_0,y_0)$ 均存在

(B) $f(x,y)$ 在 (x_0,y_0) 的某邻域中连续，$f'_x(x_0,y_0)$ 及 $f'_y(x_0,y_0)$ 均存在

(C) 当 $\sqrt{\Delta x^2+\Delta y^2}\to 0$ 时，$\Delta z-f'_x(x_0,y_0)\Delta x-f'_y(x_0,y_0)\Delta y$ 是无穷小量

(D) 当 $\sqrt{\Delta x^2+\Delta y^2}\to 0$ 时，$\dfrac{\Delta z-f'_x(x_0,y_0)\Delta x-f'_y(x_0,y_0)\Delta y}{\sqrt{\Delta x^2+\Delta y^2}}$ 是无穷小量

二、综合练习 A

1. 设 $z=z(x,y)$ 由 $2z+y^2=\int_0^{z+y-x}\cos t^2\,\mathrm{d}t$ 所确定，试求 $\dfrac{\partial z}{\partial x}$.

2. 设 $z=x^n f\left(\dfrac{y}{x^2}\right)$，其中 f 为任意可微函数，证明 $x\dfrac{\partial z}{\partial x}+2y\dfrac{\partial z}{\partial y}=nz$.

3. 设 $F(u,v)$ 具有连续偏导数，$z=z(x,y)$ 是由 $F(cx-az,cy-bz)=0$ 确定的隐函数，试证 $a\dfrac{\partial z}{\partial x}+b\dfrac{\partial z}{\partial y}=c$.

4. 求曲面 $x^2-y^2-z^2+6=0$ 垂直于直线 $\dfrac{x-3}{2}=y-1=\dfrac{z-2}{-3}$ 的切平面方程.

5. 求函数 $f(x,y)=x^2+2y^2-x^2y^2$ 在闭区域 $D: x^2+y^2\leqslant 4, y\geqslant 0$ 上最大值与最小值.

三、综合练习 B

1. 证明函数 $f(x,y)=\dfrac{x^3y}{x^6+y^2}$ 当点 $P(x,y)$ 沿任意直线趋于 $(0,0)$ 时极限相同，但

$\lim\limits_{\substack{x\to 0\\ y\to 0}} \frac{x^3 y}{x^6+y^2}$不存在.

2. 证明函数 $f(x,y)=\sqrt{|xy|}$在点(0,0)处的两个偏导数都存在,但函数 $f(x,y)$在点(0,0)处不可微.

3. 设 $f(1,1)=1, f'_1(1,1)=a, f'_2(1,1)=b, \varphi(x)=f\{x, f[x, f(x,x)]\}$,求 $\varphi(1)$, $\varphi'(1)$.

4. 设 $e^z=xyz$,求 dz 和$\frac{\partial^2 z}{\partial x^2}$.

5. 求抛物线 $y^2=4x$ 上的点,使它与直线 $x-y+4=0$ 相距最近.

6. 设 $z=\varphi(x+at)+\psi(x-at)$, φ, ψ 具有二阶导数,试证 z 满足波动方程$\frac{\partial^2 z}{\partial t^2}=a^2\frac{\partial^2 z}{\partial x^2}$.

7. 若 $u=u(x,y)$满足拉普拉斯方程$\frac{\partial^2 u}{\partial x^2}+\frac{\partial^2 u}{\partial y^2}=0$,则函数 $v=u\left(\frac{x}{x^2+y^2},\frac{y}{x^2+y^2}\right)$也满足拉普拉斯方程.

第十章 重积分

定积分解决了一元函数在某一区间上一类和式的极限问题,重积分则是定积分概念的推广,其中的数学思想与定积分一样,解决的是定义在平面或空间区域上多元函数的一类和式的极限问题.所不同的是,定积分的被积函数是一元函数,积分范围是一个区间;而重积分的被积函数是多元函数,积分范围是平面或空间的一个区域,它们之间存在着密切的联系.本章将给出二、三重积分的概念及计算方法.

第一节 二重积分的概念与性质

一、二重积分的概念

和定积分一样,二重积分的概念也是从几何与物理的问题中引出来的.下面先看两个例子.

1. 曲顶柱体的体积

所谓**曲顶柱体**是指这样一个立体,它的底是 Oxy 平面上的有界区域 D,侧面是以 D 的边界曲线为准线,母线平行于 z 轴的柱面,顶部则是以 D 为定义域的取正值的二元函数 $z=f(x,y)$ 所表示的连续曲面(见图 10-1).

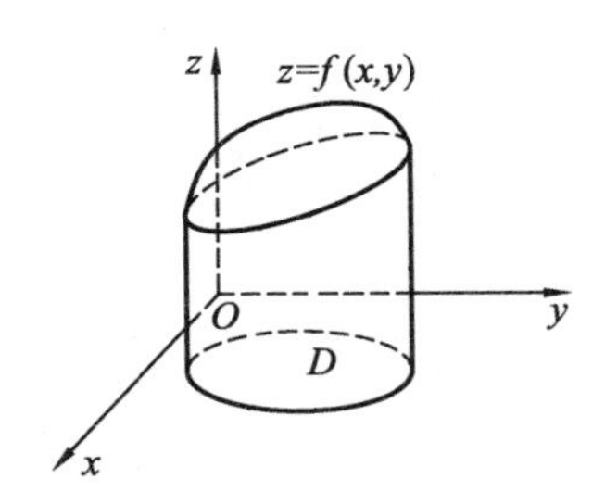

图 10-1

下面计算这个曲顶柱体的体积.

当曲顶柱体的顶是水平的平面时,其体积公式为底面积乘以高.但在一般情形下,不能直接利用这一公式,此时我们可以借鉴求定积分的方法来解决.

(1) 把区域 D 分割成 n 个小区域 $\Delta\sigma_1,\Delta\sigma_2,\cdots,\Delta\sigma_n$,并仍用 $\Delta\sigma_i$ 表示第 i 个小区域的面积,作以这些小区域的边界曲线为准线,母线平行于 z 轴的柱面.这些柱面把曲顶柱体划分成 n 个小曲顶柱体(见图 10-2).

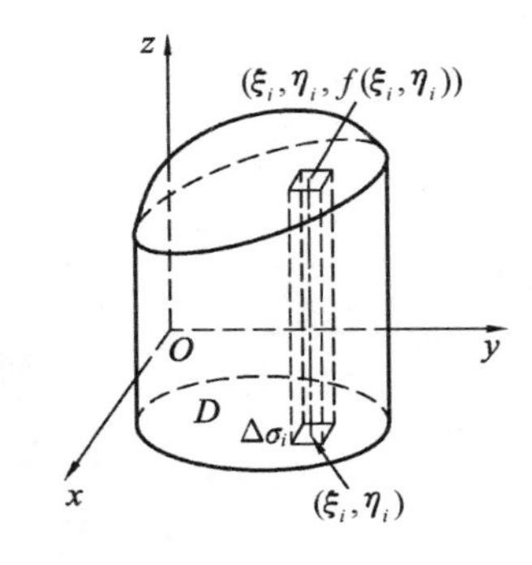

图 10-2

(2) 由于 $f(x,y)$ 连续,在 $\Delta\sigma_i$ 很小的情况下可以把相应的小曲顶柱体近似看成水平的平顶柱体.在 $\Delta\sigma_i$ 内任取一点 (ξ_i,η_i),则第 i 个小曲顶柱体的高近似为 $f(\xi_i,\eta_i)$,体积 ΔV_i 就可以用 $\Delta V_i\approx f(\xi_i,\eta_i)\Delta\sigma_i$ 来近似表示.

(3) 把这些小平顶柱体的体积加起来,就得到了所求曲顶

柱体体积的近似值，即

$$V=\sum_{i=1}^{n}\Delta V_i\approx\sum_{i=1}^{n}f(\xi_i,\eta_i)\Delta\sigma_i.$$

(4) 把 D 分得越细，上述和式就越接近于曲顶柱体的体积. 把 $\Delta\sigma_i$ 中任意两点间距离的最大值称为 $\Delta\sigma_i$ 的直径，并记为 $d(\Delta\sigma_i)$. 如果 $\lambda=\max\limits_{1\leqslant i\leqslant n}d(\Delta\sigma_i)\to0$ 时，上述和式的极限存在，则将此极限值定义为曲顶柱体的体积，即

$$V=\lim_{\lambda\to0}\sum_{i=1}^{n}f(\xi_i,\eta_i)\Delta\sigma_i.$$

2．平面薄板的质量

设有一平面薄板占有 Oxy 面上的区域 D，D 上的物质分布是不均匀的，在点 (x,y) 处的面密度为 $\mu(x,y)>0$，且 $\mu(x,y)$ 在 D 上连续. 现在要计算该薄板的质量 M.

如果薄板面密度 $\mu(x,y)=\mu_0$ 是常数，那么薄板的质量可以用公式 $M=\mu_0\sigma$ 来计算，其中 σ 为区域 D 的面积. 而在一般情形下，薄板的质量不能直接这样来计算，但是处理曲顶柱体体积问题的方法在这里也是适用的.

先把薄板分成许多小块，只要小块所占的小闭区域 $\Delta\sigma_i$ 的直径很小，这些小块就可以近似地看作均匀薄板. 在 $\Delta\sigma_i$ 上任取一点 (ξ_i,η_i)（见图 10-3），则第 i 个小块的质量的近似值可表示为

$$\mu(\xi_i,\eta_i)\Delta\sigma_i\quad(i=1,2,\cdots,n).$$

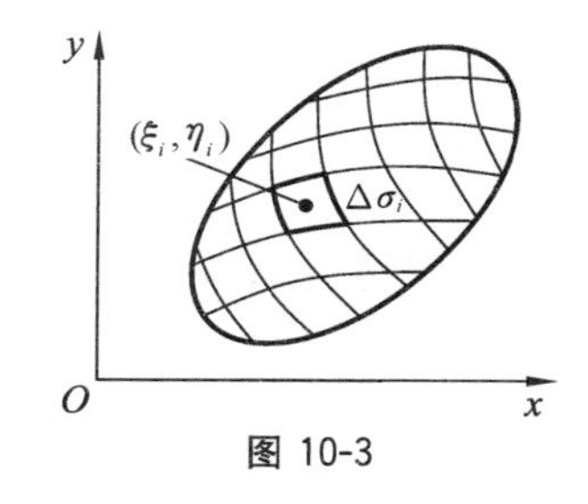

图 10-3

然后求和并取极限，便得出

$$M=\lim_{\lambda\to0}\sum_{i=1}^{n}\mu(\xi_i,\eta_i)\Delta\sigma_i.$$

上面两个问题的实际意义虽然不同，但解决问题的方法是一样的. 它们在数量关系上都是二元函数的同一形式的和式的极限.

3．二重积分的定义

在科学技术与工程应用中有大量的问题都可以归结为这种和式的极限. 为此，我们引入二重积分的概念.

定义 设 $f(x,y)$ 是定义在有界闭区域 D 上的有界函数，将区域 D 任意分成 n 个小闭区域 $\Delta\sigma_1,\Delta\sigma_2,\cdots,\Delta\sigma_n$（第 i 个小区域 $\Delta\sigma_i$ 的面积仍记为 $\Delta\sigma_i$）. 记 $\Delta\sigma_i$ 的直径为 $d(\Delta\sigma_i)$，$\lambda=\max\limits_{1\leqslant i\leqslant n}d(\Delta\sigma_i)$. 在每个 $\Delta\sigma_i$ 上任取一点 $(\xi_i,\eta_i)(i=1,2,\cdots,n)$，作和式 $\sum\limits_{i=1}^{n}f(\xi_i,\eta_i)\Delta\sigma_i$，如果不论对 D 作怎样的划分，也不论点 (ξ_i,η_i) 在 $\Delta\sigma_i$ 上如何选取，只要 $\lambda\to0$ 时，这个和式的极限总存在，则称这个极限为函数 $z=f(x,y)$ 在闭区域 D 上的二重积分，记作 $\iint\limits_D f(x,y)\mathrm{d}\sigma$，即

$$\iint\limits_D f(x,y)\mathrm{d}\sigma=\lim_{\lambda\to0}\sum_{i=1}^{n}f(\xi_i,\eta_i)\Delta\sigma_i,\tag{1}$$

其中，D 称为积分区域，$f(x,y)$ 称为被积函数，$f(x,y)\mathrm{d}\sigma$ 称为被积表达式，$\mathrm{d}\sigma$ 称为面积元素，x,y 称为积分变量. 当(1)中极限存在时，也称 $z=f(x,y)$ 在闭区域 D 上是可积的.

根据二重积分的定义，前面曲顶柱体的体积 V 可用二重积分表示为 $V=\iint\limits_D f(x,y)\mathrm{d}\sigma$，平面薄板的质量可用二重积分表示为 $M=\iint\limits_D \mu(x,y)\mathrm{d}\sigma$.

关于二重积分的定义，需做两点说明：

(1) 二重积分的值与闭区域 D 的分割方法及各个小闭区域 $\Delta\sigma_i$ 中的点 (ξ_i,η_i) 的取法无关.

(2) 二重积分是一个数，它与被积函数 $f(x,y)$ 及积分区域 D 有关，而与积分变量用什么字母无关.

当 $f(x,y)$ 在闭区域 D 上的二重积分存在时，由于它的值与区域 D 的分割方法无关，因此，可用平行于 x 轴和 y 轴的直线把矩形区域 D 分成许多小矩形，则小闭区域 $\Delta\sigma_i$ 的边长是 $\Delta x_i,\Delta y_i$，因而有 $\Delta\sigma_i=\Delta x_i\Delta y_i$. 在这种分割下，$\mathrm{d}\sigma=\mathrm{d}x\mathrm{d}y$，因而二重积分又记作 $\iint\limits_D f(x,y)\mathrm{d}x\mathrm{d}y$.

在什么样的条件下，一个函数的二重积分一定存在呢？有下面的定理：

定理　如果函数 $f(x,y)$ 在有界闭区域 D 上连续，则二重积分 $\iint\limits_D f(x,y)\mathrm{d}\sigma$ 存在. 换言之，连续函数在有界闭区域上是可积的.

证明略.

4．二重积分的几何意义

一般地，二元函数 $z=f(x,y)$ 可以看成是空间的曲面，如果在区域 D 上 $f(x,y)\geqslant 0$，则二重积分 $\iint\limits_D f(x,y)\mathrm{d}\sigma$ 的几何意义是曲顶柱体的体积. 如果在区域 D 上 $f(x,y)\leqslant 0$，柱体就在 Oxy 面的下方，二重积分 $\iint\limits_D f(x,y)\mathrm{d}\sigma$ 就是曲顶柱体体积的负值. 如果在区域 D 上 $f(x,y)$ 可正可负，二重积分 $\iint\limits_D f(x,y)\mathrm{d}\sigma$ 就等于曲顶柱体体积的代数和.

二、二重积分的性质

二重积分具有与定积分类似的性质，证明方法也与定积分的性质的证明类似. 所以我们不加证明地叙述如下：

性质 1　被积函数中的常数因子可以提到二重积分号的外面，即

$$\iint\limits_D kf(x,y)\mathrm{d}\sigma=k\iint\limits_D f(x,y)\mathrm{d}\sigma\ (k\text{ 为常数}).$$

性质 2　函数和(差)的二重积分等于各函数二重积分的和(差),即

$$\iint_D [f(x,y) \pm g(x,y)]\mathrm{d}\sigma = \iint_D f(x,y)\mathrm{d}\sigma \pm \iint_D g(x,y)\mathrm{d}\sigma.$$

性质 3　若 D 被分成两个区域 D_1 和 D_2,则函数在 D 上的二重积分等于它在 D_1 与 D_2 上的二重积分之和,即

$$\iint_D f(x,y)\mathrm{d}\sigma = \iint_{D_1} f(x,y)\mathrm{d}\sigma + \iint_{D_2} f(x,y)\mathrm{d}\sigma.$$

性质 4　若在 D 上有 $f(x,y) \leqslant g(x,y)$,则有 $\iint_D f(x,y)\mathrm{d}\sigma \leqslant \iint_D g(x,y)\mathrm{d}\sigma$.

特别地,

$$\left|\iint_D f(x,y)\mathrm{d}\sigma\right| \leqslant \iint_D |f(x,y)|\mathrm{d}\sigma.$$

上式说明函数二重积分的绝对值不大于该函数绝对值的二重积分.

性质 5　若在区域 D 上 $f(x,y) \equiv 1$,σ 为区域 D 的面积,则 $\iint_D \mathrm{d}\sigma = \sigma$.

这个性质的几何意义是明显的,即高为 1 个单位的平顶柱体的体积等于该柱体的底面积.

性质 6(估值定理)　设 M,m 分别为 $f(x,y)$ 在闭区域 D 上的最大值和最小值,σ 为 D 的面积,则有 $m\sigma \leqslant \iint_D f(x,y)\mathrm{d}\sigma \leqslant M\sigma$ (这个性质可由性质 4 得到).

性质 7(中值定理)　若函数 $f(x,y)$ 在有界闭区域 D 上连续,则必存在一点 $(\xi,\eta) \in D$,使得

$$\iint_D f(x,y)\mathrm{d}\sigma = f(\xi,\eta)\sigma.$$

这个性质的几何意义是:任意一个曲顶柱体都存在与它同底且高等于曲顶上某点的竖坐标的平顶柱体,该平顶柱体的体积与曲顶柱体的体积相等.

*三、二重积分的对称性

设 D 是平面区域,若对任意的 $(x,y) \in D$,均有 $(-x,y) \in D$,则称区域 D 关于 y 轴 $(x=0)$ 对称;若对任意的 $(x,y) \in D$,均有 $(x,-y) \in D$,则称区域 D 关于 x 轴 $(y=0)$ 对称;若对任意的 $(x,y) \in D$,均有 $(y,x) \in D$,则称区域 D 关于直线 $y=x$ 对称,也称关于 x,y 轮换对称.

***性质 8**　设 $f(x,y)$ 是有界闭区域 D 上可积函数.

(1) 如果 D 关于 y 轴对称,$f(x,y)$ 关于 x 是偶函数,则 $\iint_D f(x,y)\mathrm{d}\sigma = 2\iint_{D^+} f(x,y)\mathrm{d}\sigma$, 其中 D^+ 表示 D 中对应于 $x \geqslant 0$ 的部分;如果 $f(x,y)$ 关于 x 是奇函数,则 $\iint_D f(x,y)\mathrm{d}\sigma = 0$.

(2) 如果 D 关于 x 轴对称，$f(x,y)$ 关于 y 是偶函数，则 $\iint\limits_D f(x,y)\mathrm{d}\sigma = 2\iint\limits_{D^+} f(x,y)\mathrm{d}\sigma$，其中 D^+ 表示 D 中对应于 $y\geqslant 0$ 的部分；如果 $f(x,y)$ 关于 y 是奇函数，则 $\iint\limits_D f(x,y)\mathrm{d}\sigma = 0$.

(3) 如果 D 关于 x，y 是轮换对称的，则 $\iint\limits_D f(x,y)\mathrm{d}\sigma = \iint\limits_D f(y,x)\mathrm{d}\sigma$.

例如，设 D 是单位圆 $x^2+y^2\leqslant 1$ 的内部区域，则有

$$\iint\limits_D x\cos(xy)\mathrm{d}\sigma = \iint\limits_D y\cos(xy)\mathrm{d}\sigma = 0,$$

$$\iint\limits_D \frac{\cos x}{\cos x+\cos y}\mathrm{d}\sigma = \iint\limits_D \frac{\cos y}{\cos x+\cos y}\mathrm{d}\sigma = \frac{1}{2}\iint\limits_D \frac{\cos x+\cos y}{\cos x+\cos y}\mathrm{d}\sigma = \frac{1}{2}\iint\limits_D \mathrm{d}\sigma = \frac{\pi}{2}.$$

又如，积分区域 D 是圆域 $x^2+y^2\leqslant 2y$ 内部，D_1 是该圆域中第一象限部分，则有

$$\iint\limits_D (x^2+y)\mathrm{d}\sigma = 2\iint\limits_{D_1} (x^2+y)\mathrm{d}\sigma,$$

$$\iint\limits_D xy^2\mathrm{d}\sigma = 0.$$

习题 10-1

1. 确定下列二重积分的符号：

(1) $\iint\limits_{x^2+y^2\leqslant 1} x^2\mathrm{d}\sigma$；　(2) $\iint\limits_{|x|+|y|\leqslant 1} \ln(x^2+y^2)\mathrm{d}\sigma$；

(3) $\iint\limits_{1\leqslant x^2+y^2\leqslant 4} \sqrt[3]{1-x^2-y^2}\mathrm{d}\sigma$；　(4) $\iint\limits_{0\leqslant x+y\leqslant 1} \arcsin(x+y)\mathrm{d}\sigma$.

2. 根据二重积分的性质，比较下列二重积分的大小：

(1) $I_1 = \iint\limits_D (x+y)^2\mathrm{d}\sigma$，$I_2 = \iint\limits_D (x+y)^3\mathrm{d}\sigma$，其中 D 是由 x 轴、y 轴以及直线 $x+y=1$ 所围成的三角形；

(2) $I_1 = \iint\limits_D (x+y)^2\mathrm{d}\sigma$，$I_2 = \iint\limits_D (x+y)^3\mathrm{d}\sigma$，其中 $D=\{(x,y)\mid (x-2)^2+(y-2)^2\leqslant 2\}$；

(3) $I_1 = \iint\limits_D \ln(x+y)\mathrm{d}\sigma$，$I_2 = \iint\limits_D \ln^2(x+y)\mathrm{d}\sigma$，其中 D 为以点 $(1,0)$，$(1,1)$，$(2,0)$ 为顶点的三角形；

(4) $I_1 = \iint\limits_D \ln(x+y)\mathrm{d}\sigma$，$I_2 = \iint\limits_D \ln^2(x+y)\mathrm{d}\sigma$，其中 $D=\{(x,y)\mid 3\leqslant x\leqslant 5, 0\leqslant y\leqslant 1\}$.

3. 利用二重积分的性质，估计下列积分值：

(1) $I=\iint\limits_D e^{x^2+y^2}\,d\sigma$，其中 $D=\left\{(x,y)\,\middle|\,x^2+y^2\leqslant\frac{1}{4}\right\}$；

(2) $I=\iint\limits_D (x+y+1)\,d\sigma$，其中 $D=\{(x,y)\mid 0\leqslant x\leqslant 1,0\leqslant y\leqslant 2\}$；

(3) $I=\iint\limits_D (x^2+4y^2+9)\,d\sigma$，其中$\{(x,y)\mid x^2+y^2\leqslant 4\}$.

4. 指出下列二重积分之间的关系：

(1) $I=\iint\limits_D e^{x^2+y^3}\,d\sigma$ 和 $I_1=\iint\limits_{D_1} e^{x^2+y^3}\,d\sigma$，其中 $D=\{(x,y)\mid -1\leqslant x\leqslant 1,-2\leqslant y\leqslant 2\}$，$D_1$ 为 D 中的上半平面部分；

(2) $I=\iint\limits_D \ln(1+x^2+y^2)\,d\sigma$ 和 $I_1=\iint\limits_{D_2} \ln(1+x^2+y^2)\,d\sigma$，其中 $D=\{(x,y)\mid x^2+y^2\leqslant a^2\}$，$D_1$ 为 D 中的第一象限部分；

(3) $I=\iint\limits_D xy\,d\sigma$ 和 $I_1=\iint\limits_{D_2} xy\,d\sigma$，其中 $D=\{(x,y)\mid x^2+y^2\leqslant a^2\}$，$D_1$ 为 D 中的上半平面部分.

*5. 设 D：$-a\leqslant x\leqslant a,-a\leqslant y\leqslant a$ 是平面矩形区域，D_1 是 D 位于第一象限的区域，下列式子哪些是正确的：

(1) $\iint\limits_D (xy+\cos x)\,dx\,dy=4\iint\limits_{D_1}\cos x\,dx\,dy$；

(2) $\iint\limits_D (x^2+y^2)\,dx\,dy=2\iint\limits_{D_1}(x^2+y^2)\,dx\,dy$；

(3) $\iint\limits_D (xy+\cos x\sin y)\,dx\,dy=4\iint\limits_{D_1}(xy+\cos x\sin y)\,dx\,dy$；

(4) $\iint\limits_D (xy+\cos x\sin y)\,dx\,dy=0$；

(5) $\iint\limits_D \frac{\cos y}{1+|x|}\,dx\,dy=\iint\limits_D \frac{\cos x}{1+|y|}\,dx\,dy$；

(6) $\iint\limits_D x^2\,dx\,dy=\iint\limits_D y^2\,dx\,dy=\frac{1}{2}\iint\limits_D (x^2+y^2)\,dx\,dy$.

第二节 二重积分的计算

一、利用直角坐标计算二重积分

由二重积分的定义知，二重积分 $\iint\limits_D f(x,y)\,d\sigma$ 中的 $d\sigma$ 表示平面区域的面积元素，当用分别平行于坐标轴的两组直线分割平面区域 D(见图 10-4)时,除含有 D 的边界的小区域外,均有 $\mathrm{d}\sigma=\mathrm{d}x\mathrm{d}y$,因而二重积分通常又写为

$$\iint_D f(x,y)\mathrm{d}x\mathrm{d}y.$$

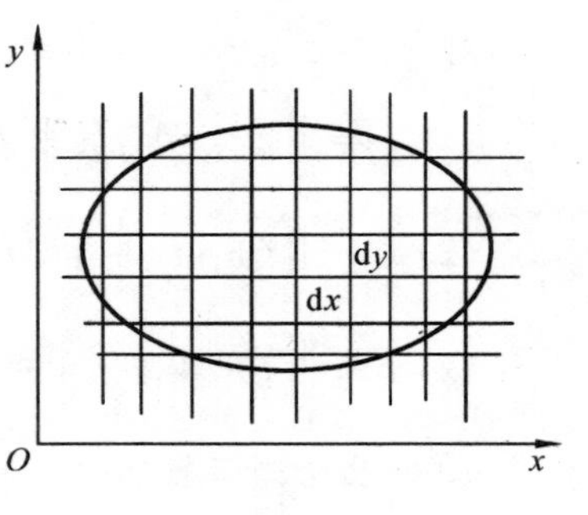

图 10-4

下面从二重积分的几何意义——曲顶柱体的体积出发,给出二重积分 $\iint_D f(x,y)\mathrm{d}x\mathrm{d}y$ 在直角坐标下的计算方法.在此过程中假定 $f(x,y)\geqslant 0$,但其结果并不受此限制.

设二重积分的积分区域 D 为

$$D=\{(x,y)\mid \varphi_1(x)\leqslant y\leqslant \varphi_2(x),a\leqslant x\leqslant b\}. \tag{1}$$

根据二重积分的几何意义,$\iint_D f(x,y)\mathrm{d}x\mathrm{d}y$ 表示以 D 为底、曲面 $z=f(x,y)$ 为顶的曲顶柱体的体积.该体积也可用计算平行截面面积为已知的几何体体积的方法计算.根据平行截面面积为已知的面积公式,曲顶柱体在 $x=x_0$ 处截面的面积为

$$A(x_0)=\int_{\varphi_1(x_0)}^{\varphi_2(x_0)} f(x_0,y)\mathrm{d}y.$$

因而其在任意点 x 处的截面面积为

$$A(x)=\int_{\varphi_1(x)}^{\varphi_2(x)} f(x,y)\mathrm{d}y.$$

所以该曲顶柱体的体积为

$$\iint_D f(x,y)\mathrm{d}x\mathrm{d}y=\int_a^b A(x)\mathrm{d}x=\int_a^b\left[\int_{\varphi_1(x)}^{\varphi_2(x)} f(x,y)\mathrm{d}y\right]\mathrm{d}x.$$

上面右边的积分式子通常写为

$$\iint_D f(x,y)\mathrm{d}x\mathrm{d}y=\int_a^b\mathrm{d}x\int_{\varphi_1(x)}^{\varphi_2(x)} f(x,y)\mathrm{d}y. \tag{2}$$

式(2)右端称为先对 y、后对 x 的二次积分.其中,在计算 $\int_{\varphi_1(x)}^{\varphi_2(x)} f(x,y)\mathrm{d}y$ 时,把 x 看作常量,求出结果,再对 x 计算从 a 到 b 的定积分.

类似地,若能将区域写为

$$D=\{(x,y)\mid \psi_1(y)\leqslant x\leqslant \psi_2(y),c\leqslant y\leqslant d\}, \tag{3}$$

则有

$$\iint_D f(x,y)\mathrm{d}x\mathrm{d}y=\int_c^d\mathrm{d}y\int_{\psi_1(y)}^{\psi_2(y)} f(x,y)\mathrm{d}x. \tag{4}$$

式(4)右端称为先对 x 后对 y 的二次积分.

用式(1)表示的区域称为 X 型区域,其特点是平行于 y 轴的直线与区域 D 的边界最多只有两个交点.若积分区域 D 是 X 型的区域,可用式(2)将其化为二次积分计算.用式

(3)表示的区域称为 Y 型区域，其特点是与平行于 x 轴的直线与区域 D 的边界最多只有两个交点，若积分区域是 Y 型的区域，可用式(4)将其化为二次积分计算.

如果一个区域既是 X 型，又是 Y 型的，则其可化为式(2)或式(4)中任意一个积分式计算. 如果一个区域既不是 X 型，也不是 Y 型的，这时可先用直线段把区域 D 分成若干个 X 型或 Y 型的区域，再根据二重积分关于积分区域的可加性，分别计算各个区域上的二重积分.

例 1　计算二重积分

$$\iint_D f(x,y)\mathrm{d}x\mathrm{d}y,$$

其中 $f(x,y)=\frac{1}{2}(2-x-y)$，$D$ 为直线 $y=x$ 与抛物线 $y=x^2$ 所围成的区域(见图 10-5).

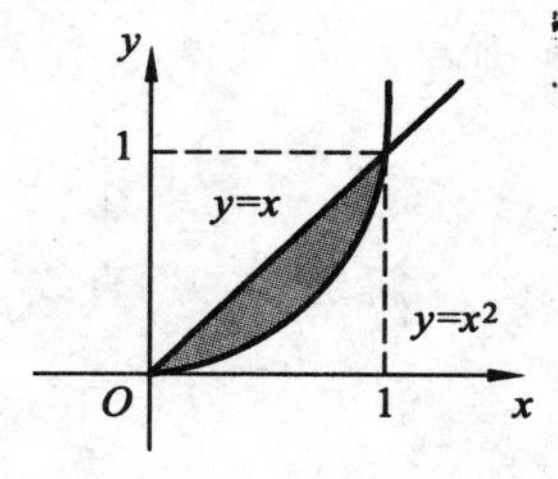

图 10-5

解　求得直线 $y=x$ 与抛物线 $y=x^2$ 的交点坐标为(0,0)和(1,1).

解法一　将区域 D 写为 X 型区域

$$D=\{(x,y)\mid x^2\leqslant y\leqslant x,\ 0\leqslant x\leqslant 1\}.$$

这时可将二重积分化为二次积分

$$\begin{aligned}\iint_D f(x,y)\mathrm{d}x\mathrm{d}y &= \int_0^1\mathrm{d}x\int_{x^2}^{x}\frac{1}{2}(2-x-y)\mathrm{d}y\\ &= \frac{1}{2}\int_0^1\left(2y-xy-\frac{1}{2}y^2\right)\Big|_{x^2}^{x}\mathrm{d}x\\ &= \frac{1}{2}\int_0^1\left(2x-\frac{7}{2}x^2+x^3+\frac{1}{2}x^4\right)\mathrm{d}x\\ &= \frac{11}{120}.\end{aligned}$$

解法二　将区域 D 写为 Y 型区域

$$D=\{(x,y)\mid y\leqslant x\leqslant\sqrt{y},\ 0\leqslant y\leqslant 1\}.$$

这时可将二重积分化为二次积分

$$\iint_D f(x,y)\mathrm{d}x\mathrm{d}y=\int_0^1\mathrm{d}y\int_y^{\sqrt{y}}\frac{1}{2}(2-x-y)\mathrm{d}x,$$

其中，

$$\int_y^{\sqrt{y}}\frac{1}{2}(2-x-y)\mathrm{d}x=\sqrt{y}-\frac{5}{4}y-\frac{1}{2}y^{\frac{3}{2}}+\frac{3}{4}y^2,$$

所以 $$\iint_D f(x,y)\mathrm{d}x\mathrm{d}y=\int_0^1\left(\sqrt{y}-\frac{5}{4}y-\frac{1}{2}y^{\frac{3}{2}}+\frac{3}{4}y^2\right)\mathrm{d}y=\frac{11}{120}.$$

例 2　计算二重积分

$$I=\iint_D xy\,\mathrm{d}x\mathrm{d}y,$$

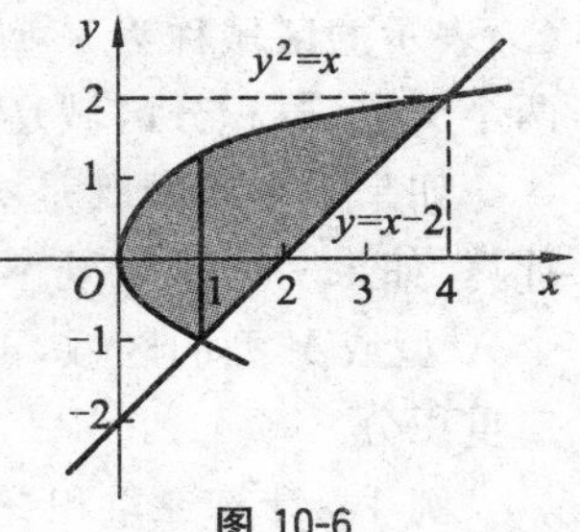

图 10-6

其中 D 是由抛物线 $y^2=x$ 及直线 $y=x-2$ 所围成的区域(见图 10-6).

解 抛物线 $y^2=x$ 与直线 $y=x-2$ 的交点为 $(1,-1)$ 和 $(4,2)$.

解法一 将区域写成

$$D=\{(x,y)\mid y^2\leqslant x\leqslant y+2,-1\leqslant y\leqslant 2\},$$

则有

$$I=\int_{-1}^{2}\mathrm{d}y\int_{y^2}^{y+2}xy\,\mathrm{d}x=\int_{-1}^{2}\left(\frac{1}{2}y^3+2y^2+2y-\frac{1}{2}y^5\right)\mathrm{d}y=\frac{45}{8}.$$

解法二 用直线 $x=1$ 将区域 D 分为两部分 D_1,D_2,则

$$I=\iint\limits_{D_1}xy\,\mathrm{d}x\mathrm{d}y+\iint\limits_{D_2}xy\,\mathrm{d}x\mathrm{d}y=\int_0^1\mathrm{d}x\int_{-\sqrt{x}}^{\sqrt{x}}xy\,\mathrm{d}y+\int_1^4\mathrm{d}x\int_{x-2}^{\sqrt{x}}xy\,\mathrm{d}y$$

$$=0+\int_1^4\left(-\frac{1}{2}x^3+\frac{5}{2}x^2-2x\right)\mathrm{d}x=\frac{45}{8}.$$

例 3 计算二重积分

$$I=\iint\limits_{D}\sin y^2\,\mathrm{d}x\mathrm{d}y,$$

其中,D 是由直线 $x=0,y=1,y=x$ 所围成的区域.

解 积分区域如图 10-7 所示.如果将原积分化为二次积分

$$I=\int_0^1\mathrm{d}x\int_x^1\sin y^2\,\mathrm{d}y,$$

则由于函数 $\sin y^2$ 的原函数不是初等函数,所以无法计算该二次积分.但如果将积分改为先对 x 后对 y 的积分,则可以容易地计算

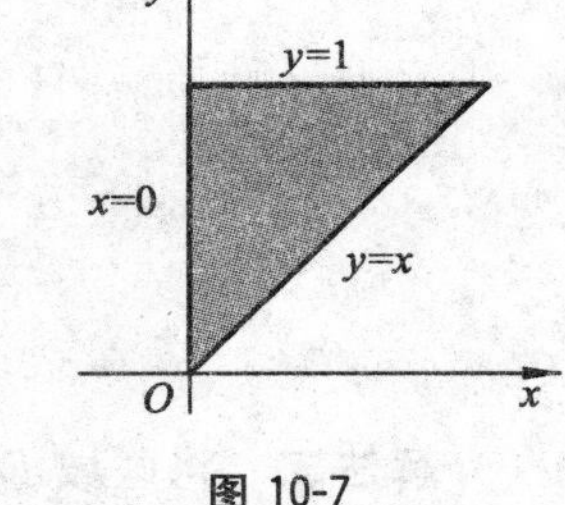

图 10-7

$$I=\int_0^1\mathrm{d}y\int_0^y\sin y^2\,\mathrm{d}x=\int_0^1 y\sin y^2\,\mathrm{d}y=\frac{1}{2}(1-\cos 1).$$

例 4 交换下列二次积分的顺序:

(1) $\displaystyle\int_{-6}^{2}\mathrm{d}x\int_{\frac{1}{4}x^2-1}^{2-x}f(x,y)\mathrm{d}y$;

(2) $\displaystyle\int_0^1\mathrm{d}x\int_0^{x^2}f(x,y)\mathrm{d}y+\int_1^3\mathrm{d}x\int_0^{\frac{1}{2}(3-x)}f(x,y)\mathrm{d}y$.

解 (1) 该二次积分所确定的积分区域(见图 10-8a)为

$$\left\{(x,y)\,\middle|\,\frac{1}{4}x^2-1\leqslant y\leqslant 2-x,-6\leqslant x\leqslant 2\right\}.$$

该区域可以分为 x 轴下方的一个区域和 x 轴上方的一个区域,分别将这两个区域化为先关于 x 再关于 y 的二次积分得

$$\int_{-6}^{2}\mathrm{d}x\int_{\frac{1}{4}x^2-1}^{2-x}f(x,y)\mathrm{d}y=\int_{-1}^{0}\mathrm{d}y\int_{-2\sqrt{y+1}}^{2\sqrt{y+1}}f(x,y)\mathrm{d}x+\int_0^8\mathrm{d}y\int_{-2\sqrt{y+1}}^{2-y}f(x,y)\mathrm{d}x.$$

(2) 第一个二次积分所对应的积分区域(见图 10-8b)为

$$\{(x,y)\mid 0\leqslant y\leqslant x^2,0\leqslant x\leqslant 1\};$$

第二个二次积分所对应的积分区域(见图 10-8b)为

$$\left\{(x,y)\,\middle|\,0\leqslant y\leqslant \frac{1}{2}(3-x),1\leqslant x\leqslant 3\right\},$$

这是一个三角形区域. 将这两个区域合并,再化为先关于 x 再关于 y 的二次积分得

$$\int_0^1 \mathrm{d}x\int_0^{x^2} f(x,y)\mathrm{d}y+\int_1^3 \mathrm{d}x\int_0^{\frac{1}{2}(3-x)} f(x,y)\mathrm{d}y=\int_0^1 \mathrm{d}y\int_{\sqrt{y}}^{3-2y} f(x,y)\mathrm{d}x\,.$$

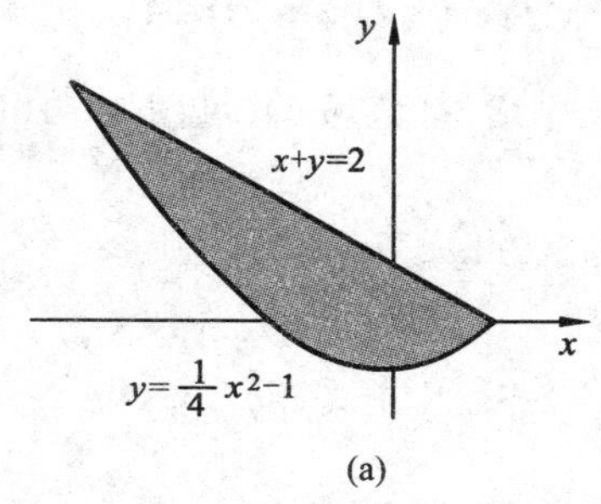

(a)

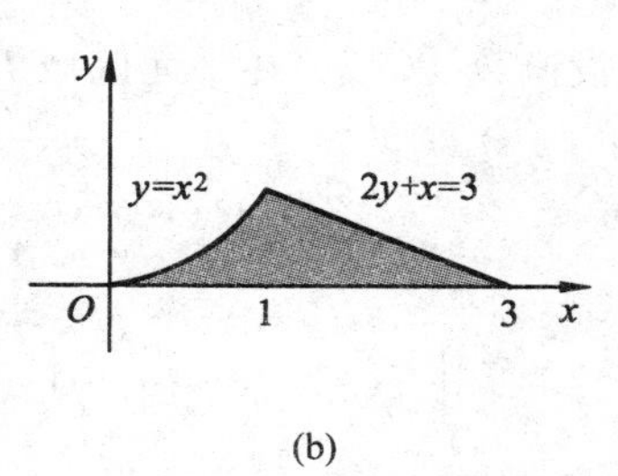

(b)

图 10-8

二、利用极坐标计算二重积分

当积分区域是圆域或是圆域的一部分,且被积函数用极坐标变量表达比较简单时,用极坐标计算往往较为方便. 下面介绍二重积分在极坐标下化为二次积分的方法.

首先,推导在极坐标下面积元素 $\mathrm{d}\sigma$ 的表达式.

在直角坐标下,用分别平行于 x 轴、y 轴的两族直线对区域进行分割,并得知面积元素在直角坐标下可表示为 $\mathrm{d}\sigma=\mathrm{d}x\mathrm{d}y$. 现用两族曲线划分区域,一组是以极点为圆心的一族同心圆,另一组是以极点为起点的射线. 这时划分出的小区域(见图 10-9)面积,即面积元素为

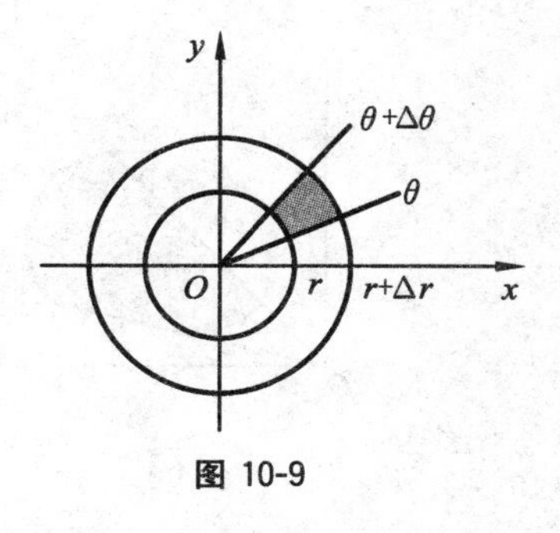

图 10-9

$$\mathrm{d}\sigma=\frac{1}{2}[(r+\Delta r)^2-r^2]\Delta\theta=r\Delta r\Delta\theta+\frac{1}{2}(\Delta r)^2\Delta\theta.$$

当 $\Delta r,\Delta\theta$ 为无穷小时,$\frac{1}{2}(\Delta r)^2\Delta\theta$ 是关于 $\Delta r\cdot\Delta\theta$ 的高阶无穷小,可得在极坐标下面积元素的表达式

$$\mathrm{d}\sigma=r\mathrm{d}\theta\mathrm{d}r.$$

又因为由直角坐标与极坐标的关系是

$$x=r\cos\theta,\ y=r\sin\theta,$$

所以得二重积分在极坐标下的表达式

$$\iint_D f(x,y)\mathrm{d}x\mathrm{d}y=\iint_D f(r\cos\theta,r\sin\theta)r\mathrm{d}\theta\mathrm{d}r.$$

下面讨论二重积分在极坐标下化为二次积分的几种形式.

情形 1 设函数 $f(x,y)$ 在平面区域 D 上连续，且区域 D（见图 10-10a）在极坐标下可表示为

$$D=\{(r,\theta)\mid r_1(\theta)\leqslant r\leqslant r_2(\theta),\alpha\leqslant\theta\leqslant\beta\},$$

则有

$$\iint_D f(x,y)\mathrm{d}x\mathrm{d}y=\int_\alpha^\beta\mathrm{d}\theta\int_{r_1(\theta)}^{r_2(\theta)}f(r\cos\theta,r\sin\theta)r\mathrm{d}r.$$

情形 2 设函数 $f(x,y)$ 在平面区域 D 上连续，且区域 D（见图 10-10b）在极坐标下可表示为

$$D=\{(r,\theta)\mid 0\leqslant r\leqslant r(\theta),\alpha\leqslant\theta\leqslant\beta\},$$

则有

$$\iint_D f(x,y)\mathrm{d}x\mathrm{d}y=\int_\alpha^\beta\mathrm{d}\theta\int_0^{r(\theta)}f(r\cos\theta,r\sin\theta)r\mathrm{d}r.$$

情形 3 设函数 $f(x,y)$ 在平面区域 D 上连续，且区域 D（见图 10-10c）在极坐标下可表示为

$$D=\{(r,\theta)\mid 0\leqslant r\leqslant r(\theta),0\leqslant\theta\leqslant 2\pi\},$$

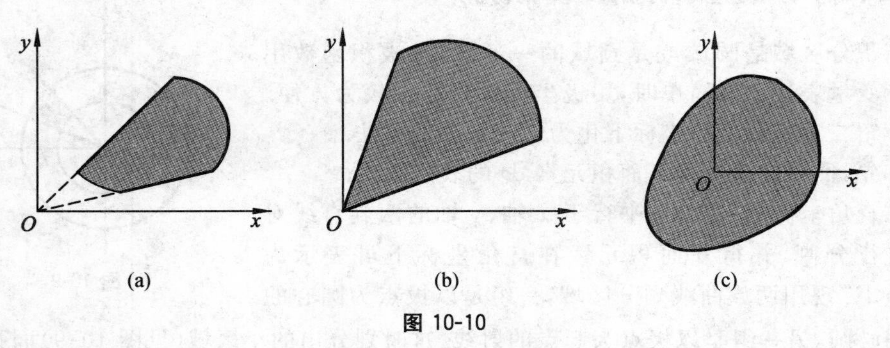

图 10-10

则有

$$\iint_D f(x,y)\mathrm{d}x\mathrm{d}y=\int_0^{2\pi}\mathrm{d}\theta\int_0^{r(\theta)}f(r\cos\theta,r\sin\theta)r\mathrm{d}r.$$

例 5 计算二重积分 $I=\iint_D\ln(1+x^2+y^2)\mathrm{d}x\mathrm{d}y$，其中 D 为圆 $x^2+y^2=1$ 所围成的区域在第一象限的部分.

解 在直角坐标下化为二次积分

$$I=\int_0^1\mathrm{d}x\int_0^{\sqrt{1-x^2}}\ln(1+x^2+y^2)\mathrm{d}y,$$

用分部积分法可计算其值. 在极坐标下，原积分化为二次积分

$$I=\int_0^{\frac{\pi}{2}}\mathrm{d}\theta\int_0^1\ln(1+r^2)r\mathrm{d}r=\frac{\pi}{4}\int_0^1\ln(1+r^2)\mathrm{d}(r^2)=\frac{\pi}{4}(2\ln 2-1)=\frac{\pi}{2}(\ln 2-1).$$

例 6 计算二重积分

$$\iint\limits_D \frac{1}{\sqrt{R^2-x^2-y^2}}\,\mathrm{d}x\mathrm{d}y,$$

其中 D 是圆心在点 $\left(\frac{R}{2},0\right)$,半径为 $\frac{R}{2}$ 的圆域:$x^2+y^2\leqslant Rx(R>0)$.

解 该圆在极坐标下的方程为

$$r=R\cos\theta\left(-\frac{\pi}{2}\leqslant\theta\leqslant\frac{\pi}{2}\right),$$

积分区域为情形 2(一条边为 y 轴的正方向,另一条边为 y 轴的负方向),所以

$$\iint\limits_D \frac{1}{\sqrt{R^2-x^2-y^2}}\,\mathrm{d}x\mathrm{d}y=\int_{-\frac{\pi}{2}}^{\frac{\pi}{2}}\mathrm{d}\theta\int_0^{R\cos\theta}\frac{1}{\sqrt{R^2-r^2}}\,r\mathrm{d}r=2R\left(\frac{\pi}{2}-1\right).$$

例 7 计算二重积分

$$I=\iint\limits_D \mathrm{e}^{-(x^2+y^2)}\,\mathrm{d}x\mathrm{d}y,$$

其中 D 是以原点为圆心,a 为半径的圆($a>0$).

解 在极坐标下化为二次积分为

$$I=\int_0^{2\pi}\mathrm{d}\theta\int_0^a\mathrm{e}^{-r^2}r\mathrm{d}r=\pi(1-\mathrm{e}^{-a^2}).$$

上式中,若令 $a\to+\infty$,则 $I\to\pi$. 利用这个结果,可得一非常有用的概率积分

$$\int_0^{+\infty}\mathrm{e}^{-x^2}\mathrm{d}x=\frac{\sqrt{\pi}}{2}.$$

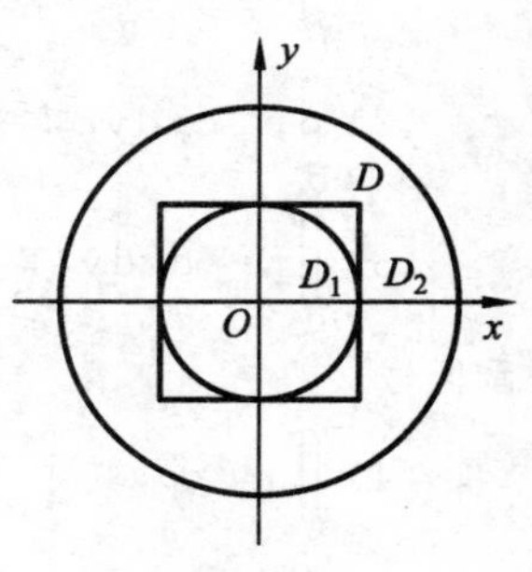

图 10-11

事实上,如图 10-11 所示,记

$$D_1=\{(x,y)\mid 0\leqslant x^2+y^2\leqslant R^2\},$$
$$D_2=\{(x,y)\mid 0\leqslant x^2+y^2\leqslant 2R^2\},$$
$$D=\{(x,y)\mid |x|\leqslant R,|y|\leqslant R\},$$

则有

$$\iint\limits_{D_1}\mathrm{e}^{-(x^2+y^2)}\mathrm{d}x\mathrm{d}y\leqslant\iint\limits_D\mathrm{e}^{-(x^2+y^2)}\mathrm{d}x\mathrm{d}y\leqslant\iint\limits_{D_2}\mathrm{e}^{-(x^2+y^2)}\mathrm{d}x\mathrm{d}y.$$

易知,

$$\iint\limits_{D_1}\mathrm{e}^{-(x^2+y^2)}\mathrm{d}x\mathrm{d}y=\pi(1-\mathrm{e}^{-R^2}),$$
$$\iint\limits_{D_2}\mathrm{e}^{-(x^2+y^2)}\mathrm{d}x\mathrm{d}y=\pi(1-\mathrm{e}^{-2R^2}).$$

又因为

$$\iint_D e^{-(x^2+y^2)}dxdy = \int_{-R}^{R}dx\int_{-R}^{R}e^{-(x^2+y^2)}dy$$

$$= \int_{-R}^{R}e^{-x^2}dx\int_{-R}^{R}e^{-y^2}dy = \left(\int_{-R}^{R}e^{-x^2}dx\right)^2 = 4\left(\int_0^R e^{-x^2}dx\right)^2,$$

所以

$$\pi(1-e^{-R^2}) \leqslant 4\left(\int_0^R e^{-x^2}dx\right)^2 \leqslant \pi(1-e^{-2R^2}).$$

在上式中，令 $R \to +\infty$，可得

$$4\left(\int_0^{+\infty} e^{-x^2}dx\right)^2 = \pi,$$

即

$$\int_0^{+\infty} e^{-x^2}dx = \frac{\sqrt{\pi}}{2}.$$

习题 10-2

1. 在直角坐标系下计算下列积分：

(1) $\iint\limits_D xe^{-x^2}dxdy$，其中 D 是由 $x=1, x=0, y=1, y=0$ 所围成的闭区域；

(2) $\iint\limits_D e^{-y}dxdy$，其中 D 是由 $y=x, x=-1, y=1$ 所围成的闭区域；

(3) $\iint\limits_D ye^{xy}dxdy$，其中 D 是由曲线 $xy=1$ 与直线 $x=1, x=2$ 及 $y=2$ 所围成的平面区域；

(4) $\iint\limits_D xy^2 d\sigma$，其中 D 是 $x^2+y^2 \leqslant 1$ 的位于第一象限内的部分；

(5) $\iint\limits_D xydxdy$，其中 D 由 $y^2=x$ 及 $y=x-2$ 所围成；

(6) $\iint\limits_D x^2ydxdy$，其中 D 是由双曲线 $x^2-y^2=1$ 及直线 $y=0, y=1$ 所围成的平面区域；

(7) $\iint\limits_D \sin(x+y)dxdy$，其中 D 是由 $x+y=\pi, y=x$ 及 $y=0$ 围成的平面区域.

2. 在极坐标系下计算下列积分：

(1) $\iint\limits_D e^{x^2+y^2}d\sigma$，其中 $D: a^2 \leqslant x^2+y^2 \leqslant b^2 (0<a<b)$；

(2) $\iint\limits_D \sqrt{x^2+y^2}dxdy$，其中 D 是平面曲线 $x^2+y^2 \leqslant 2Rx$ 围成的平面区域；

(3) $\iint\limits_D \ln(1+x^2+y^2)dxdy$，其中 D 是圆心在原点的上半单位圆盘；

(4) $\iint\limits_D (x+y)\mathrm{d}x\mathrm{d}y$,其中 D 是由曲线 $x^2+y^2=y$ 围成的位于第一象限的区域;

(5) $\int_0^a \mathrm{d}x\int_0^{\sqrt{a^2-x^2}} \sqrt{x^2+y^2}\mathrm{d}y$;

(6) $\iint\limits_D \sqrt{x^2+y^2}\mathrm{d}x\mathrm{d}y$,其中 $D=\{(x,\ y)\mid 0\leqslant y\leqslant x,\ x^2+y^2\leqslant 2x\}$.

3. 交换下列二次积分的积分顺序:

(1) $\int_0^2 \mathrm{d}x\int_x^2 f(x,y)\mathrm{d}y$;

(2) $\int_0^1 \mathrm{d}y\int_{\sqrt{y}}^{\sqrt{2-y^2}} f(x,y)\mathrm{d}x$;

(3) $\int_1^{\mathrm{e}} \mathrm{d}x\int_0^{\ln x} f(x,y)\mathrm{d}y$;

(4) $\int_0^1 \mathrm{d}x\int_0^x f(x,\ y)\mathrm{d}y+\int_1^2 \mathrm{d}x\int_0^{2-x} f(x,\ y)\mathrm{d}y$;

(5) $\int_0^1 \mathrm{d}y\int_0^{\sqrt{1-y}} 3x^2y^2\mathrm{d}x$.

4. 选择适当的坐标系,计算下列积分:

(1) $\iint\limits_D (x+6y)\mathrm{d}x\mathrm{d}y$,其中 D 是由 $y=x,y=5x,x=1$ 所围成的闭区域;

(2) $\iint\limits_D \dfrac{y+1}{x^2+y^2}\mathrm{d}x\mathrm{d}y$,其中 D 是由 $x^2+y^2\geqslant 1,x^2+y^2\leqslant 4,\ y\geqslant 0$ 所确定的闭区域;

(3) $\iint\limits_D \arctan\dfrac{y}{x}\mathrm{d}x\mathrm{d}y$,其中 D 是由 $y=x,x=\sqrt{a^2-y^2}$ 与 $y=0$ 围成的区域;

(4) $\iint\limits_D \sqrt{x^2+y^2}\mathrm{d}x\mathrm{d}y$,其中 D 是由 $y=x,y=-x$ 与 $x^2+y^2=2x$ 围成的、含有 x 轴的部分.

5. 选择适当的积分顺序计算下列积分:

(1) $\iint\limits_D x^2\mathrm{e}^{-y^2}\mathrm{d}x\mathrm{d}y$,其中 D 是由直线 $y=x,y=1$ 及 y 轴所围成的平面闭区域;

(2) $\iint\limits_D \sin x^2\mathrm{d}x\mathrm{d}y$,其中 D 是由 $y=x,x=\dfrac{1}{2}\sqrt{\pi}$ 及 x 围成的区域;

(3) $\int_0^{\frac{1}{2}} \mathrm{d}x\int_x^{2x} \mathrm{e}^{y^2}\mathrm{d}y+\int_{\frac{1}{2}}^1 \mathrm{d}x\int_x^1 \mathrm{e}^{y^2}\mathrm{d}y$.

第三节 二重积分的应用

一、曲顶柱体的体积

由二重积分的几何意义可知，当 $f(x,y)\geqslant 0\ ((x,y)\in D)$ 时，二重积分 $\iint\limits_D f(x,y)\mathrm{d}x\mathrm{d}y$ 表示以平面区域 D 为底、以 $f(x,y)$ 为曲顶的曲顶柱体的体积.

例 1 求曲面 $x=0,y=0,z=0,x+y+z=1$ 所围的几何体的体积.

解 曲面 $x=0,y=0,z=0,x+y+z=1$ 所围的几何体如图 10-12 所示. 它可看作是以 Oxy 平面上的三角形区域 $\triangle OAB$ 为底、平面 $z=1-x-y$ 为曲顶的曲顶柱体，因而所求的几何体的体积为

$$V=\iint\limits_D(1-x-y)\mathrm{d}x\mathrm{d}y=\int_0^1\mathrm{d}x\int_0^{1-x}(1-x-y)\mathrm{d}y$$

$$=\frac{1}{2}\int_0^1(1-2x+x^2)\mathrm{d}x=\frac{1}{6}.$$

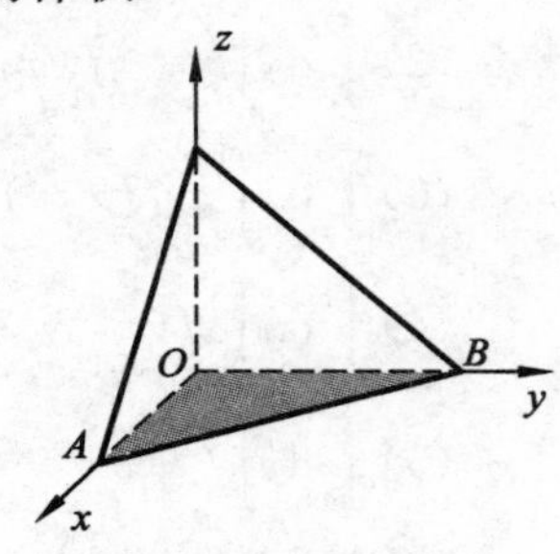

图 10-12

当然，由棱锥体积公式，很容易得出结果.

例 2 求由两个底圆半径相等的直交圆柱面 $x^2+y^2=R^2$ 与 $x^2+z^2=R^2$ 所围立体的体积.

解 由几何图形的对称性，所求的立体体积 V 是该立体位于第一卦限部分的体积的 8 倍. 而该立体位于第一卦限部分(见图 10-13)是以

$$D=\{(x,y)\mid 0\leqslant y\leqslant\sqrt{R^2-x^2},\ 0\leqslant x\leqslant R\}$$

为底、$z=\sqrt{R^2-x^2}$ 为顶的曲顶柱体，所以

$$V=8\iint\limits_D\sqrt{R^2-x^2}\ \mathrm{d}x\mathrm{d}y$$

$$=8\int_0^R\mathrm{d}x\int_0^{\sqrt{R^2-x^2}}\sqrt{R^2-x^2}\mathrm{d}y$$

$$=8\int_0^R(R^2-x^2)\mathrm{d}x=\frac{16}{3}R^3.$$

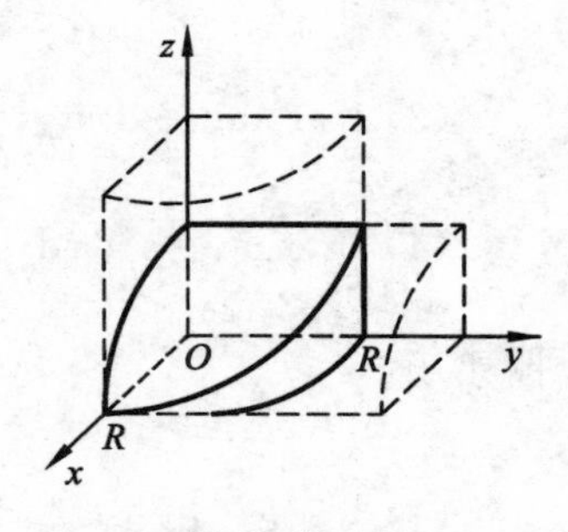

图 10-13

例 3 求由曲面 $z=x^2+2y^2$ 与 $z=3-2x^2-y^2$ 所围成的几何体的体积.

解 曲面 $z=x^2+2y^2$ 与 $z=3-2x^2-y^2$ 所围成的几何体 Ω 在 Oxy 平面上的投影区域 D_{xy} 由曲面 $z=x^2+2y^2$ 与 $z=3-2x^2-y^2$ 的交线在 Oxy 平面上的投影 $x^2+y^2=1$ 围成，即

$$D_{xy}=\{(x,y)\mid x^2+y^2\leqslant 1\}.$$

该几何体在区域 D_{xy} 由位于上方的曲面 $z=3-2x^2-y^2$ 和位于下方的曲面 $z=x^2+2y^2$

围成,因而所求的体积为

$$V=\iint\limits_{D_{xy}}[(3-2x^2-y^2)-(x^2+2y^2)]\mathrm{d}x\mathrm{d}y$$

$$=3\int_0^{2\pi}\mathrm{d}\theta\int_0^1(1-r^2)r\mathrm{d}r=\frac{3}{2}\pi.$$

二、曲面的面积

设空间曲面 S 的方程为 $z=f(x,y)$,它在 Oxy 平面上的投影区域为 D,函数 $f(x,y)$ 在 D 上有连续的一阶偏导数 $f_x(x,y)$,$f_y(x,y)$,这样的曲面称为光滑曲面. 光滑曲面上每一点处都有切平面.

将区域 D 任意分成 n 个小区域 $\Delta\sigma_1,\Delta\sigma_2,\cdots,\Delta\sigma_n$,如图 10-14 所示. 以每个小区域 $\Delta\sigma_i$ 的边界为准线的柱面将曲面 S 分成 n 个小块 $\Delta S_i(i=1,2,\cdots,n)$,在 $\Delta\sigma_i$ 中任取一点 $P_i(\xi_i,\eta_i)$,即得 ΔS_i 上一点 $M_i(\xi_i,\eta_i,f(\xi_i,\eta_i))$. 过 M_i 作曲面 S 的切平面,这个切平面被相应柱面截得小块平面为 $\Delta S_i{}^*$(仍用 $\Delta\sigma_i,\Delta S_i,\Delta S_i{}^*$ 记相应小块的面积),则 $\Delta S_i\approx\Delta S_i{}^*$. 整个曲面面积 $S\approx\sum\limits_{i=1}^{n}\Delta S_i{}^*$. 令 $\lambda=\max\limits_{1\leqslant i\leqslant n}d(\Delta\sigma_i)$,若当 $\lambda\to0$ 时,

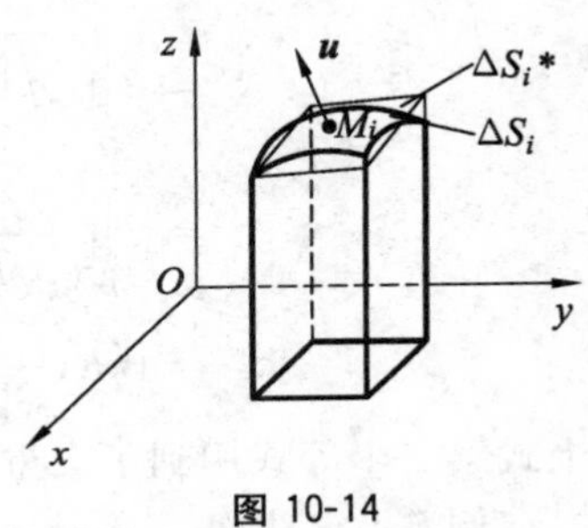

图 10-14

$\sum\limits_{i=1}^{n}\Delta S_i^*$ 的极限存在,且它与 D 的分法,以及点 $P_i(\xi_i,\eta_i)$ 的取法无关,则称此极限为曲面的面积,即

$$S=\lim_{\lambda\to0}\sum_{i=1}^{n}\Delta S_i{}^*.$$

由偏导数的几何意义,曲面 S 在 M_i 处的法向量为

$$\boldsymbol{n}_i=(-f_x(\xi_i,\eta_i),-f_y(\xi_i,\eta_i),1).$$

于是,M_i 处的切平面与 Oxy 平面夹角的余弦为

$$\cos\gamma_i=\frac{1}{\pm\sqrt{1+f_x^2(\xi_i,\eta_i)+f_y^2(\xi_i,\eta_i)}},$$

其中 γ_i 是曲面在 M_i 点处切平面的法向量 $\boldsymbol{n}_i$ 与 z 轴的夹角. 考虑到 $\Delta S_i{}^*$ 在 Oxy 平面上投影区域恰好为 $\Delta\sigma_i$,因此

$$\Delta\sigma_i=|\cos\gamma_i|\Delta S_i{}^*,$$

即

$$\Delta S_i{}^*=\frac{\Delta\sigma_i}{|\cos\gamma_i|}=\sqrt{1+f_x^2(\xi_i,\eta_i)+f_y^2(\xi_i,\eta_i)}\Delta\sigma_i.$$

因而曲面 S 的面积

$$S=\lim_{\lambda\to0}\sum_{i=1}^{n}\Delta S_i{}^*=\lim_{\lambda\to0}\sum_{i=1}^{n}\sqrt{1+f_x^2(\xi_i,\eta_i)+f_y^2(\xi_i,\eta_i)}\cdot\Delta\sigma_i.$$

由二重积分的定义，得

$$S=\iint\limits_{D}\sqrt{1+f_x^2(x,y)+f_y^2(x,y)}\,\mathrm{d}\sigma. \tag{1}$$

例 4 求球面 $x^2+y^2+z^2=R^2$ 的面积.

解 只需求出上半球面的面积，再乘以 2，即得整个球面的面积. 上半球面的方程为

$$z=\sqrt{R^2-x^2-y^2},$$

它在 Oxy 平面上投影区域 D：$x^2+y^2\leqslant R^2$，则

$$\frac{\partial z}{\partial x}=\frac{-x}{\sqrt{R^2-x^2-y^2}},\ \frac{\partial z}{\partial y}=\frac{-y}{\sqrt{R^2-x^2-y^2}}.$$

利用公式(1)，得到球面面积

$$\begin{aligned}S&=2\iint\limits_{D}\sqrt{1+\left(\frac{\partial z}{\partial x}\right)^2+\left(\frac{\partial z}{\partial y}\right)^2}\,\mathrm{d}\sigma\\&=2\iint\limits_{D}\frac{R}{\sqrt{R^2-x^2-y^2}}\mathrm{d}\sigma=8\int_0^{\frac{\pi}{2}}\mathrm{d}\theta\int_0^R\frac{R}{\sqrt{R^2-r^2}}r\mathrm{d}r\\&=4\pi R(-\sqrt{R^2-r^2})\Big|_0^R=4\pi R^2.\end{aligned}$$

上式第二个等式用到了二重积分的对称性.

例 5 求球面 $x^2+y^2+z^2=a^2$ 被圆柱面 $x^2+y^2=ax$ 所截部分的曲面面积.

解 设所求面积为 S，利用对称性，只需求出上半球面被圆柱面所截部分的曲面面积 S_1，再乘以 2 即可. 在极坐标下平面区域 D 可表示为 $0\leqslant r\leqslant a\cos\theta,-\frac{\pi}{2}\leqslant\theta\leqslant\frac{\pi}{2}$. 利用公式(1)，得到

$$\begin{aligned}S&=2\iint\limits_{D}\sqrt{1+z_x^2+z_y^2}\,\mathrm{d}\sigma=2\iint\limits_{D}\frac{a}{\sqrt{a^2-x^2-y^2}}\mathrm{d}\sigma\\&=2\int_{-\frac{\pi}{2}}^{\frac{\pi}{2}}\mathrm{d}\theta\int_0^{a\cos\theta}\frac{a}{\sqrt{a^2-r^2}}r\mathrm{d}r\\&=a\int_{-\frac{\pi}{2}}^{\frac{\pi}{2}}(-\sqrt{a^2-r^2})\Big|_0^{a\cos\theta}\mathrm{d}\theta\\&=2a^2\int_{-\frac{\pi}{2}}^{\frac{\pi}{2}}(1-\sin\theta)\mathrm{d}\theta=4a^2\left(\frac{\pi}{2}-1\right).\end{aligned}$$

△三、平面薄片的重心

设有一非均匀平面薄片，它占有 Oxy 平面上有界区域 D（见图 10-15），其面密度 $\rho=\rho(x,y)$ 是 D 上的连续函数.

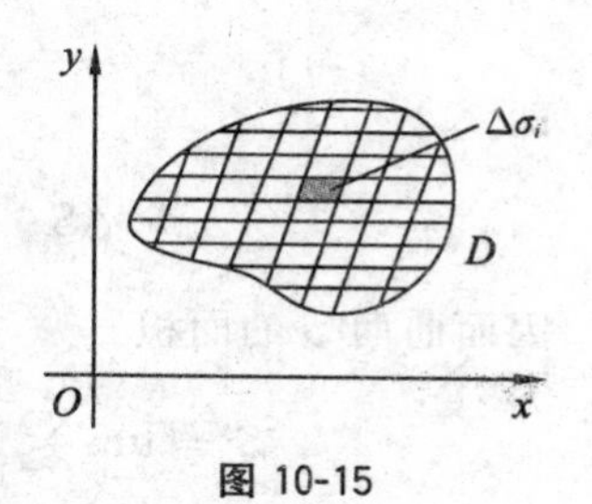

图 10-15

将区域 D 任意分成 n 个小区域 $\Delta\sigma_1,\Delta\sigma_2,\cdots,\Delta\sigma_n$，这样就将平面薄片分成了 n 个质量为 $\Delta m_i(i=1,2,\cdots,n)$ 的小块. 在每个小区域 $\Delta\sigma_i$ 上任取一点 (ξ_i,η_i)，将小块 $\Delta\sigma_i$ 的面密度近似

看成常数$\rho(\xi_i,\eta_i)$，则这一个小块的质量

$$\Delta m_i \approx \rho(\xi_i,\eta_i)\Delta\sigma_i .$$

由物理学知识可知，质点$\Delta m_1,\Delta m_2,\cdots,\Delta m_n$的重心坐标

$$\bar{x}=\frac{\sum_{i=1}^{n}\Delta m_i\xi_i}{\sum_{i=1}^{n}\Delta m_i},\ \bar{y}=\frac{\sum_{i=1}^{n}\Delta m_i\eta_i}{\sum_{i=1}^{n}\Delta m_i}.$$

记$\lambda=\max\limits_{1\leqslant i\leqslant n}d(\Delta\sigma_i)$，令$\lambda\to 0$，即得平面薄片重心坐标$(x_c,y_c)$的计算公式

$$x_c=\frac{\iint\limits_D\rho(x,y)x\mathrm{d}\sigma}{\iint\limits_D\rho(x,y)\mathrm{d}\sigma},\ y_c=\frac{\iint\limits_D\rho(x,y)y\mathrm{d}\sigma}{\iint\limits_D\rho(x,y)\mathrm{d}\sigma}. \tag{2}$$

例 6　求平面上由区域$D=\{(x,y)\mid x^2+y^2\leqslant a^2,y\geqslant 0\}$（见图 10-16）所围成的平面薄片的重心，其面密度$\rho(x,y)=k\sqrt{x^2+y^2}$.

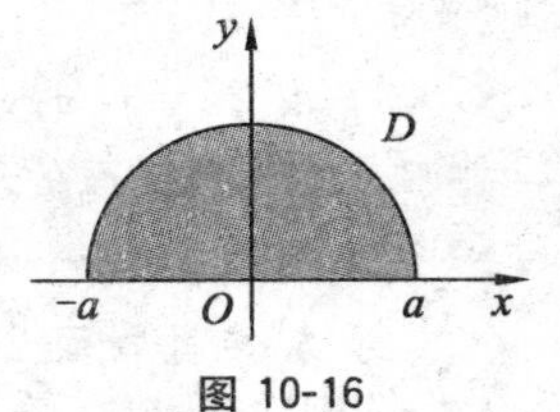

图 10-16

解　将D用极坐标表示为：$0\leqslant\theta\leqslant\pi,0\leqslant r\leqslant a$. 在极坐标系下，$\rho=k\,r$. 于是

$$\iint\limits_D\rho(x,y)x\mathrm{d}\sigma=\int_0^{\pi}\mathrm{d}\theta\int_0^a k\,r\cdot r\cos\theta\cdot r\mathrm{d}r=\sin\theta\Big|_0^{\pi}\cdot\frac{k}{4}r^4\Big|_0^a=0,$$

$$\iint\limits_D\rho(x,y)y\mathrm{d}\sigma=\int_0^{\pi}\mathrm{d}\theta\int_0^a k\,r\cdot r\sin\theta\cdot r\mathrm{d}r=-\cos\theta\Big|_0^{\pi}\cdot\frac{k}{4}r^4\Big|_0^a=0=2\cdot\frac{k}{4}a^4=\frac{1}{2}ka^4.$$

利用公式(2)，可得重心(x_c,y_c)的坐标

$$x_c=0,\ y_c=\frac{\frac{1}{2}ka^4}{\frac{\pi}{3}ka^3}=\frac{3a}{2\pi}.$$

△四、平面薄片的转动惯量

与平面薄片的重心计算类似，质点$\Delta m_1,\Delta m_2,\cdots,\Delta m_n$关于$x$轴、$y$轴的转动惯量分别是

$$I_x=\sum_{i=1}^{n}\Delta m_i\cdot\eta_i^2,\ I_y=\sum_{i=1}^{n}\Delta m_i\cdot\xi_i^2.$$

当对区域D无限细分时，就有

$$I_x=\iint\limits_D y^2\rho(x,y)\mathrm{d}\sigma,\ I_y=\iint\limits_D x^2\rho(x,y)\mathrm{d}\sigma. \tag{3}$$

例 7　设面密度$\rho(x,y)=1$，D为圆域$x^2+y^2\leqslant 1$，求D关于x轴的转动惯量.

解　利用公式(3)，可得转动惯量

$$I_x = \iint_D y^2 \mathrm{d}\sigma.$$

注意到 D 关于 x 轴的转动惯量和 D 关于 y 轴的转动惯量是相等的，因此有

$$I_x = I_y = \frac{1}{2}(I_x + I_y) = \frac{1}{2}\iint_D (x^2 + y^2)\mathrm{d}\sigma = \frac{1}{2}\int_0^{2\pi}\mathrm{d}\theta\int_0^a r^3 \mathrm{d}r = \frac{\pi}{4}a^4.$$

注 例 4 中 $I_x = I_y$ 实际上用到了二重积分的轮换对称性.

习题 10-3

1. 求由下列曲面所围成的几何体的体积：

(1) 由 $z=0, x+y+z=2$ 及 $x^2+y^2=1$ 围成的几何体；

(2) 由 $z=0, z=\sqrt{a^2-x^2-y^2}$ 围成、被柱面 $x^2+y^2=ax$ 切下的，且含在该柱面内的几何体；

(3) 由 $2z=x^2+y^2$ 与 $z=2$ 围成的几何体.

2. 求下列曲面的面积：

(1) 平面 $x+y+z=0$ 被圆柱面 $x^2+y^2=1$ 切下的有限部分的面积；

(2) 旋转抛物面 $2z=x^2+y^2$ 被平面 $z=2$ 切下的有限部分的面积.

△3. 求由曲线 $y=\mathrm{e}^x, y=\mathrm{e}^{-x}$，及 $y=2$ 所围成的平面均匀薄片的重心坐标.

△4. 求两圆 $r=2\cos\theta$ 和 $r=4\cos\theta$ 所围均匀平面薄片的重心坐标.

△5. 求平面上均匀闭矩形 $0\leqslant x\leqslant a, 0\leqslant y\leqslant b$ 薄片关于 x 轴和 y 轴的转动惯量（设面密度为 1）.

第四节 三重积分

一、三重积分的概念

与求平面薄板的质量类似，求密度为连续函数 $f(x,y,z)$ 的空间立体 Ω 的质量 M 可表示为

$$M = \lim_{\lambda\to 0}\sum_{i=1}^{n} f(\xi_i, \eta_i, \zeta_i)\Delta v_i,$$

其中 $\Delta v_i (i=1,2,\cdots,n)$ 是将立体 Ω 分割成若干个小的立体的体积. 这种和式的极限在几何、物理、力学中同样具有重要的应用. 由此我们引入三重积分的定义.

定义 设函数 $f(x,y,z)$ 是空间有界闭区域 Ω 上的有界函数，将区域 Ω 任意划分成 n 个小区域 $\Delta v_1, \Delta v_2, \cdots, \Delta v_n$（$\Delta v_i$ 的体积仍记为 Δv_i），记 $\lambda = \max\limits_{1\leqslant i\leqslant n} d(\Delta v_i)$ 为各个小区域直径的最大值. 在每个小区域 Δv_i 上任取一点 (ξ_i, η_i, ζ_i)，作和式 $\sum\limits_{i=1}^{n} f(\xi_i, \eta_i, \zeta_i)\Delta v_i$. 如果当 $\lambda\to 0$ 时，不论区域 Ω 的分法如何，也不论点 (ξ_i, η_i, ζ_i) 在 Δv_i 上的取法如何，这个和式的

极限总存在，则称此极限为函数 $f(x,y,z)$ 在空间闭区域 V 上的三重积分，记作

$$\iiint_{\Omega} f(x,y,z)\mathrm{d}v,$$

即

$$\iiint_{\Omega} f(x,y,z)\mathrm{d}v = \lim_{\lambda\to 0}\sum_{i=1}^{n} f(\xi_i,\eta_i,\zeta_i)\Delta v_i,$$

其中 $f(x,y,z)$ 称为被积函数，Ω 称为积分区域，$\mathrm{d}v$ 称为体积元素.

有了三重积分的定义，物体的质量 M 就可用其密度函数 $f(x,y,z)$ 在物体占有的空间区域 Ω 上的三重积分表示，即

$$M = \iiint_{\Omega} f(x,y,z)\mathrm{d}v.$$

如果在区域 Ω 上，$f(x,y,z)=1$. 由三重积分的定义，区域 Ω 的体积 V 等于 $\iiint\limits_{\Omega} 1\cdot\mathrm{d}v$.

当 $f(x,y,z)$ 在闭区域 Ω 上三重积分存在时，由于它的值与区域 Ω 的分割方法无关，因此，可用平行于坐标面的平面来划分 Ω. 设小闭区域 Δv_i 的边长是 $\Delta x_i,\Delta y_i,\Delta z_i$，因而有 $\Delta v_i=\Delta x_i\Delta y_i\Delta z_i$. 在这种分割下，$\mathrm{d}\Omega=\mathrm{d}x\mathrm{d}y\mathrm{d}z$，因而三重积分又记作

$$\iiint_{\Omega} f(x,y,z)\mathrm{d}x\mathrm{d}y\mathrm{d}z.$$

三重积分的存在定理　如果函数 $f(x,y,z)$ 在有界闭区域 Ω 上连续，则三重积分 $\iiint\limits_{\Omega} f(x,y,z)\mathrm{d}v$ 存在.

三重积分与二重积分有类似的性质，这里不再赘述.

二、三重积分的计算

1. 利用直角坐标计算三重积分

为了寻求三重积分的计算方法，下面假设 $f(x,y,z)\geqslant 0$，因此，三重积分 $\iiint\limits_{\Omega} f(x,y,z)\mathrm{d}v$ 可以看成密度为 $f(x,y,z)$ 占空间区域 Ω 的物体的质量.

设 Ω 是柱形区域（见图 10-17），其上、下底分别为连续函数 $z=z_2(x,y)$，$z=z_1(x,y)$，它们在 Oxy 平面上投影是有界闭区域 D，因此，Ω 可表示成

$$z_1(x,y)\leqslant z\leqslant z_2(x,y),\ (x,y)\in D.$$

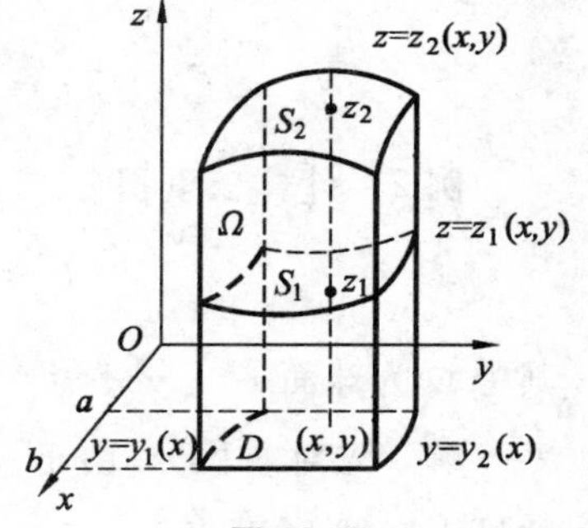

图 10-17

在区域 D 内含有点 (x,y) 的面积微元 $\mathrm{d}\sigma=\mathrm{d}x\mathrm{d}y$；对应这个面积微元，在 Ω 中有个小长条；用平行于 Oxy 平面的平面去截，得到一个小薄片，其质量为 $\mathrm{d}m=f(x,y,z)\mathrm{d}x\mathrm{d}y\mathrm{d}z$. 把这些小薄片沿 z 轴方向积分，得小长条的质量为

$$\varphi(x,y)\mathrm{d}x\mathrm{d}y = \left[\int_{z_1(x,y)}^{z_2(x,y)} f(x,y,z)\mathrm{d}z\right]\mathrm{d}x\mathrm{d}y.$$

再把这些小长条在区域 D 上积分，就得到物体的质量

$$\iint_D \varphi(x,y)\mathrm{d}x\mathrm{d}y = \iint_D \left[\int_{z_1(x,y)}^{z_2(x,y)} f(x,y,z)\mathrm{d}z\right]\mathrm{d}x\mathrm{d}y.$$

因此得到在直角坐标系下三重积分的计算公式

$$\iiint_\Omega f(x,y,z)\mathrm{d}x\mathrm{d}y\mathrm{d}z = \iint_D \left[\int_{z_2(x,y)}^{z_1(x,y)} f(x,y,z)\mathrm{d}z\right]\mathrm{d}x\mathrm{d}y. \tag{1}$$

当没有 $f(x,y,z)\geqslant 0$ 的限制时，此公式仍成立.

进一步地，如果区域 D 在直角坐标系下表示为 $y_1(x)\leqslant y\leqslant y_2(x)$，$a\leqslant x\leqslant b$，则三重积分就化为先对 z、再对 y、最后对 x 的三次积分

$$\iiint_\Omega f(x,y,z)\mathrm{d}v = \int_a^b \mathrm{d}x\int_{y_1(x)}^{y_2(x)}\mathrm{d}y\int_{z_1(x,y)}^{z_2(x,y)} f(x,y,z)\mathrm{d}z. \tag{2}$$

类似地，可将三重积分化为其他顺序的三次积分.

例 1　计算三重积分

$$I = \iiint_\Omega x\mathrm{d}v,$$

其中 Ω 为三个坐标面及平面 $x+2y+z=1$ 所围成的闭区域(见图 10-18).

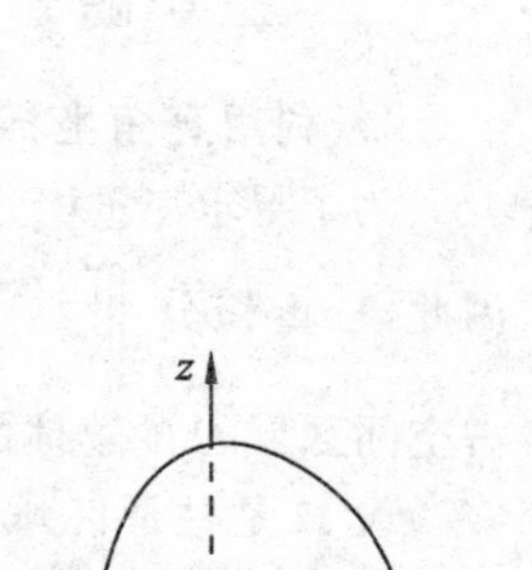

图 10-18

解　闭区域 Ω 位于两个曲面 $z=1-x-2y$ 和 $z=0$ 之间. 将 Ω 投影到 Oxy 平面上，得到投影域 $D_{xy}=\left\{(x,y)\,\middle|\,0\leqslant y\leqslant\dfrac{1-x}{2},0\leqslant x\leqslant 1\right\}$. 利用公式(2)，得到

$$\begin{aligned} I &= \iiint_\Omega x\mathrm{d}v = \int_0^1\mathrm{d}x\int_0^{\frac{1-x}{2}}\mathrm{d}y\int_0^{1-x-2y} x\mathrm{d}z \\ &= \int_0^1 x\mathrm{d}x\int_0^{\frac{1-x}{2}}(1-x-2y)\mathrm{d}y \\ &= \frac{1}{4}\int_0^1 (x-2x^2+x^3)\mathrm{d}x = \frac{1}{48}. \end{aligned}$$

例 2　计算三重积分

$$I = \iiint_\Omega xyz\mathrm{d}v,$$

其中 Ω 为球面 $x^2+y^2+z^2=1$ 在第一象限的部分(见图 10-19).

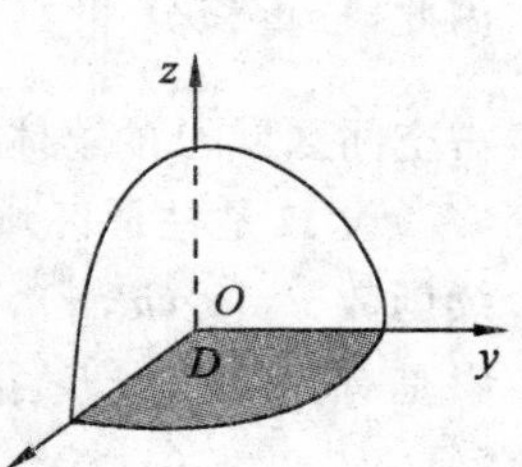

图 10-19

解　先对 z 积分. 由于 $0\leqslant z\leqslant\sqrt{1-x^2-y^2}$，$\Omega$ 在 Oxy 平面的投影区域 D 可表示为 $0\leqslant y\leqslant\sqrt{1-x^2}$，$0\leqslant x\leqslant 1$，于是

$$\begin{aligned} I &= \iint_D \mathrm{d}x\mathrm{d}y\int_0^{\sqrt{1-x^2-y^2}} xyz\mathrm{d}z = \int_0^1\mathrm{d}x\int_0^{\sqrt{1-x^2}}\mathrm{d}y\int_0^{\sqrt{1-x^2-y^2}} xyz\mathrm{d}z \\ &= \frac{1}{2}\int_0^1\mathrm{d}x\int_0^{\sqrt{1-x^2}} xy(1-x^2-y^2)\mathrm{d}y = \frac{1}{8}\int_0^1 x(1-x^2)^2\mathrm{d}x = \frac{1}{48}. \end{aligned}$$

2. 利用柱面坐标计算三重积分

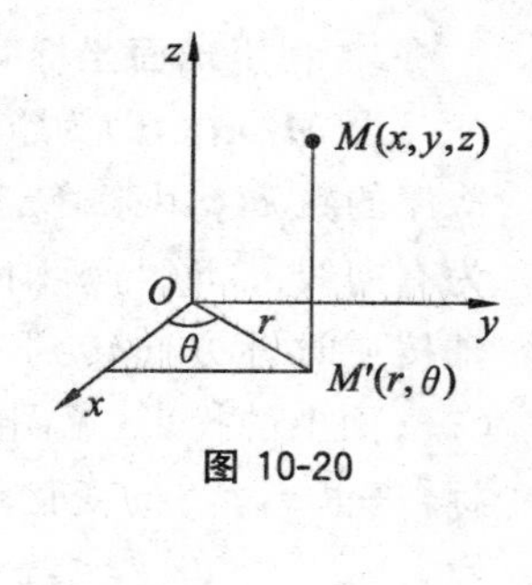

图 10-20

设 $M(x,y,z)$ 为空间内一点，并设点 M 在 Oxy 面上的投影 M' 的极坐标为 r,θ，则这样的三个数 r,θ,z 就叫做点 M 的**柱面坐标**（见图 10-20）. 这里规定 r,θ,z 的变化范围为

$$0\leqslant r<+\infty,\ 0\leqslant\theta\leqslant 2\pi,\ -\infty<z<+\infty.$$

柱面坐标系中的三族坐标面分别为：$r=$常数，一族以 z 轴为中心轴的圆柱面；$\theta=$常数，一族过 z 轴的半平面；$z=$常数，一族与 Oxy 面平行的平面.

显然，点 M 的直角坐标与柱面坐标的关系为

$$\begin{cases} x=r\cos\theta, \\ y=r\sin\theta, \\ z=z. \end{cases} \tag{3}$$

现在来考察三重积分 $\iiint\limits_{\Omega} f(x,y,z)\mathrm{d}v$ 在柱面坐标下的形式. 为此，用柱面坐标系中三族坐标面把 Ω 分成许多小闭区域，除了含 Ω 的边界点的一些不规则小闭区域外，这种小闭区域都是柱体. 今考虑由 r,θ,z 各取得微小增量 $\mathrm{d}r,\mathrm{d}\theta,\mathrm{d}z$ 所成的柱体的体积（见图 10-21）. 在不计高阶无穷小时，这个体积为

$$\mathrm{d}v=r\mathrm{d}r\mathrm{d}\theta\mathrm{d}z.$$

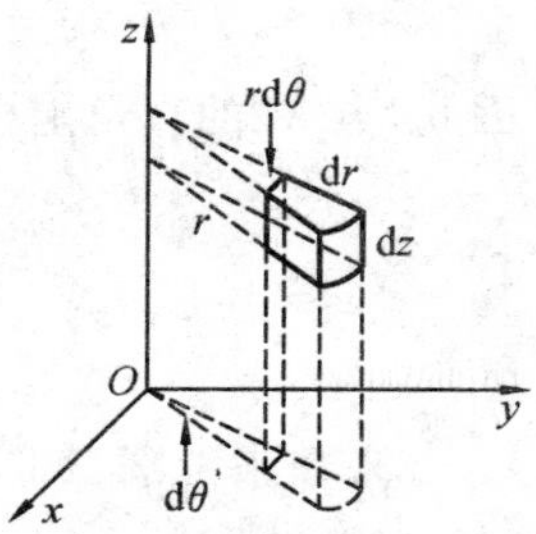

图 10-21

这就是柱面坐标系中的体积微元. 再注意到关系式(3)，就有

$$\iiint\limits_{\Omega} f(x,y,z)\mathrm{d}x\mathrm{d}y\mathrm{d}z=\iiint\limits_{\Omega} F(r,\theta,z)r\mathrm{d}r\mathrm{d}\theta\mathrm{d}z, \tag{4}$$

其中 $F(r,\theta,z)=f(r\cos\theta,r\sin\theta,z)$. 式(4)就是直角坐标变换为柱面坐标后的三重积分公式，其可化为三次积分来进行计算. 在化为三次积分时，积分限是根据 r,θ,z 在积分区域 Ω 中的变化范围来确定的，下面通过例子来说明.

例 3　利用柱面坐标计算三重积分 $\iiint\limits_{\Omega} z\mathrm{d}x\mathrm{d}y\mathrm{d}z$，其中 Ω 是由圆锥面 $z=\sqrt{x^2+y^2}$ 与平面 $z=1$ 所围成的闭区域（见图 10-22）.

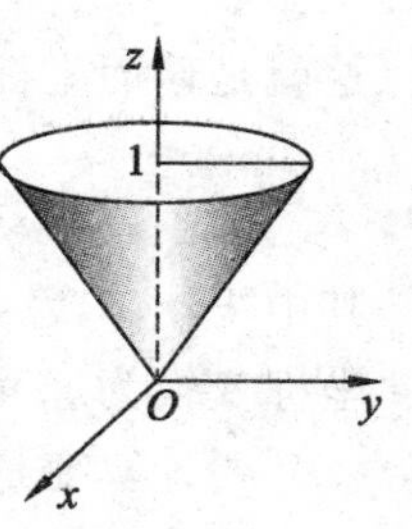

图 10-22

解　把区域 Ω 投影到 Oxy 面上，得圆心在原点，半径为 1 的圆形闭区域. 因此，闭区域 Ω 可表示为

$$r\leqslant z\leqslant 1,\ 0\leqslant r\leqslant 1,\ 0\leqslant\theta\leqslant 2\pi,$$

于是

$$\begin{aligned}\iiint\limits_{\Omega} z\mathrm{d}z\mathrm{d}y\mathrm{d}z &= \iiint\limits_{\Omega} zr\,\mathrm{d}r\mathrm{d}\theta\mathrm{d}z=\int_0^{2\pi}\mathrm{d}\theta\int_0^1 r\mathrm{d}r\int_r^1 z\,\mathrm{d}z \\ &= \pi\int_0^1 r(1-r^2)\mathrm{d}r=\frac{\pi}{4}.\end{aligned}$$

3. 利用球面坐标计算三重积分

设 $M(x,y,z)$ 为空间内一点，则点 M 也可用这样三个有次序的数 r,φ,θ 来确定，其中 r 为原点 O 与点 M 间的距离，φ 为有向线段 $\overrightarrow{OM}$ 与 z 轴正向的夹角，θ 为从 z 轴正向来看自 x 轴按逆时针方向转到有向线段 $\overrightarrow{OP}$ 的角，这里 P 为点 M 在 Oxy 面上的投影（见图 10-23），则 r,φ,θ 叫做点 M 的**球面坐标**，这里 r,φ,θ 的变化范围为

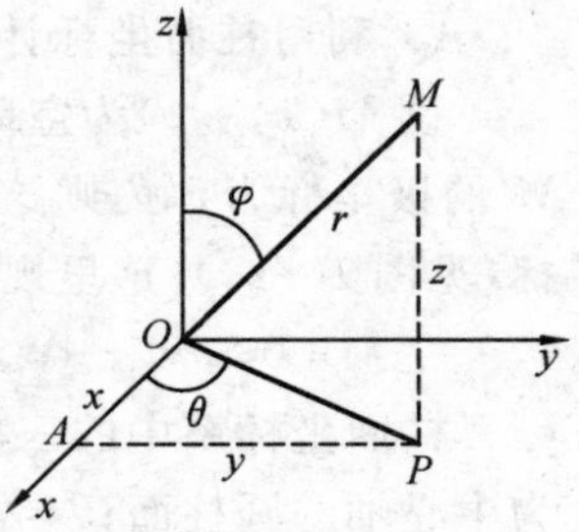

图 10-23

$$0\leqslant r<+\infty,\ 0\leqslant\varphi\leqslant\pi,\ 0\leqslant\theta\leqslant 2\pi.$$

球面坐标中三族坐标面分别为：$r=$ 常数，一族以原点为心的球面；$\varphi=$ 常数，一族以原点为顶点、z 轴为轴的圆锥面；$\theta=$ 常数，一族过 z 轴的半平面.

设点 M 在 Oxy 面上的投影为 P，点 P 在 x 轴上的投影为 A，则 $OA=x, AP=y, PM=z$. 又

$$OP=r\sin\varphi,\ z=r\cos\varphi.$$

因此，点 M 的直角坐标与球面坐标的关系为

$$\begin{cases}x=OP\cos\theta=r\sin\varphi\cos\theta,\\ y=OP\sin\theta=r\sin\varphi\sin\theta,\\ z=r\cos\varphi.\end{cases}\tag{5}$$

现在来考察三重积分 $\iiint\limits_{\Omega}f(x,y,z)\mathrm{d}v$ 在球面坐标下的形式. 用三族坐标面把积分区域 Ω 分成许多小闭区域. 考虑由 r,φ,θ 各取得微小增量 $\mathrm{d}r,\mathrm{d}\varphi,\mathrm{d}\theta$ 所组成的六面体的体积（见图 10-24）. 不计高阶无穷小，可把这个六面体看作长方体，其经线方向的长为 $r\mathrm{d}\varphi$，纬线方向的宽为 $r\sin\varphi\mathrm{d}\theta$，向径方向的高为 $\mathrm{d}r$，于是得

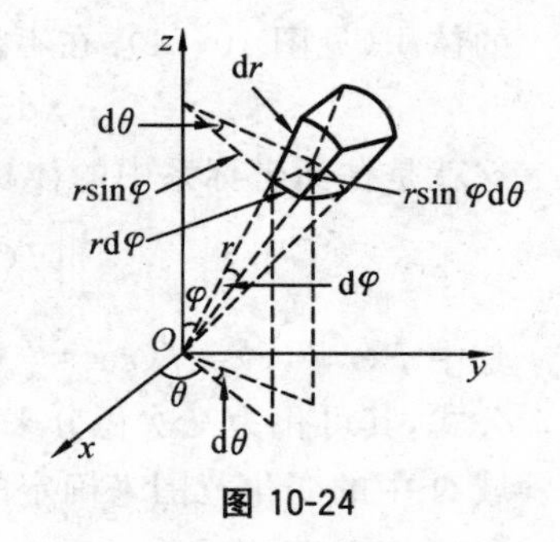

图 10-24

$$\mathrm{d}v=r^2\sin\varphi\mathrm{d}r\mathrm{d}\varphi\mathrm{d}\theta.$$

这就是球面坐标系中的体积微元. 再注意到关系式(5)，就有

$$\iiint\limits_{\Omega}f(x,y,z)\mathrm{d}x\mathrm{d}y\mathrm{d}z=\iiint\limits_{\Omega}F(r,\varphi,\theta)r^2\sin\varphi\mathrm{d}r\mathrm{d}\varphi\mathrm{d}\theta,\tag{6}$$

其中 $F(r,\varphi,\theta)=f(r\sin\varphi\cos\theta,r\sin\varphi\sin\theta,r\cos\varphi)$. 式(6)就是把三重积分的变量从直角坐标变换为球面坐标的公式.

要计算变量变换为球面坐标后的三重积分，通常可把它化为先对 r、再对 φ 或对 θ 的三次积分.

特别地，当积分区域 Ω 为球面 $r=a$ 所围成时，有

$$I=\iiint\limits_{\Omega}F(r,\varphi,\theta)r^2\sin\varphi\mathrm{d}r\mathrm{d}\varphi\mathrm{d}\theta=\int_0^{2\pi}\mathrm{d}\theta\int_0^{\pi}\mathrm{d}\varphi\int_0^{a}F(r,\varphi,\theta)r^2\sin\varphi\mathrm{d}r.$$

$F(r,\varphi,\theta)=1$ 时，即得球的体积公式

$$V=\int_0^{2\pi}\mathrm{d}\theta\int_0^{\pi}\sin\varphi\mathrm{d}\varphi\int_0^{a}r^2\mathrm{d}r=2\pi\cdot2\cdot\frac{a^3}{3}=\frac{4}{3}\pi a^3.$$

一般地，当被积函数含 $x^2+y^2+z^2$，积分区域是球面围成区域或是球面及锥面围成区域时，利用球面坐标常能简化积分的计算.

例 4 求半径为 a 的球面与半顶角为 α 的内接锥面所围成的立体（见图 10-25）的体积.

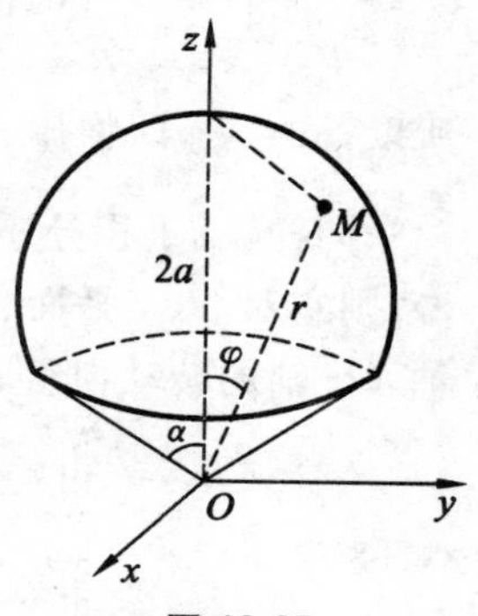

图 10-25

解 设球面通过原点 O，球心在 z 轴上，又内接锥面的顶点于原点 O，其轴与 z 轴重合，则球面方程为 $r=2a\cos\varphi$，锥面方程为 $\varphi=\alpha$. 因为立体所占有的空间闭区域 Ω 可用不等式

$$0\leqslant r\leqslant2a\cos\varphi,\ 0\leqslant\varphi\leqslant\alpha,\ 0\leqslant\theta\leqslant2\pi$$

来表示，所以

$$\begin{aligned}V&=\iiint_\Omega r^2\sin\varphi\mathrm{d}r\mathrm{d}\varphi\mathrm{d}\theta=\int_0^{2\pi}\mathrm{d}\theta\int_0^{\alpha}\mathrm{d}\varphi\int_0^{2a\cos\varphi}r^2\sin\varphi\mathrm{d}r\\&=2\pi\int_0^{\alpha}\sin\varphi\mathrm{d}\varphi\int_0^{2a\cos\varphi}r^2\mathrm{d}r=\frac{16\pi a^3}{3}\int_0^{\alpha}\cos^3\varphi\sin\varphi\mathrm{d}\varphi\\&=\frac{4\pi a^3}{3}(1-\cos^4\alpha).\end{aligned}$$

△三、三重积分的应用

和二重积分类似，利用三重积分还可以计算空间物体的重心. 设占空间区域 Ω 的物体的密度函数 $\rho=\rho(x,y,z)$，则其重心坐标 (x_c,y_c,z_c) 为

$$x_c=\frac{\iiint\limits_\Omega x\rho(x,y,z)\mathrm{d}v}{\iiint\limits_\Omega\rho(x,y,z)\mathrm{d}v},\ y_c=\frac{\iiint\limits_\Omega y\rho(x,y,z)\mathrm{d}v}{\iiint\limits_\Omega\rho(x,y,z)\mathrm{d}v},\ z_c=\frac{\iiint\limits_\Omega z\rho(x,y,z)\mathrm{d}v}{\iiint\limits_\Omega\rho(x,y,z)\mathrm{d}v}.$$

这里 $\iiint\limits_\Omega\rho(x,y,z)\mathrm{d}V$ 是物体的质量.

对于均匀物体，其密度等于常数. 上述公式可简化为

$$x_c=\frac{1}{V}\iiint_\Omega x\mathrm{d}v,\ y_c=\frac{1}{V}\iiint_\Omega y\mathrm{d}v,\ z_c=\frac{1}{V}\iiint_\Omega z\mathrm{d}v,$$

这里 V 表示物体的体积.

例 5 求由旋转抛物面 $z=x^2+y^2$ 与平面 $z=1$ 所围成的质量均匀分布的物体 Ω 的重心.

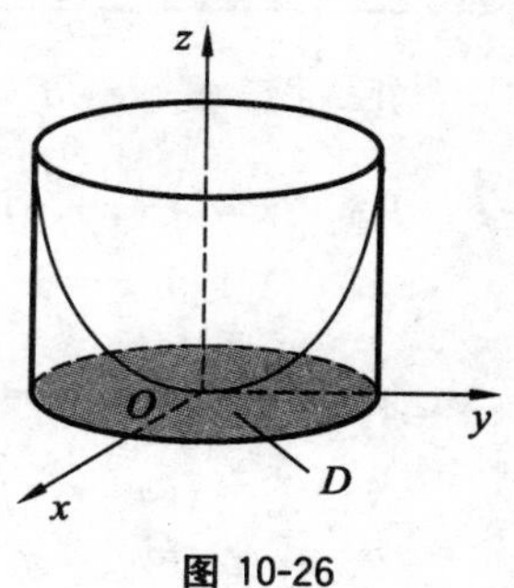

图 10-26

解 画出立体 Ω（见图 10-26）. 由于 Ω 关于 Oxz，Oyz 坐标面对称，且质量分布均匀，所以重心在 Oz 轴上，故 $x_c=0$，$y_c=0$，下面计算 z_c.

先对 z 积分. z 的变化范围是 $x^2+y^2\leqslant z\leqslant1$，$\Omega$ 在 Oxy 面

上的投影是闭区域 $D: x^2+y^2\leqslant 1$，用极坐标表示为 $0\leqslant\theta\leqslant 2\pi, 0\leqslant r\leqslant 1$，则

$$\iiint_\Omega z\mathrm{d}v=\iint_D \mathrm{d}\sigma\int_{x^2+y^2}^1 z\mathrm{d}z=\frac{1}{2}\iint_D[1-(x^2+y^2)^2]\mathrm{d}\sigma=\frac{1}{2}\int_0^{2\pi}\mathrm{d}\theta\int_0^1(1-r^4)r\mathrm{d}r=\frac{\pi}{3},$$

$$\iiint_\Omega \mathrm{d}v=\iint_D \mathrm{d}\sigma\int_{x^2+y^2}^1 \mathrm{d}z=\iint_D(1-x^2-y^2)\mathrm{d}\sigma=\int_0^{2\pi}\mathrm{d}\theta\int_0^1(1-r^2)r\mathrm{d}r=\frac{\pi}{2}.$$

所以，$z_c=\dfrac{2}{3}$，即物体 Ω 的重心坐标为 $\left(0,0,\dfrac{2}{3}\right)$.

同样，三重积分还可用于求空间物体 Ω 的转动惯量. 设它的密度函数为 $\rho=\rho(x,y,z)$，则它对 Oxy 平面、Oyz 平面、Oxz 平面的转动惯量 I_{xy}, I_{yz}, I_{xz} 及对原点 O、Ox 轴、Oy 轴、Oz 轴的转动惯量 I_O, I_x, I_y, I_z 的计算公式分别为

$$I_{xy}=\iiint_\Omega z^2\rho(x,y,z)\mathrm{d}v,\qquad I_o=\iiint_\Omega(x^2+y^2+z^2)\rho(x,y,z)\mathrm{d}v,$$

$$I_{yz}=\iiint_\Omega x^2\rho(x,y,z)\mathrm{d}v,\qquad I_x=\iiint_\Omega(y^2+z^2)\rho(x,y,z)\mathrm{d}v,$$

$$I_{xz}=\iiint_\Omega y^2\rho(x,y,z)\mathrm{d}v,\qquad I_y=\iiint_\Omega(x^2+z^2)\rho(x,y,z)\mathrm{d}v,$$

$$I_z=\iiint_\Omega(x^2+y^2)\rho(x,y,z)\mathrm{d}v.$$

例 6　求半径为 a，密度为 ρ 的均匀球体对于过球心的一条轴 l 的转动惯量.

解　取球心为坐标原点，z 轴为 l 轴，则球体可表示为 Ω: $x^2+y^2+z^2\leqslant a^2$. 于是

$$I_z=\rho\iiint_\Omega(x^2+y^2)\mathrm{d}v.$$

利用积分关于变量 x,y,z 轮换的对称性，有 $I_x=I_y=I_z$，所以

$$3I_z=I_x+I_y+I_z=2\rho\iiint_\Omega(x^2+y^2+z^2)\mathrm{d}v.$$

用球坐标公式(5)计算这个积分，有

$$I_z=\frac{2}{3}\rho\iiint_\Omega(x^2+y^2+z^2)\mathrm{d}v=\frac{2}{3}\rho\int_0^{2\pi}\mathrm{d}\varphi\int_0^{\pi}\mathrm{d}\theta\int_0^a r^4\sin\theta\mathrm{d}r=\frac{8}{15}\pi\rho a^5.$$

习题 10-4

1. 化三重积分 $I=\iiint_\Omega f(x,y,z)\mathrm{d}v$ 为累次积分，其中：

(1) $\Omega=\{(x,y,z)\mid x^2+y^2\leqslant z\leqslant 1\}$；

(2) Ω 是由 $z=x^2+y^2, y=x^2$ 及 $y=1, z=0$ 所围成的闭区域；

(3) Ω 为由 $y=\sqrt{x}, y=0, z=0, x+z=\dfrac{\pi}{2}$ 所围成的闭区域；

(4) $\Omega=\{(x,y,z)\mid x^2+y^2\leqslant z\leqslant 2-x^2\}$.

2. 计算下列三重积分：

(1) $\iiint\limits_{\Omega} z\mathrm{d}v$，其中 Ω 是三坐标面及 $z=2, x+2y=2$ 所围成的区域；

(2) $\iiint\limits_{\Omega} \frac{1}{(1+x+y+z)^3}\mathrm{d}v$，其中 Ω 是 $x+y+z=1$ 与三坐标面所围成的闭区域；

(3) $\iiint\limits_{\Omega} \frac{1}{x^2+y^2}\mathrm{d}v$，其中 Ω 是由 $x=1, x=2, z=0, 0\leqslant y\leqslant x$ 及 $z\leqslant y$ 所围成的闭区域；

(4) $\iiint\limits_{\Omega} z\mathrm{d}v, \Omega=\{(x,y,z)\mid\sqrt{x^2+y^2}\leqslant z\leqslant\sqrt{R^2-x^2-y^2}\}$；

(5) $\iiint\limits_{\Omega} \sqrt{x^2+y^2}\mathrm{d}v$，其中 Ω 是由柱面 $x^2+y^2=4$ 及平面 $z=0, y+z=2$ 所围成的闭区域；

(6) $\iiint\limits_{\Omega} (x^2+y^2)\mathrm{d}v, \Omega=\left\{(x,y,z)\,\middle|\,\frac{x^2+y^2}{2}\leqslant z\leqslant 2\right\}$；

(7) $\iiint\limits_{\Omega} \sqrt{x^2+y^2+z^2}\mathrm{d}v$，其中 Ω 是球体 $x^2+y^2+z^2\leqslant R^2$ 的内部；

(8) $\iiint\limits_{\Omega} \sqrt{x^2+y^2+z^2}\mathrm{d}v$，其中 Ω 是球体 $x^2+y^2+z^2\leqslant z$ 的内部.

3. 球心在原点，半径为 R 的球体，在其上任一点的密度与这点到原点的距离的平方成正比，试求该球体的质量.

*第五节　综合例题

例 1　设 $f(x,y,z)$ 在区域 D 上连续，且 $f(x,y)=\mathrm{e}^{x^2+y^2}+xy\iint\limits_D xf(x,y)\mathrm{d}x\mathrm{d}y+4x$，其中 $D=\{(x,y)\mid -1\leqslant x\leqslant 1, 0\leqslant y\leqslant 1\}$，求 $f(x,y,z)$ 的表达式.

解　首先注意到 $\iint\limits_D xf(x,y)\mathrm{d}\sigma$ 是常数，为方便记其为 k. 等式两边同乘 x，并在 D 上积分得

$$k=\iint\limits_D x\mathrm{e}^{x^2+y^2}\mathrm{d}x\mathrm{d}y+k\iint\limits_D x^2y\mathrm{d}x\mathrm{d}y+4\iint\limits_D x^2\mathrm{d}x\mathrm{d}y,$$

容易得

$$\iint\limits_D x^2y\mathrm{d}x\mathrm{d}y=\frac{1}{3},\ \iint\limits_D x^2\mathrm{d}x\mathrm{d}y=\frac{2}{3}.$$

由于区域 D 关于 $x=0$ 对称，且 $x\mathrm{e}^{x^2+y^2}$ 是关于 x 的奇函数，所以 $\iint\limits_D x\mathrm{e}^{x^2+y^2}\mathrm{d}x\mathrm{d}y=0$. 将它们代入上式，求得 $k=4$，所以

$$f(x,y)=\mathrm{e}^{x^2+y^2}+4x(y+1).$$

例 2　已知 $f(t)$在$[0,+\infty)$上连续,计算极限 $\lim\limits_{t\to+0}\dfrac{1}{t^2}\iint\limits_{x^2+y^2\leqslant t^2}f(\sqrt{x^2+y^2})\mathrm{d}x\mathrm{d}y$.

解　因为 $f(t)$在$[0,+\infty)$上连续,所以由积分中值定理得

$$\iint\limits_{x^2+y^2\leqslant t^2}f(\sqrt{x^2+y^2})\mathrm{d}x\mathrm{d}y=f(\sqrt{\zeta^2+\eta^2})\cdot\pi t^2,$$

其中 ξ,η 满足 $\xi^2+\eta^2\leqslant t^2$. 当 $t\to0$ 时,$(\xi,\eta)\to(0,0)$,所以

$$\lim_{t\to+0}\frac{1}{t^2}\iint\limits_{x^2+y^2\leqslant t^2}f(\sqrt{x^2+y^2})\mathrm{d}x\mathrm{d}y=\pi\lim_{t\to+0}f(\sqrt{\xi^2+\eta^2})=f(0)\pi.$$

例 3　设 $f(x)$ 在$[0,1]$上连续,并设$\int_0^1 f(x)\mathrm{d}x=A$,求 $I=\int_0^1\mathrm{d}x\int_x^1 f(x)f(y)\mathrm{d}y$.

解　交换积分顺序,有

$$I=\int_0^1\mathrm{d}x\int_x^1 f(x)f(y)\mathrm{d}y=\int_0^1\mathrm{d}y\int_0^y f(x)f(y)\mathrm{d}x.$$

将 x 和 y 互换,有

$$\int_0^1\mathrm{d}y\int_0^y f(x)f(y)\mathrm{d}x=\int_0^1\mathrm{d}x\int_0^x f(x)f(y)\mathrm{d}y.$$

所以

$$\begin{aligned}I&=\int_0^1\mathrm{d}x\int_x^1 f(x)f(y)\mathrm{d}y=\int_0^1\mathrm{d}y\int_0^y f(x)f(y)\mathrm{d}x=\int_0^1\mathrm{d}x\int_0^x f(x)f(y)\mathrm{d}y\\&=\frac{1}{2}\left[\int_0^1\mathrm{d}x\int_x^1 f(x)f(y)\mathrm{d}y+\int_0^1\mathrm{d}x\int_0^x f(x)f(y)\mathrm{d}y\right]\\&=\frac{1}{2}\int_0^1\mathrm{d}x\int_0^1 f(x)f(y)\mathrm{d}y\\&=\frac{1}{2}\left[\int_0^1 f(x)\mathrm{d}x\right]^2=\frac{1}{2}A^2.\end{aligned}$$

例 4　计算 $I=\iint\limits_D|\cos(x+y)|\mathrm{d}x\mathrm{d}y$,其中 D 是矩形域 $0\leqslant x\leqslant\dfrac{\pi}{2},0\leqslant y\leqslant\dfrac{\pi}{2}$.

解　将 D 中满足 $x+y\geqslant\dfrac{\pi}{2}$ 的区域记为 D_1,另一部分区域记为 D_2,则

$$\begin{aligned}I&=\iint\limits_{D_1}\cos(x+y)\mathrm{d}x\mathrm{d}y-\iint\limits_{D_2}\cos(x+y)\mathrm{d}x\mathrm{d}y\\&=\int_0^{\frac{\pi}{2}}\mathrm{d}x\int_0^{\frac{\pi}{2}-x}\cos(x+y)\mathrm{d}y-\int_0^{\frac{\pi}{2}}\mathrm{d}x\int_{\frac{\pi}{2}-x}^0\cos(x+y)\mathrm{d}y\\&=\int_0^{\frac{\pi}{2}}(1-\sin x)\mathrm{d}x-\int_0^{\frac{\pi}{2}}(\cos x-1)\mathrm{d}x\\&=\pi-2.\end{aligned}$$

例 5　计算二重积分

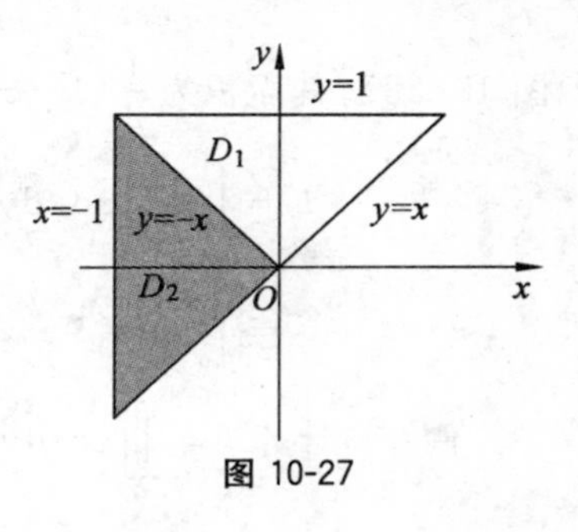

图 10-27

$$I=\iint_D(2+x\sin y^3+y\sin x^3)\mathrm{d}x\mathrm{d}y,$$

其中 D 是由直线 $y=x,x=-1$及 $y=1$ 围成的平面区域.

解　作直线 $y=-x$,则 $y=-x$ 将区域 D 分为 D_1 与 D_2 两部分(见图 10-27),其中 D_1 关于 $x=0$ 对称,D_2 关于 $y=0$ 对称,而函数 $x\sin y^3$ 与 $y\sin x^3$ 即是关于 x 的奇函数,也是关于 y 的奇函数,所以

$$\iint_{D_1}(x\sin y^3+y\sin x^3)\mathrm{d}x\mathrm{d}y=\int_0^1\mathrm{d}y\int_{-y}^{y}(x\sin y^3+y\sin x^3)\mathrm{d}x=0,$$

$$\iint_{D_2}(x\sin y^3+y\sin x^3)\mathrm{d}x\mathrm{d}y=\int_{-1}^0\mathrm{d}x\int_x^{-x}(x\sin y^3+y\sin x^3)\mathrm{d}y=0,$$

$$I=\iint_D 2\mathrm{d}x\mathrm{d}y+\iint_{D_1}(x\sin y^3+y\sin x^3)\mathrm{d}x\mathrm{d}y+\iint_{D_2}(x\sin y^3+y\sin x^3)\mathrm{d}x\mathrm{d}y=4.$$

注　若本题直接将其化为二次积分,都会遇到 $\sin x^3$(或 $\sin y^3$)的积分.由于 $\sin t^3$ 的原函数不是初等函数,因而无法积分.

例 6　计算三重积分

$$I=\iiint_\Omega(x^2+3y^2)\mathrm{d}v,$$

其中 Ω 是由圆锥面 $z=\sqrt{x^2+y^2}$与抛物面 $z=2-x^2-y^2$ 围成的空间区域.

解　由重积分的轮换对称性知,$\iiint_\Omega x^2\mathrm{d}v=\iiint_\Omega y^2\mathrm{d}v$,所以

$$\begin{aligned}I&=2\iiint_\Omega(x^2+y^2)\mathrm{d}v=2\int_0^{2\pi}\mathrm{d}\theta\int_0^1 r\mathrm{d}r\int_r^{2-r^2}r^2\mathrm{d}z\\&=4\pi\int_0^1(2r^3-r^5-r^4)\mathrm{d}r=\frac{8}{15}\pi.\end{aligned}$$

有时,计算一个三重积分也可以先计算一个二重积分,然后再计算定积分.这样计算三重积分的方法也称为先二后一法.

设空间有界闭区域 Ω 在 z 轴上的投影区间为$[z_1,z_2]$,$f(x,y,z)$是 Ω 上的连续函数.若区域 Ω 可表示为$\Omega=\{(x,y,z)\mid(x,y)\in D_z,z\in[z_1,z_2]\}$,其中区域 D_z 是 Ω 被竖坐标为 z 的平面所截的平面闭区域,则有

$$\iiint_\Omega f(x,y,z)\mathrm{d}v=\int_{z_1}^{z_2}\mathrm{d}z\iint_{D_z}f(x,y,z)\mathrm{d}x\mathrm{d}y.$$

例 7　计算三重积分 $I=\iiint_\Omega z\mathrm{d}x\mathrm{d}y\mathrm{d}z$,其中 Ω 是平面 $x+y+z=1$ 与三个坐标面所围成的区域.

解　竖坐标为 z 的平面与 Ω 的交面是直角边长为 $1-z$ 的等腰直角三角形(见

图 10-28)，其面积为$\frac{1}{2}(1-z)^2$，所以

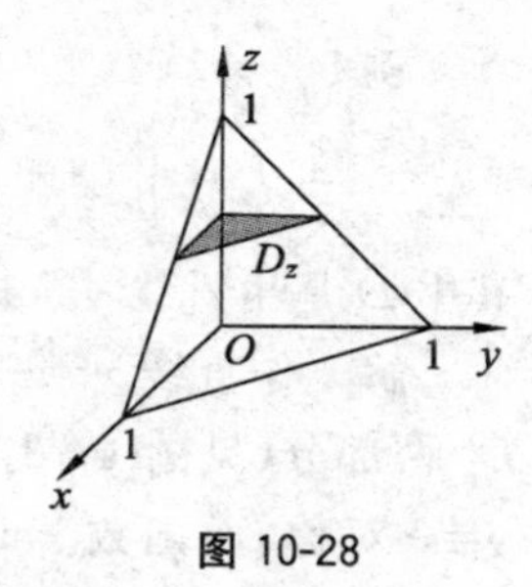

图 10-28

$$I=\int_0^1 dz\iint_{D_z} z\,dxdy=\int_0^1 z\,dz\iint_{D_z} dxdy$$
$$=\int_0^1 \frac{1}{2}z(1-z)^2dz=\frac{1}{24}.$$

例 8 计算 $I=\iiint_{\Omega} z\,dxdydz$，其中 Ω 是球面 $x^2+y^2+z^2=4$ 与抛物面 $z=\frac{1}{3}(x^2+y^2)$ 围成的空间区域.

解法一 积分区域如图 10-29 所示.

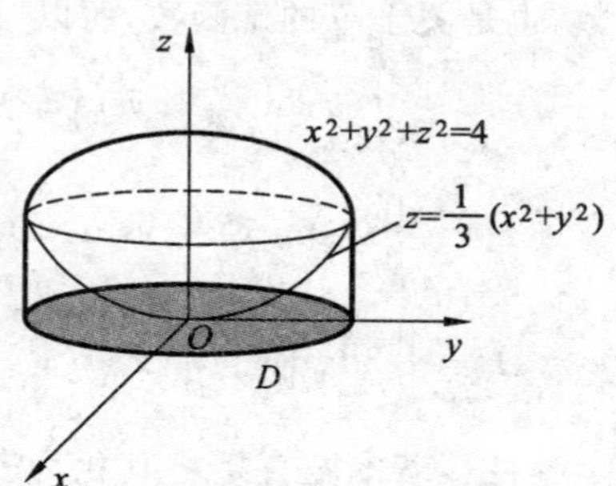

图 10-29

用柱坐标公式(4)计算. 为确定 Ω 在 Oxy 面上的投影区域，先求两曲面的交线. 联立方程组

$$\begin{cases} z=\frac{1}{3}(x^2+y^2), \\ x^2+y^2+z^2=4, \end{cases}$$

求得空间区域 Ω 在 Oxy 坐标面上投影区域为 $D: x^2+y^2\leqslant 3$，所以

$$I=\iint_D d\sigma\int_{\frac{1}{3}r^2}^{\sqrt{4-r^2}} z\,dz=\int_0^{2\pi}d\theta\int_0^{\sqrt{3}}r\,dr\int_{\frac{1}{3}r^2}^{\sqrt{4-r^2}} z\,dz$$
$$=\pi\int_0^{\sqrt{3}} r\left(4-r^2-\frac{1}{9}r^4\right)dr=\frac{13}{4}\pi.$$

解法二(先二后一) 上下两个曲面对应的积分区域在 z 轴上投影区间分别为[0,1]和[1,2]，在[0,1]上对应的 D_z 是半径为 $\sqrt{3z}$ 的圆 $x^2+y^2\leqslant 3z$，在[1,2]上对应的 D_z 是半径为 $\sqrt{4-z^2}$ 的圆 $x^2+y^2\leqslant 4-z^2$，于是有

$$I=\int_0^2 z\,dz\iint_{D_z}dxdy=\int_0^1 z\,dz\iint_{D_z}dxdy+\int_1^2 z\,dz\iint_{D_z}dxdy$$
$$=3\pi\int_0^1 z^2dz+\pi\int_1^2 z(4-z^2)dz=\frac{13}{4}\pi.$$

例 9 计算 $I=\int_0^1 dx\int_0^{1-x}dz\int_0^{1-x-z}(1-y)e^{-(1-y-z)^2}dy$.

解 若直接积分无法计算，但若交换积分顺序，先对 x 积分，可以求出.

三次积分对应的三重积分的积分区域为平面 $x+y+z=1$ 与三坐标面围成的区域.

换成先对 x 的积分有

$$I=\iint_{D_{yz}}dydz\int_0^{1-y-z}(1-y)e^{-(1-y-z)^2}dx,$$

其中 D_{yz}：$0\leqslant z\leqslant 1-y, 0\leqslant y\leqslant 1$. 因此

$$I=\iint\limits_{D_{yz}}(1-y)(1-y-z)\mathrm{e}^{-(1-y-z)^2}\,\mathrm{d}y\mathrm{d}z$$
$$=\int_0^1(1-y)\mathrm{d}y\int_0^{1-y}(1-y-z)\mathrm{e}^{-(1-y-z)^2}\,\mathrm{d}z$$
$$=\frac{1}{2}\int_0^1(1-y)\left[\mathrm{e}^{-(1-y-z)^2}\right]\Big|_{z=0}^{z=1-y}\mathrm{d}y$$
$$=\frac{1}{2}\int_0^1(1-y)\left[1-\mathrm{e}^{-(1-y)^2}\right]\mathrm{d}y=\frac{1}{4\mathrm{e}}.$$

复习题十

一、选择题

1. 设 $I_1=\iint\limits_D\ln(x+y)\mathrm{d}\sigma, I_2=\iint\limits_D(x+y)^2\mathrm{d}\sigma, I_3=\iint\limits_D(x+y)\mathrm{d}\sigma$，其中 D 是由直线 $x=0, y=0, x+y=\frac{1}{2}$ 及 $x+y=1$ 所围成的区域，则 I_1, I_2, I_3 的大小顺序为(　　).

(A) $I_3<I_2<I_1$　　(B) $I_1<I_2<I_3$

(C) $I_1<I_3<I_2$　　(D) $I_3<I_1<I_2$.

2. 二重积分 $\iint\limits_D xy\mathrm{d}x\mathrm{d}y$（其中 D: $0\leqslant y\leqslant x^2, 0\leqslant x\leqslant 1$）的值为(　　).

(A) $\frac{1}{6}$　　(B) $\frac{1}{12}$　　(C) $\frac{1}{2}$　　(D) $\frac{1}{4}$

3. 设函数 $f(x,y)$ 在 $x^2+y^2\leqslant 1$ 上连续，使得下式

$$\iint\limits_{x^2+y^2\leqslant 1}f(x,y)\mathrm{d}x\mathrm{d}y=4\int_0^1\mathrm{d}x\int_0^{\sqrt{1-x^2}}f(x,y)\mathrm{d}y$$

成立的函数 $f(x,y)$ 应满足(　　).

(A) $f(-x,y)=f(x,y), f(x,-y)=-f(x,y)$

(B) $f(-x,y)=f(x,y), f(x,-y)=f(x,y)$

(C) $f(-x,y)=-f(x,y), f(x,-y)=-f(x,y)$

(D) $f(-x,y)=-f(x,y), f(x,-y)=f(x,y)$

4. 设 D_1 是由 Ox 轴、Oy 轴及直线 $x+y=1$ 所围成的有界闭域，$f(x,y)$ 是区域 D: $|x|+|y|\leqslant 1$ 上的连续函数. 利用对称性，二重积分 $\iint\limits_D f(x^2,y^2)\mathrm{d}x\mathrm{d}y=k\iint\limits_{D_1}f(x^2,y^2)\mathrm{d}x\mathrm{d}y$，$k=$(　　).

(A) 4　　(B) 2　　(C) 8　　(D) $\frac{1}{2}$

5. 设 $f(x,y)$ 是连续函数，交换二次积分 $\int_1^{\mathrm{e}}\mathrm{d}x\int_0^{\ln x}f(x,y)\mathrm{d}y$ 积分次序的结果为(　　).

(A) $\int_1^e dy\int_0^{\ln x} f(x,y)dx$　　(B) $\int_{e^y}^e dy\int_0^1 f(x,y)dx$

(C) $\int_0^{\ln x} dy\int_1^e f(x,y)dx$　　(D) $\int_0^1 dy\int_{e^y}^e f(x,y)dx$

6. 若区域 D 为 $0\leqslant y\leqslant x^2$，$|x|\leqslant 2$，则 $\iint\limits_D xy^2 dxdy=$(　　).

(A) 0　　(B) $\frac{32}{3}$　　(C) $\frac{64}{3}$　　(D) 256

7. 设 $f(x,y)$ 是连续函数，交换二次积分 $\int_0^1 dx\int_0^{1-x} f(x,y)dy$ 的积分次序后的结果为(　　).

(A) $\int_0^{1-x} dy\int_0^1 f(x,y)dx$　　(B) $\int_0^1 dy\int_0^{1-x} f(xy)dx$

(C) $\int_0^1 dy\int_0^1 f(x,y)dx$　　(D) $\int_0^1 dy\int_0^{1-y} f(x,y)dx$

8. 若区域 D 为 $x^2+y^2\leqslant 2x$，则二重积分 $\iint\limits_D (x+y)\sqrt{x^2+y^2}dxdy$ 化成累次积分为(　　).

(A) $\int_{-\frac{\pi}{2}}^{\frac{\pi}{2}} d\theta\int_0^{2\cos\theta} (\cos\theta+\sin\theta)\sqrt{2r\cos\theta}r dr$

(B) $\int_0^{\pi} (\cos\theta+\sin\theta)d\theta\int_0^{2\cos\theta} r^3 dr$

(C) $2\int_0^{\frac{\pi}{2}} (\cos\theta+\sin\theta)d\theta\int_0^{2\cos\theta} r^3 dr$

(D) $\int_{-\frac{\pi}{2}}^{\frac{\pi}{2}} (\cos\theta+\sin\theta)d\theta\int_0^{2\cos\theta} r^3 dr$

9. 设 D：$x^2+y^2\leqslant a^2$，当 $a=$(　　)时，$\iint\limits_D \sqrt{a^2-x^2-y^2}dxdy=\pi$.

(A) 1　　(B) $\sqrt[3]{\frac{3}{2}}$　　(C) $\sqrt[3]{\frac{3}{4}}$　　(D) $\sqrt[3]{\frac{1}{2}}$

10. $I=\iint\limits_D xy d\sigma$，其中 D 为由 $y^2=x$ 及 $y=x-2$ 围成的区域，则 $I=$(　　).

(A) $\int_0^4 dy\int_{y+2}^{y} xy dx$　　(B) $\int_0^1 dx\int_{-\sqrt{x}}^{\sqrt{x}} xy dy+\int_1^4 dx\int_{x-2}^{x} xy dy$

(C) $\int_{-1}^2 dy\int_{y^2}^{y+2} xy dx$　　(D) $\int_{-1}^2 dy\int_{y^2}^{y+2} xy dx$

11. 球面 $x^2+y^2+z^2=4a^2$ 与柱面 $x^2+y^2=2ax$ 所围成立体的体积 $V=$(　　).

(A) $4\int_0^{\frac{\pi}{2}} d\theta\int_0^{2a\cos\theta} \sqrt{4a^2-r^2}dr$　　(B) $8\int_0^{\frac{\pi}{2}} d\theta\int_0^{2a\cos\theta} r\sqrt{4a^2-r^2}dr$

(C) $4\int_0^{\frac{\pi}{2}}\mathrm{d}\theta\int_0^{2a\cos\theta}r\sqrt{4a^2-r^2}\,\mathrm{d}r$　　(D) $4\int_{-\frac{\pi}{2}}^{\frac{\pi}{2}}\mathrm{d}\theta\int_0^{2a\cos\theta}r\sqrt{4a^2-r^2}\,\mathrm{d}r$

12. $I=\iint\limits_D \mathrm{e}^{x^2+y^2}\mathrm{d}\sigma, D: a^2\leqslant x^2+y^2\leqslant b^2(0<a<b)$，则 $I=$(　　).

(A) $\pi(\mathrm{e}^{b^2}-\mathrm{e}^{a^2})$　(B) $2\pi(\mathrm{e}^b-\mathrm{e}^a)$　(C) $\pi(\mathrm{e}^b-\mathrm{e}^a)$　(D) $2\pi(\mathrm{e}^b-\mathrm{e}^a)$

13. 二重积分 $\iint\limits_D f(x,y)\mathrm{d}x\mathrm{d}y$ 在有界闭区域 D 上存在的充分条件是 $f(x,y)$ 在 D 上(　　).

(A) 有界　　(B) 连续

(C) 处处有定义　　(D) 偏导数存在

14. 若区域 D 为 $|x|+|y|\leqslant 1$，则 $\iint\limits_D \ln(x^2+y^2)\mathrm{d}x\mathrm{d}y$ 的值为(　　).

(A) 大于0　(B) 小于0　(C) 非正数　(D) 不存在

15. $I=\iiint\limits_\Omega z\mathrm{d}v$，其中 Ω 为由 $z^2=x^2+y^2, z=1$ 所围成的立体，则 I 的正确的计算公式为(　　).

(A) $I=\int_0^{2\pi}\mathrm{d}\theta\int_0^1 r\mathrm{d}r\int_0^1 z\mathrm{d}z$　　(B) $I=\int_0^{2\pi}\mathrm{d}\theta\int_0^1 r\mathrm{d}r\int_r^1 z\mathrm{d}z$

(C) $I=\int_0^{2\pi}\mathrm{d}\theta\int_0^1\mathrm{d}z\int_r^1 r\mathrm{d}r$　　(D) $I=\int_0^{2\pi}\mathrm{d}\theta\int_0^{\frac{\pi}{4}}\mathrm{d}\varphi\int_0^1 r^3\sin^2\varphi\mathrm{d}r$

二、综合练习 A

1. 利用对称性计算 $\iint\limits_D(1-|x|-|y|)\mathrm{d}\sigma$，其中 D：$|x|+|y|\leqslant 1$.

2. 利用对称性计算 $\iint\limits_D(x+y)\mathrm{d}\sigma$，其中 D 是由直线 $y=x^2, y=4x^2, y=1$ 的围成的闭区域.

3. $\iint\limits_D|x^2+y^2-4|\mathrm{d}\sigma$，其中 D 是圆域 $x^2+y^2\leqslant 9$.

4. 设 $f(x)$ 在 $[0,a]$ 上连续，证明：$\int_0^a\mathrm{d}y\int_0^y f(x)\mathrm{d}x=\int_0^a(a-x)f(x)\mathrm{d}x$.

5. 计算 $\int_0^1\mathrm{d}x\int_x^1\mathrm{e}^{-y^2}\mathrm{d}y$.

三、综合练习 B

1. 计算心形线 $r=a(1+\cos\theta)(a>0)$ 所围成均匀薄板(面密度为 μ)对 y 轴的转动惯量.

2. $\iint\limits_D|\cos(x+y)|\mathrm{d}\sigma$，其中 D 是由直线 $y=x, y=0, x=\dfrac{\pi}{2}$ 围成的闭区域.

3. 设 $f(x)$ 在 $[a,b]$ 上连续，且 $f(x)>0$，证明：$\int_a^b f(x)\mathrm{d}x\cdot\int_a^b\dfrac{\mathrm{d}x}{f(x)}\geqslant(b-a)^2$.

4. 设 $f(x)$，$g(x)$在$[a,b]$上连续，利用二重积分证明：

$$\left[\int_a^b f(x)g(x)\mathrm{d}x\right]^2 \leqslant \int_a^b f^2(x)\mathrm{d}x\int_a^b g^2(x)\mathrm{d}x.$$

5. 计算$\iiint\limits_{\Omega}(x^2+y^2+z^2)\mathrm{d}v$，其中$\Omega$是由曲线$\begin{cases} y^2=2z, \\ x=0 \end{cases}$绕 z 轴旋转而成的旋转面与平面 $z=4$ 所围成的立体.

6. 利用对称性计算$\iint\limits_{D}\left(\frac{x^2}{a^2}+\frac{y^2}{b^2}\right)\mathrm{d}\sigma$，其中 D 是圆域 $x^2+y^2\leqslant R^2$.

7. 利用对称性计算$\iiint\limits_{\Omega}(2x^2+3y^2+6z^2)\mathrm{d}v$，其中 Ω：$x^2+y^2+z^2\leqslant a^2$.

8. 球体 $x^2+y^2+z^2\leqslant R^2$ 的密度 $\mu=\frac{1}{r}$，其中 r 为球外一定点 $M(0,0,a)$到球内点(x,y,z)的距离. 求球体的质量.

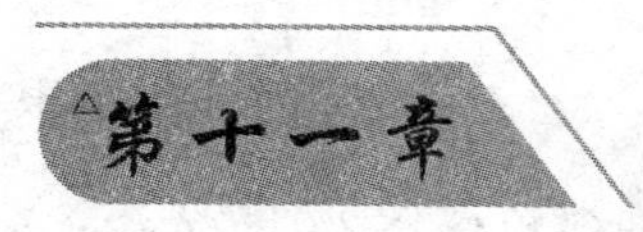

曲线积分与曲面积分

上一章已经把积分的概念从积分范围为数轴上的区间推广到平面或空间的一个区域.本章还将进一步把积分的范围推广到平面或空间的一段曲线或一片曲面的情形,相应地称为曲线积分和曲面积分.它是多元函数积分学的又一重要内容.本章将介绍曲线积分和曲面积分的概念及计算方法,并讨论各种积分之间的联系.

第一节　对弧长的曲线积分

一、对弧长曲线积分的概念

曲线弧的质量:设平面上有一条光滑曲线 L,它的两端点为 A,B,其上分布有质量,L 上任一点 $M(x,y)$ 处的线密度为 L 上的连续函数 $\rho(x,y)$,求曲线弧 $\overset{\frown}{AB}$ 的质量.

如图 11-1 所示,将曲线 L 任意划分成 n 小段,$\overset{\frown}{M_0M_1}$,$\overset{\frown}{M_1M_2}$,$\cdots$,$\overset{\frown}{M_{n-1}M_n}$,其中 $M_0=A$,$M_n=B$,每一小段 $\overset{\frown}{M_{i-1}M_i}$ 的弧长为 Δs_i,$(i=1,2,\cdots,n)$. 在 $\overset{\frown}{M_{i-1}M_i}$ 上任取一点 $K_i(\xi_i,\eta_i)$,由于 $\rho(x,y)$ 连续,所以当 Δs_i 很小时,$\overset{\frown}{M_{i-1}M_i}$ 可近似看成线密度为 $\rho(\xi_i,\eta_i)$ 的均匀小弧段,因此其质量为 $\Delta m_i\approx\rho(\xi_i,\eta_i)\Delta s_i$,进而可得曲线弧 $\overset{\frown}{AB}$ 的质量

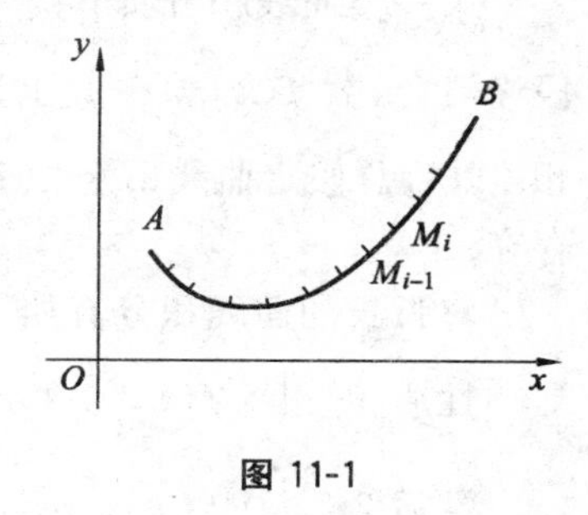

图 11-1

$$m=\sum_{i=1}^{n}\Delta m_i\approx\sum_{i=1}^{n}\rho(\xi_i,\eta_i)\Delta s_i.$$

对弧 $\overset{\frown}{AB}$ 分得越细,上述和式就越接近于 m.

记 $\lambda=\max\limits_{1\leqslant i\leqslant n}\{\Delta s_i\}$,运用积分的思想,可将曲线弧 $\overset{\frown}{AB}$ 的质量表示为

$$m=\lim_{\lambda\to 0}\sum_{i=1}^{n}\rho(\xi_i,\eta_i)\Delta s_i.$$

这种和式的极限在许多实际问题中常常出现,于是可从中引出对弧长曲线积分的概念.

定义　设 L 为 Oxy 平面上一条曲线弧,A,B 是 L 的两端点,函数 $f(x,y)$ 是定义在 L 上的有界函数.依次用分点 $A=M_0,M_1,\cdots,M_n=B$ 把 L 分成 n 小段,即 $\overset{\frown}{M_0M_1}$,$\overset{\frown}{M_1M_2}$,$\cdots$,$\overset{\frown}{M_{n-1}M_n}$.设第 i 小段弧 $\overset{\frown}{M_{i-1}M_i}$ 的弧长为 Δs_i,记 $\lambda=\max\limits_{1\leqslant i\leqslant n}\{\Delta s_i\}$.在每个小弧段上任取一点

$K_i(\xi_i,\eta_i)$，作和式 $\sum_{i=1}^{n} f(\xi_i,\eta_i)\Delta s_i$. 若不论对曲线 L 如何划分，也不论点 $K_i(\xi_i,\eta_i)$ 在小弧段上如何选取，当 $\lambda\to 0$ 时，和式的极限 $\lim\limits_{\lambda\to 0}\sum_{i=1}^{n} f(\xi_i,\eta_i)\Delta s_i$ 总存在，则称此极限为函数 $f(x,y)$ 在曲线弧 L 上对弧长的曲线积分，也称第一类曲线积分，记作 $\int_L f(x,y)\mathrm{d}s$，即

$$\int_L f(x,y)\mathrm{d}s=\lim_{\lambda\to 0}\sum_{i=1}^{n} f(\xi_i,\eta_i)\Delta s_i,$$

其中，$f(x,y)$ 称为被积函数，L 称为积分弧段. 当曲线积分为封闭的曲线时积分号也用符号 $\oint$ 表示.

在上述曲线积分的定义中采用的方法和一元函数定积分的方法是相同的，只是以光滑曲线(即具有连续变化的切线)或分割光滑曲线(即曲线由若干条光滑曲线组成)代替分割区间，函数在曲线上取值代替在区间上取值，曲线小段弧长代替小区间的长度.

根据以上定义，曲线弧 L 的质量 m 等于其线密度 $\rho(x,y)$ 沿曲线 L 对弧长的曲线积分

$$m=\int_L \rho(x,y)\mathrm{d}s.$$

第一类曲线积分具有的一些基本性质与定积分极其类似. 可以证明，当曲线弧 L 分段光滑，函数 $f(x,y)$ 在 L 上连续时，积分 $\int_L f(x,y)\mathrm{d}s$ 存在，此时也称 $f(x,y)$ 在 L 上可积. 以后总假定曲线 L 分段光滑，函数 $f(x,y)$ 在 L 上连续，从而所讨论的曲线积分都存在.

对弧长的曲线积分有如下基本性质：

性质 1 $\int_L [f(x,y)+g(x,y)]\mathrm{d}s=\int_L f(x,y)\mathrm{d}s+\int_L g(x,y)\mathrm{d}s.$

性质 2 $\int_L kf(x,y)\mathrm{d}s=k\int_L f(x,y)\mathrm{d}s$ (k 为常数).

性质 3 设 C 为曲线弧 $\overset{\frown}{AB}$ 上任一点，则有

$$\int_{\overset{\frown}{AB}} f(x,y)\mathrm{d}s=\int_{\overset{\frown}{AC}} f(x,y)\mathrm{d}s+\int_{\overset{\frown}{CA}} f(x,y)\mathrm{d}s.$$

性质 4 对弧长曲线积分与曲线弧的方向无关，即

$$\int_{\overset{\frown}{AB}} f(x,y)\mathrm{d}s=\int_{\overset{\frown}{BA}} f(x,y)\mathrm{d}s.$$

如果积分区域是空间曲线 Γ，则完全类似地可以定义对弧长的曲线积分

$$\int_\Gamma f(x,y,z)\mathrm{d}s=\lim_{\lambda\to 0}\sum_{i=1}^{n} f(\xi_i,\eta_i,\zeta_i)\Delta s_i.$$

二、对弧长曲线积分的计算

设函数 $f(x,y)$ 在曲线弧 L 上有定义且连续，曲线弧 L 的参数方程为

$$\begin{cases} x=\varphi(t), \\ y=\psi(t), \end{cases} \quad \alpha \leqslant t \leqslant \beta, \tag{1}$$

其中，$\varphi(t)$，$\psi(t)$在$[\alpha,\beta]$上有一阶连续导数，于是可以证明（证明略）

$$\begin{aligned} \int_L f(x,y)\mathrm{d}s &= \lim_{\lambda\to 0}\sum_{i=1}^{n} f(\xi_i,\eta_i)\Delta s_i = \lim_{\lambda\to 0}\sum_{i=1}^{n} f(x(\bar{s_i}),y(\bar{s_i}))\cdot\Delta s_i \\ &= \int_\alpha^\beta f(\varphi(t),\psi(t))\sqrt{\varphi'^2(t)+\psi'^2(t)}\mathrm{d}t. \end{aligned} \tag{2}$$

这就是利用参数方程计算对弧长曲线积分的公式.

需要注意的是式(2)中必须有$\alpha<\beta$.

当曲线L由方程$y=y(x)(a\leqslant x\leqslant b)$给出，$y=y(x)$具有连续的导数，则式(2)成为

$$\int_L f(x,y)\mathrm{d}s = \int_a^b f(x,y(x))\sqrt{1+y'^2(x)}\mathrm{d}x. \tag{3}$$

当曲线L由方程$x=x(y)(c\leqslant x\leqslant d)$给出，$x=x(y)$具有连续的导数，则式(2)成为

$$\int_L f(x,y)\mathrm{d}s = \int_c^d f(x(y),y)\sqrt{1+x'^2(y)}\mathrm{d}y. \tag{4}$$

更进一步地，假设空间曲线Γ的参数方程为

$$\begin{cases} x=\varphi(t), \\ y=\psi(t), \quad \alpha\leqslant t\leqslant\beta, \\ z=\omega(t), \end{cases}$$

其中，$\varphi(t)$，$\psi(t)$，$\omega(t)$在$[\alpha,\beta]$具有连续的导数，则有

$$\int_\Gamma f(x,y,z)\mathrm{d}s = \int_\alpha^\beta f(\varphi(t),\psi(t),\omega(t))\sqrt{\varphi'^2(t)+\psi'^2(t)+\omega'^2(t)}\,\mathrm{d}t. \tag{5}$$

例 1　计算曲线积分

$$I=\int_L \sqrt{y}\mathrm{d}s,$$

其中L是抛物线$y=x^2$上自点(0，0)到点(1，1)的一段弧.

解

$$\begin{aligned} I &= \int_0^1 \sqrt{x^2}\cdot\sqrt{1+4x^2}\mathrm{d}x = \frac{1}{2}\int_0^1 \sqrt{1+4x^2}\mathrm{d}x^2 \\ &= \frac{1}{8}\int_0^1 (1+4x^2)^{\frac{1}{2}}\mathrm{d}(1+4x^2) \\ &= \frac{1}{8}\cdot\frac{2}{3}(1+4x^2)^{\frac{3}{2}}\Big|_0^1 = \frac{1}{12}(5\sqrt{5}-1). \end{aligned}$$

例 2　计算$\oint_L \mathrm{e}^{\sqrt{x^2+y^2}}\mathrm{d}s$，其中$L$为圆周$x^2+y^2=1$，直线$y=x$及$x$轴在第一象限所围的整个边界.

解　如图 11-2 所示，由于积分曲线L由分段光滑曲线组成，所以可分线段$\overline{OA}$，圆弧$\widehat{AB}$和线段$\overline{BO}$三段来计算，即

$$\oint_L \mathrm{e}^{\sqrt{x^2+y^2}}\mathrm{d}s = \int_{\overline{OA}} \mathrm{e}^{\sqrt{x^2+y^2}}\mathrm{d}s + \int_{\widehat{AB}} \mathrm{e}^{\sqrt{x^2+y^2}}\mathrm{d}s + \int_{\overline{BO}} \mathrm{e}^{\sqrt{x^2+y^2}}\mathrm{d}s.$$

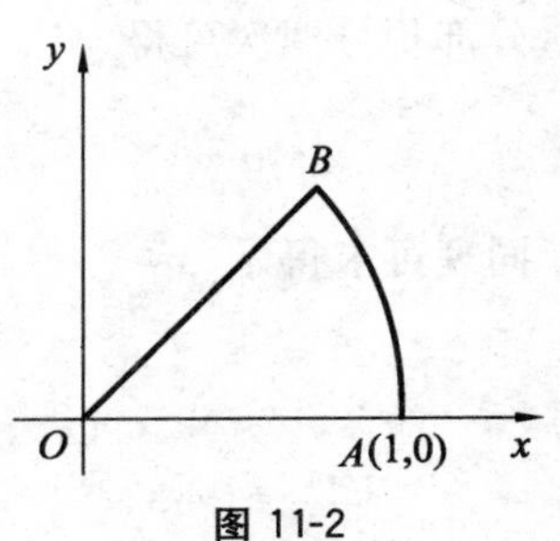

图 11-2

在线段$\overline{OA}$上，$y=0(0\leqslant x\leqslant 1)$，$\mathrm{d}s=\mathrm{d}x$，得

$$\int_{\overline{OA}} \mathrm{e}^{\sqrt{x^2+y^2}}\mathrm{d}s=\int_0^1 \mathrm{e}^x\mathrm{d}x=\mathrm{e}-1.$$

在圆弧$\widehat{AB}$上，$x=\cos t$，$y=\sin t\ \left(0\leqslant t\leqslant \dfrac{\pi}{4}\right)$，$\mathrm{d}s=\mathrm{d}t$，得

$$\int_{\widehat{AB}} \mathrm{e}^{\sqrt{x^2+y^2}}\mathrm{d}s=\int_0^{\frac{\pi}{4}} \mathrm{e}\,\mathrm{d}t=\frac{\pi}{4}\mathrm{e}.$$

在线段$\overline{BO}$上，$y=x\left(0\leqslant x\leqslant \dfrac{\sqrt{2}}{2}\right)$，$\mathrm{d}s=\sqrt{2}\mathrm{d}x$，得

$$\int_{\overline{BO}} \mathrm{e}^{\sqrt{x^2+y^2}}\mathrm{d}s=\int_0^{\frac{\sqrt{2}}{2}} \mathrm{e}^{\sqrt{2}\,x}\sqrt{2}\mathrm{d}x=\mathrm{e}-1.$$

合并三项得

$$\oint_L \mathrm{e}^{\sqrt{x^2+y^2}}\mathrm{d}s=2(\mathrm{e}-1)+\frac{\pi}{4}\mathrm{e}.$$

例 3 设有一金属线 L，其方程为 $x=a\cos t$，$y=a\sin t$，$z=kt(0\leqslant t\leqslant 2\pi)$. 它在每一点处的线密度与该点到原点的距离平方成正比，且在点 $P(a,0,0)$ 处的密度为 a^2. 求它的质量和质心坐标.

解 设线密度函数为

$$\rho(x,y,z)=c(x^2+y^2+z^2),$$

其中 c 是比例系数. 因为 $\rho(a,0,0)=a^2$，即 $ca^2=a^2$，所以 $c=1$，由此得该金属线的线密度函数为

$$\rho(x,y,z)=x^2+y^2+z^2.$$

所以该金属线的质量为

$$M=\int_L (x^2+y^2+z^2)\mathrm{d}s.$$

在曲线上，$x'=-a\sin t$，$y'=a\cos t$，$z'=k$，$\mathrm{d}s=\sqrt{a^2+k^2}\,\mathrm{d}t$，于是

$$M=\int_0^{2\pi}(a^2+k^2t^2)\sqrt{a^2+k^2}\,\mathrm{d}t=\frac{2}{3}\pi\sqrt{a^2+k^2}(3a^2+4k^2\pi^2).$$

与前面平面薄片和空间物体的质心公式类似，有曲线型物件的质心公式：

$$\bar{x}=\frac{1}{M}\int_L x\rho(x,y,z)\mathrm{d}s=\frac{1}{M}\int_0^{2\pi} a\cos t\cdot(a^2+k^2t^2)\sqrt{a^2+k^2}\,\mathrm{d}t.$$

分部积分两次可得

$$\bar{x}=\frac{4\pi ak^2\sqrt{a^2+k^2}}{M}=\frac{6ak^2}{3a^2+4k^2\pi^2}.$$

同理可求得

$$\bar{y}=\frac{1}{M}\int_L y\rho(x,y,z)\mathrm{d}s=\frac{-6ak^2\pi}{3a^2+4k^2\pi^2},$$

$$\bar{z}=\frac{1}{M}\int_L z\rho(x,y,z)\mathrm{d}s=\frac{3k\pi(a^2+2k^2\pi^2)}{3a^2+4k^2\pi^2}.$$

CT 成像的基本原理　试验表明，X 射线在穿透不同的物质时衰减的强度是不同的，这是因为不同的物质对 X 射线的衰减系数(也称吸收系数)不同. 设强度为 I_0 的 X 射线穿透衰减系数为 μ，厚度为 x 的物质后的强度为 I_e，则

$$I_e = I_0 \mathrm{e}^{-\mu x}.$$

人体组织不同部位的 X 射线衰减系数是不同的，它可表示成空间变量的函数 $\mu(x,y,z)$. 如果了解了人体组织的 X 射线衰减系数 $\mu(x,y,z)$，就了解了人体组织的结构或组织发生的变异.

设空间一点 A 发出强度为 I_A 的 X 射线，穿过人体组织到达点 B，其强度为 I_B，其衰减量定义为 $I_{AB}=\ln(I_A-I_B)$. 根据曲线积分的定义，有

$$\int_{AB} \mu(x,y,z)\,\mathrm{d}s = \ln \frac{I_A}{I_B}.$$

当 X 射线衰减系数 $\mu(x,y,z)$ 已知时，可以计算曲线积分得到衰减量 I_{AB}. 现在的问题恰恰相反：$\mu(x,y,z)$ 是未知的，而不同位置的衰减量 I_{AB} 是可以测量的，那么，我们是否可以通过测量不同位置的衰减量，来反求 X 射线衰减系数 $\mu(x,y,z)$ 呢？

基于曲线积分的拉东(Radon)变换解决了这一问题. 当任意方位的直线上的 X 射线衰减量已知时，可以求得 $\mu(x,y,z)$，这就是 CT 层析成像的基本原理. 通过测量任意方位的直线上的衰减量，利用计算机反求人体组织的 X 射线衰减系数 $\mu(x,y,z)$，再依次输出不同位置的人体组织衰减系数的二维图像，这一技术称为**计算机层析成像技术**，简称 **CT 技术**. 它是将数学和计算机结合起来用于医学诊断的一项重大的技术发明. 当利用的数据是任意方位的测量数据时，其成像技术也叫做**完全投影成像**. 应用上，由于常常不能测量任意方位的直线上的衰减量，因此，科学家们又进一步研究了不完全投影成像方法.

习题 11-1

1. 计算下列对弧长曲线积分：

(1) $\int_L (x^2+y^2)^3 \mathrm{d}s$，其中 L 是圆周：$\begin{cases} x = a\cos t, \\ y = a\sin t, \end{cases} \quad 0 \leqslant t \leqslant 2\pi$；

(2) $\int_L (x^2+y^2)\mathrm{d}s$，其中 L 是曲线：$\begin{cases} x = a(\cos t + t\sin t), \\ y = a(\sin t - t\cos t), \end{cases} \quad 0 \leqslant t \leqslant 2\pi$；

(3) $\int_L \sqrt{y}\,\mathrm{d}s$，其中 L 是抛物线 $y=x^2$ 上自点 $(0,0)$ 到点 $(1,1)$ 的一段弧；

(4) $\int_L \frac{\mathrm{d}s}{x-y}$，其中 L 是直线 $y=\frac{x}{2}-2$ 介于点 $A(0,-2)$ 和 $B(4,0)$ 之间的线段；

(5) $\int_L xy\,\mathrm{d}s$，其中 L 为椭圆 $\frac{x^2}{a^2}+\frac{y^2}{b^2}=1$ 在第一象限的那段弧；

(6) $\int_L xy\,\mathrm{d}s$，其中 L 是由直线：$x=0, y=0, x=4, y=2$ 所构成的封闭曲线；

(7) $\int_L (x+y+z)\mathrm{d}s$，其中 L 是连接两点 $A(3,2,1)$ 和 $B(-1,0,2)$ 的直线段.

2. 一曲线杆为圆形 $x=2\cos t, y=2\sin t, 0\leqslant t\leqslant \pi$，其上每一点处的密度等于该点的纵坐标，求曲线杆的质量.

第二节　对坐标的曲线积分

一、对坐标曲线积分的概念

1. 向量场介绍

向量场的概念是19世纪英国科学家法拉第在研究电磁作用时引入的. 他把空间任意一点上代表力的大小和方向的一系列量概括为向量场. **向量场**是一个向量函数，它对平面或三维空间中的每一点给定一个向量. 力场是向量场的典型例子，当我们受到一个力时，有时是和产生作用力的物体发生直接接触，但有时产生的作用力能够在空间所有的点感受到，例如，地球作用到物体上的引力. 设地球的质量为 M，地球的球心取坐标原点，则根据牛顿万有引力定律，地球对空间任意一点 (x,y,z) 处质量为 m 的质点产生的引力 $\boldsymbol{F}$ 的大小为

$$|\boldsymbol{F}|=\frac{GMm}{|\boldsymbol{r}|^2},$$

方向指向坐标原点，其中 $\boldsymbol{r}=x\boldsymbol{i}+y\boldsymbol{j}+z\boldsymbol{k}$. 因此地球产生的引力场可以表示为

$$\boldsymbol{F}=-\frac{GMm}{|\boldsymbol{r}|^3}\boldsymbol{r}=-\frac{GMmx}{(x^2+y^2+z^2)^{\frac{3}{2}}}\boldsymbol{i}-\frac{GMmy}{(x^2+y^2+z^2)^{\frac{3}{2}}}\boldsymbol{j}-\frac{GMmz}{(x^2+y^2+z^2)^{\frac{3}{2}}}\boldsymbol{k}.$$

另一个例子是函数 $f(x,y)$ 的梯度. 在每一点 (x,y)，梯度向量用 $\mathbf{grad}\, f(x,y)$ 表示，它是指向 $f(x,y)$ 增加速率最大的方向.

设 Ω 是一个空间区域，那么 Ω 上的向量场可以用定义在 Ω 上的一个向量值函数表示，即

$$\boldsymbol{F}(x,y,z)=P(x,y,z)\boldsymbol{i}+Q(x,y,z)\boldsymbol{j}+R(x,y,z)\boldsymbol{k}.$$

当 $P(x,y,z),Q(x,y,z),R(x,y,z)$ 在 Ω 上都连续时，称该**向量场是连续的**.

2. 对坐标曲线积分的概念

先研究物体在变力作用下沿曲线运动所做的功. 设质点 $M(x,y)$ 在平面力场

$$\boldsymbol{F}=P(x,y)\boldsymbol{i}+Q(x,y)\boldsymbol{j}$$

作用下由点 A 沿平面曲线 L 运动到点 B，这里 $P(x,y),Q(x,y)$ 是曲线 L 上的连续函数.

如果 $\boldsymbol{F}$ 是常量，且 AB 是直线，则 $\boldsymbol{F}$ 所做的功

$$W=\boldsymbol{F}\cdot\overrightarrow{AB}.$$

对 $\boldsymbol{F}$ 是变力，$\overset{\frown}{AB}$ 是曲线的情形，我们用与求曲线质量类似的方法来处理.

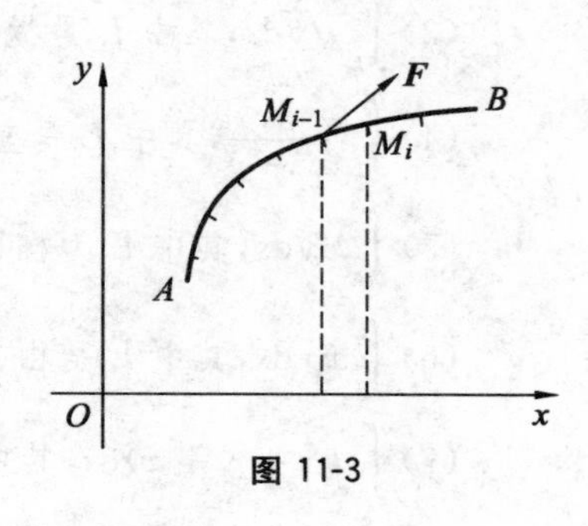

图 11-3

如图11-3所示，用分点 $A=M_0,M_1,\cdots,M_n=B$ 将曲

线 L 分成 n 小段$\widehat{M_0M_1}$，$\widehat{M_1M_2}$，…，$\widehat{M_{n-1}M_n}$，在每一小段$\widehat{M_{i-1}M_i}$上任取一点 $K_i(\xi_i,\eta_i)$. 由于 $\boldsymbol{F}$ 是连续的，所以当每一小段弧$\widehat{M_{i-1}M_i}$的弧长 Δs_i 很小时，质点可近似看成在常力 $\boldsymbol{F}(\xi_i,\eta_i)$的作用下沿直线 $M_{i-1}M_i$ 做直线运动. 因此，在小弧段$\widehat{M_{i-1}M_i}$上，变力 $\boldsymbol{F}$ 所做的功

$$\Delta W_i \approx \boldsymbol{F}(\xi_i,\eta_i)\cdot\overrightarrow{M_{i-1}M_i}.$$

设分点 M_i 的坐标为$(x_i,y_i)(i=0,1,\cdots,n)$，则

$$\overrightarrow{M_{i-1}M_i}=\Delta x_i\boldsymbol{i}+\Delta y_i\boldsymbol{j},$$

这里 $\Delta x_i=x_i-x_{i-1}$，$\Delta y_i=y_i-y_{i-1}$，于是

$$\Delta W_i \approx F(\xi_i,\eta_i)\cdot\overrightarrow{M_{i-1}M_i}=P(\xi_i,\eta_i)\Delta x_i+Q(\xi_i,\eta_i)\Delta y_i.$$

将它们求和，可得整个曲线 L 上变力 $\boldsymbol{F}$ 所做的功

$$W=\sum_{i=1}^{n}\Delta W_i \approx \sum_{i=1}^{n}[P(\xi_i,\eta_i)\Delta x_i+Q(\xi_i,\eta_i)\Delta y_i].$$

若分点越多，这些小曲线段的长度越小，则近似程度越高. 于是质点在变力 $\boldsymbol{F}$ 的作用下，沿曲线 L 所做的功可以表示为

$$W=\lim_{\lambda\to\infty}\sum_{i=1}^{n}[P(\xi_i,\eta_i)\Delta x_i+Q(\xi_i,\eta_i)\Delta y_i],$$

其中，λ 表示各弧段长度最大值. 这种和式的极限在研究其他问题时也会出现，我们可从中引出对坐标曲线积分的概念.

定义　设曲线 L 是 Oxy 平面上从点 A 到点 B 的一条有向光滑曲线，函数 $P(x,y)$，$Q(x,y)$在曲线 L 上有界，将 L 按从 A 到 B 的方向顺序用分点 $A=M_0$，M_1，…，M_{n-1}，$M_n=B$ 分割成 n 个有向小弧段$\widehat{M_{i-1}M_i}$，其中 M_i 的坐标$(x_i,y_i)(i=0,1,\cdots,n)$. 设 $\Delta x_i=x_i-x_{i-1}$，$\Delta y_i=y_i-y_{i-1}$，在$\widehat{M_{i-1}M_i}$上任取一点 $K_i(\xi_i,\eta_i)$，作和式 $\sum\limits_{i=1}^{n}[P(\xi_i,\eta_i)\Delta x_i+Q(\xi_i,\eta_i)\Delta y_i]$. 若不论对曲线 L 如何分割，也不论 $K_i(\xi_i,\eta_i)$在$\widehat{M_{i-1}M_i}$上如何选取，当各弧段长度最大值 $\lambda\to 0$ 时，这个和式的极限 $\lim\limits_{\lambda\to 0}\sum\limits_{i=1}^{n}[P(\xi_i,\eta_i)\Delta x_i+Q(\xi_i,\eta_i)\Delta y_i]$ 总存在，则称此极限为函数 $P(x,y)$，$Q(x,y)$沿曲线 L 从点 A 到点 B 的对坐标的曲线积分，或称第二类曲线积分，记作 $\int_L P(x,y)\mathrm{d}x+Q(x,y)\mathrm{d}y$，即

$$\int_L P(x,y)\mathrm{d}x+Q(x,y)\mathrm{d}y=\lim_{\lambda\to 0}\sum_{i=1}^{n}[P(\xi_i,\eta_i)\Delta x_i+Q(\xi_i,\eta_i)\Delta y_i], \tag{1}$$

其中，$P(x,y)$，$Q(x,y)$叫做被积函数，L 叫做积分弧段. 当积分曲线为封闭的曲线时，积分号也用符号$\oint$表示.

第二类曲线积分可用向量形式表示，设 $\boldsymbol{F}(x,y)=P(x,y)\boldsymbol{i}+Q(x,y)\boldsymbol{j}$，$\Delta\boldsymbol{r}_i=\Delta x_i\boldsymbol{i}+\Delta y_i\boldsymbol{j}$，$\mathrm{d}\boldsymbol{r}=\mathrm{d}x\boldsymbol{i}+\mathrm{d}y\boldsymbol{j}$，则

$$\int_L P(x,y)\mathrm{d}x+Q(x,y)\mathrm{d}y=\int_L \boldsymbol{F}\cdot\mathrm{d}\boldsymbol{r}$$
$$=\lim_{\lambda\to 0}\sum_{i=1}^{n}\left[P(\xi_i,\eta_i)\Delta x_i+Q(\xi_i,\eta_i)\Delta y_i\right]$$
$$=\lim_{\lambda\to 0}\sum_{i=1}^{n}\boldsymbol{F}(\xi_i,\eta_i)\cdot\Delta\boldsymbol{r}_i.$$

根据定义，在力场 $\boldsymbol{F}(x,y)=P(x,y)\boldsymbol{i}+Q(x,y)\boldsymbol{j}$ 中，沿曲线 L 从点 A 到点 B 所做的功为

$$W=\int_L P(x,y)\mathrm{d}x+Q(x,y)\mathrm{d}y.$$

可以证明，如果 L 是分段光滑曲线，$P(x,y)$，$Q(x,y)$ 是 L 上的连续函数，则坐标的曲线积分 $\int_L P(x,y)\mathrm{d}x+Q(x,y)\mathrm{d}y$ 一定存在，因此以后总假定被积函数及积分弧段满足上述条件.

对坐标曲线积分也有如下基本性质：

性质 1 $\int_L[(P_1+P_2)\mathrm{d}x+(Q_1+Q_2)\mathrm{d}y]=\int_L[P_1\mathrm{d}x+Q_1\mathrm{d}y]+\int_L[P_2\mathrm{d}x+Q_2\mathrm{d}y]$.

性质 2 $\int_L kP\mathrm{d}x+kQ\mathrm{d}y=k\int_L P\mathrm{d}x+Q\mathrm{d}y$（$k$ 为常数）.

性质 3 如果 L 可分成 L_1 和 L_2，则

$$\int_L P\mathrm{d}x+Q\mathrm{d}y=\int_{L_1}P\mathrm{d}x+Q\mathrm{d}y+\int_{L_2}P\mathrm{d}x+Q\mathrm{d}y.$$

性质 4 L 是有向曲线弧，L^{-1} 是与 L 方向相反的有向曲线弧，则

$$\int_{L^{-1}}P\mathrm{d}x+Q\mathrm{d}y=-\int_L P\mathrm{d}x+Q\mathrm{d}y.$$

性质 4 说明，对坐标曲线积分与积分曲线的方向有关：当方向改变时，积分值变号. 这是第二类曲线积分与第一类曲线积分性质上的重要区别.

当积分曲线为闭曲线 L 时，起点与终点重合. 此时 L 有两个可能的方向，通常规定逆时针方向为**正方向**.

二、对坐标曲线积分的计算

设曲线 L 的参数方程为

$$\begin{cases}x=\varphi(t),\\ y=\psi(t),\end{cases}\quad \alpha\leqslant t\leqslant\beta.$$

当参数 t 由 α 变到 β 时，动点 $M(x,y)$ 从点 A 沿曲线 L 变到点 B，且 $\varphi(t)$，$\psi(t)$ 在 $[\alpha,\beta]$ 上具有一阶连续导数，则

$$\mathrm{d}x=\varphi'(t)\mathrm{d}t,\ \mathrm{d}y=\psi'(t)\mathrm{d}t.$$

于是可以证明（证明略）

$$\int_L P\mathrm{d}x+Q\mathrm{d}y=\int_\alpha^\beta\{P[(\varphi(t),\psi(t))]\varphi'(t)+Q[(\varphi(t),\psi(t))]\psi'(t)\}\mathrm{d}t. \qquad (2)$$

必须注意积分下限 α 是曲线 L 的起点的参数值，上限 β 是终点的参数值，α 不一定小于 β，这点和对弧长的曲线积分不同.

当曲线 L 由方程 $y=y(x)$ 给出，$y(x)$ 具有连续的导数，x 由 a 变到 b，则

$$\int_L P\mathrm{d}x+Q\mathrm{d}y=\int_a^b\{P[x,y(x)]+Q[x,y(x)]y'(x)\}\mathrm{d}y.$$

当曲线 L 由 $x=x(y)$ 给出，$x(y)$ 具有连续的导数，y 由 c 变到 d 时，则

$$\int_L P\mathrm{d}x+Q\mathrm{d}y=\int_c^d\{P[x(y),y]x'(y)+Q[x(y),y]\}\mathrm{d}y.$$

进一步地，如果积分曲线 L 是空间曲线，其参数方程为

$$\begin{cases}x=\varphi(t),\\ y=\psi(t),\\ z=\omega(t),\end{cases}$$

$\varphi(t),\psi(t),\omega(t)$ 具有连续的导数，t 从 α 变化到 β，则

$$\int_L P\mathrm{d}x+Q\mathrm{d}y+R\mathrm{d}z$$

$$=\int_\alpha^\beta[P(\varphi(t),\psi(t),\omega(t))\varphi'(t)+Q(\varphi(t),\psi(t),\omega(t))\psi'(t)+R(\varphi(t),\psi(t),\omega(t))\omega'(t)]\mathrm{d}t. \qquad (3)$$

例 1　计算曲线积分

$$I=\int_L y^2\mathrm{d}x,$$

其中 L 为：

(1) 点 $A(a,0)$ 沿上半圆到 $B(-a,0)$；

(2) 点 A 沿 x 轴到点 B.

解　(1) 如图 11-4 所示，L 的参数方程为

$$\begin{cases}x=a\cos t,\\ y=a\sin t,\end{cases}$$

点 A 对应于 $t=0$，点 B 对应于 $t=\pi$，故

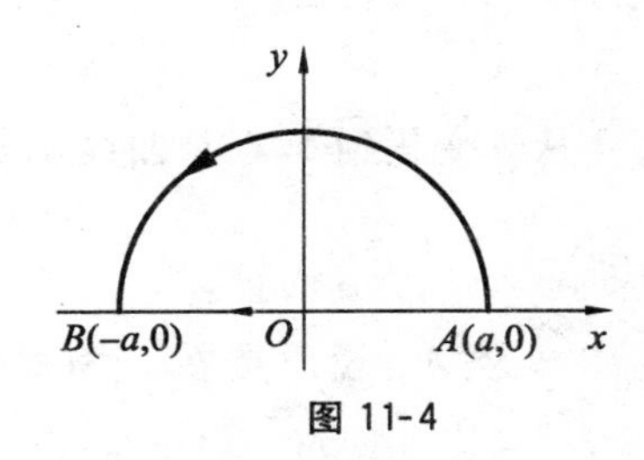

图 11-4

$$I=\int_0^\pi a^2\sin^2 t(-a\sin t)$$

$$=a^3\int_0^\pi(1-\cos^2 t)\mathrm{d}\cos t$$

$$=a^3\left(\cos t-\frac{1}{3}\cos^3 t\right)\Big|_0^\pi=-\frac{4}{3}a^3.$$

(2) x 轴的方程为 $y=0,\mathrm{d}y=0$，点 A 对应于 $x=a$，点 B 对应于 $x=-a$，所以

$$I=\int_a^{-a}0\mathrm{d}x=0.$$

例 2 计算曲线积分

$$I=\int_L 2xy\,dx+x^2\,dy,$$

其中 L 为：

(1) 抛物线 $y=x^2$ 从 $O(0,0)$ 到 $B(1,1)$ 的一段弧；

(2) 抛物线 $x=y^2$ 从 $O(0,0)$ 到 $B(1,1)$ 的一段弧；

(3) 有向折线 OAB，其中点 A 的坐标为 $A(1,0)$，如图 11-5 所示.

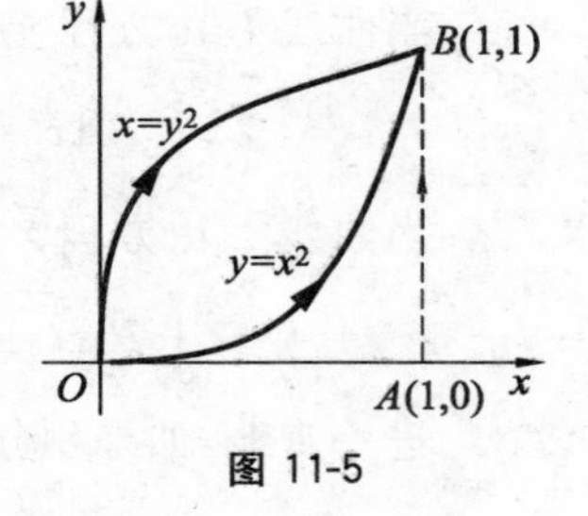

图 11-5

解 (1) 曲线积分化成对 x 的定积分. L：$y=x^2$，x 从 0 变到 1，所以

$$I=\int_0^1(2x^3\,dx+x^2\cdot 2x\,dx)=\int_0^1 4x^3\,dx=x^4\Big|_0^1=1.$$

(2) 曲线积分化成对 y 的定积分. L：$x=y^2$，y 从 0 变到 1，所以

$$I=\int_0^1(2y^3\cdot 2y\,dy+y^4\,dy)=\int_0^1 5y^4\,dy=y^5\Big|_0^1=1.$$

(3) 在直线 OA 上，$y=0$，$dy=0$，故积分为零.

在直线 AB 上，$x=1$，$dx=0$，y 从 0 变到 1，故

$$I=\int_{OA}(2xy\,dx+x^2\,dy)+\int_{AB}(2xy\,dx+x^2\,dy)=0+\int_0^1 dy=1.$$

例 3 计算曲线积分 $I=\int_L x\,dx+y\,dy+z\,dz$，其中 L 是从点 $(1,1,1)$ 到点 $(-2,3,4)$ 的直线段.

解 直线 L 的参数方程为

$$\begin{cases}x=1-3t,\\ y=1+2t,\\ z=1+3t,\end{cases}$$

t 从 0 变化到 1，于是曲线积分

$$I=\int_0^1[-3(1-3t)+2(1+2t)+3(1+3t)]\,dt=\int_0^1(2+22t)\,dt=13\,.$$

例 4 设质点在力场 $\boldsymbol{F}=-x^2\boldsymbol{i}+xy\boldsymbol{j}$ 中沿椭圆 $\dfrac{x^2}{a^2}+\dfrac{y^2}{b^2}=1$ 在第一象限的部分从 $(0,2)$ 移动到 $(1,0)$，求力 $\boldsymbol{F}$ 所作的功 W.

解 有向曲线 L 可表示为

$$\begin{cases}x=a\cos t,\\ y=b\sin t,\end{cases}$$

点 $(0,a)$ 对应于 $t=\dfrac{\pi}{2}$，$(a,0)$ 对应于 $t=0$，因此

$$W=\int_L -x^2\,dx+xy\,dy=\int_{\frac{\pi}{2}}^0[(-a\cos^2 t)(-a\sin t)+a\cos t\cdot b\sin t\cdot b\cos t]\,dt$$

$$= a(a^2+b^2)\int_{\frac{\pi}{2}}^{0}\cos^2 t\cdot\sin t\mathrm{d}t = -\frac{a(a^2+b^2)}{3}\cos^3 t\Big|_{\frac{\pi}{2}}^{0} = -\frac{a(a^2+b^2)}{3}.$$

例 5　计算曲线积分 $\oint_L \frac{-y\mathrm{d}x+x\mathrm{d}y}{x^2+y^2}$，其中 L 为单位圆周的逆时针方向.

解　L 的参数方程为

$$\begin{cases} x=\cos t, \\ y=\sin t, \end{cases}$$

其逆时针方向对应于参数由 0 变到 2π，因而

$$\oint_L \frac{-y\mathrm{d}x+x\mathrm{d}y}{x^2+y^2} = \int_0^{2\pi}\frac{(-\sin t)(-\sin t)+\cos t\cdot\cos t}{\cos^2 t+\sin^2 t}\mathrm{d}t = \int_0^{2\pi}\mathrm{d}t = 2\pi.$$

三、两类曲线积分之间的关系

虽然两类曲线积分的定义不同，但由于弧微分 $\mathrm{d}s$ 与它在坐标轴上的投影 $\mathrm{d}x$，$\mathrm{d}y$ 之间有密切的联系，因而使两类曲线积分可以相互转换.

设有向曲线 L 的方向为由点 A 到点 B，L 上任一点 $M(x,y)$ 处与 L 方向一致的切向量的方向余弦为 $\cos\alpha$，$\cos\beta$，则有

$$\frac{\mathrm{d}x}{\mathrm{d}s}=\cos\alpha,\ \frac{\mathrm{d}y}{\mathrm{d}s}=\cos\beta.$$

于是

$$\int_L P(x,y)\mathrm{d}x+Q(x,y)\mathrm{d}y = \int_L [P(x,y)\cos\alpha+Q(x,y)\cos\beta]\mathrm{d}s, \tag{4}$$

这里 α，β 也都是 x，y 的函数.

对于空间曲线的情形，类似地有

$$\int_L P\mathrm{d}x+Q\mathrm{d}y+R\mathrm{d}z = \int_L [P\cos\alpha+Q\cos\beta+R\cos\gamma]\mathrm{d}s. \tag{5}$$

习题 11-2

1. 计算下列对坐标的曲线积分：

(1) $\int_L y^2\mathrm{d}x+x^2\mathrm{d}y$，其中 L 是椭圆：$\begin{cases} x=a\cos t, \\ y=b\sin t \end{cases}$ 的上半部分，且按顺时针方向；

(2) $\int_L y^2\mathrm{d}x$，其中 L 为：① 点 $A(a,0)$ 沿上半圆到点 $B(-a,0)$；② 点 A 沿 x 轴到点 B；

(3) $\int_L y\mathrm{d}x$，其中 L 是直线：$x=0$，$y=0$，$x=2$，$y=4$ 所构成的矩形边界，且按逆时针方向；

(4) $\int_L x\mathrm{d}x+xy\mathrm{d}y$，其中 L 是 $x^2+y^2=2x$ 的上半圆弧，由 $A(2,0)$ 到 $O(0,0)$；

(5) $\int_L x\mathrm{d}x+y\mathrm{d}y+z\mathrm{d}z$，其中 L 是从点(1,1,1) 到点(2,3,4) 的直线段.

(6) $\oint_L xyz\,\mathrm{d}z$，其中 L 是用平面 $y=z$ 截球面 $x^2+y^2+z^2=1$ 所得的截痕，从 x 轴正向看去，为逆时针方向.

2. 设有一力场 $\boldsymbol{F}$ 是常力，方向和 x 轴方向一致，求质量为 m 的质点沿圆周 $x^2+y^2=a^2$ 按逆时针方向移过位于第一象限的那一段弧时场力所做的功.

第三节　格林公式及其应用

牛顿-莱布尼茨公式揭示了闭区间上一元函数定积分与原函数在区间端点的数值之间的关系，其将定积分的计算转化为计算被积函数的原函数在区间端点上的值之差. 类似地，平面上有界闭区域上的二重积分与该区域边界曲线上的第二类曲线积分有着密切的联系，这就是格林(Green)公式. 进一步地，被积函数满足一定条件下第二类曲线积分，同样可以表示成一个函数在积分曲线终点处的值和起点处的值之差. 本节将全面讨论这些关系.

一、格林(Green)公式

定义　设 D 是连通区域，若 D 内任意一条闭曲线所围的部分都属于 D，则称 D 是单连通区域，否则称为复连通区域.

通俗地说，单连通区域就是不含有“洞”的区域(见图 11-6)，复连通区域则是含有“洞”的区域(见图 11-7). 如平面上圆形区域 $D=\{(x,y)\mid x^2+y\leqslant 1\}$ 是单连通区域，环形区域 $D=\{(x,y)\mid 1\leqslant x^2+y\leqslant 4\}$ 是复连通区域.

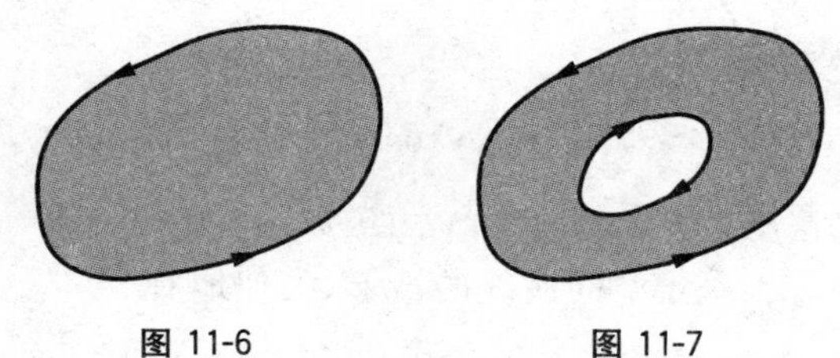

图 11-6　　图 11-7

对于单连通区域，它只有一条边界闭曲线. 前面曾规定沿逆时针方向为其正方向，如图 11-6 所示. 对于复连通区域，它的边界不止一条曲线，我们如此规定曲线的正方向：当一个人沿曲线前进时，其左侧附近包含在区域内，则此人前进的方向为正方向. 对于如图 11-7 所示的复连通区域，外边界曲线以逆时针方向为正方向，内边界曲线以顺时针方向为正方向.

定理 1(格林定理)　设函数 $P(x,y)$，$Q(x,y)$ 在有界闭区域 D 内及其边界曲线 L 上具有一阶连续的偏导数，则

$$\iint_D\left(\frac{\partial Q}{\partial x}-\frac{\partial P}{\partial y}\right)\mathrm{d}x\mathrm{d}y=\oint_L P\,\mathrm{d}x+Q\mathrm{d}y. \tag{1}$$

这里 L 取正方向. 公式(1)称为**格林公式**.

证　先设穿过区域 D 内部且平行坐标轴的直线与 D 的边界曲线 L 的交点恰好为两点，即区域既是 X 型区域，又是 Y 型区域，如图 11-8 所示.

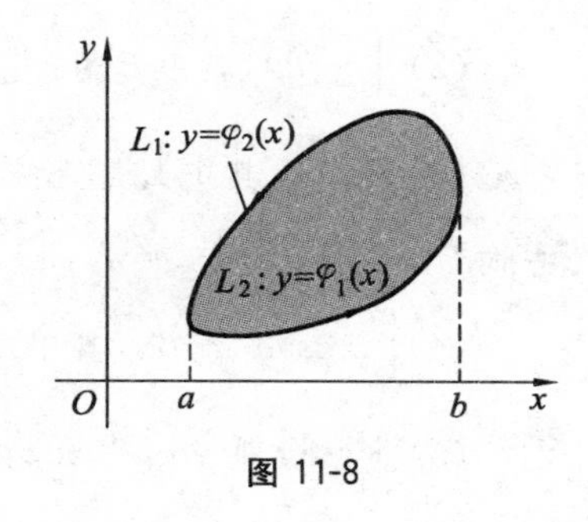

图 11-8

设 D 可表示为 $a\leqslant x\leqslant b,\varphi_1(x)\leqslant y\leqslant\varphi_2(x)$. 由二重积分的计算公式有

$$\iint_D \frac{\partial P}{\partial y}\mathrm{d}x\mathrm{d}y=\int_a^b\mathrm{d}x\int_{\varphi_1(x)}^{\varphi_2(x)}\frac{\partial P}{\partial y}\mathrm{d}y=\int_a^b P(x,y)\Big|_{\varphi_1(x)}^{\varphi_2(x)}\mathrm{d}x$$

$$=\int_a^b[P(x,\varphi_2(x))-P(x,\varphi_1(x))]\mathrm{d}x.$$

另一方面，根据对坐标曲线积分的性质及计算公式，有

$$\oint_L P(x,y)\mathrm{d}x=\int_{L_1}P(x,y)\mathrm{d}x+\int_{L_2}P(x,y)\mathrm{d}x=\int_a^b P(x,\varphi_1(x))\mathrm{d}x+\int_b^a P(x,\varphi_2(x))\mathrm{d}x$$

$$=\int_a^b P(x,\varphi_1(x))\mathrm{d}x-\int_a^b P(x,\varphi_2(x))\mathrm{d}x$$

$$=-\int_a^b[P(x,\varphi_2(x))-P(x,\varphi_1(x))]\mathrm{d}x,$$

因此

$$-\iint_D \frac{\partial P}{\partial y}\mathrm{d}x\mathrm{d}y=\oint_L P(x,y)\mathrm{d}x. \tag{2}$$

设 D 可表示为 $c\leqslant y\leqslant d,\psi_1(y)\leqslant x\leqslant\psi_2(y)$，类似可证

$$\iint_D \frac{\partial Q}{\partial x}\mathrm{d}x\mathrm{d}y=\oint_L Q(x,y)\mathrm{d}y. \tag{3}$$

由于 D 既是 X 型区域，又是 Y 型区域，因此式(2)、式(3)同时成立，合并以上两式，即得格林公式.

一般情况下，如果区域 D 不满足以上条件，可在 D 内加一条或几条辅助线，把区域 D 划分成有限个满足以上条件的部分区域，如图 11-9、图 11-10 所示，将格林公式用于各个部分区域上，最后再相加. 由于相加时每条辅助线上曲线积分按互反方向计算了两次，因而相互抵消，从而得到格林公式.

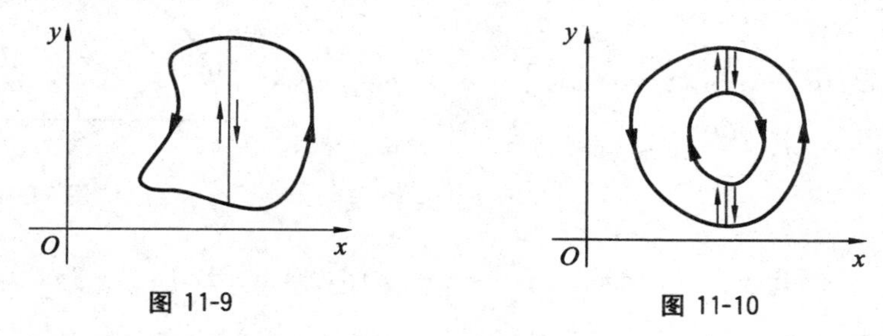

图 11-9　　　图 11-10

注意　对于复连通区域 D，格林公式(1)的左端应包含沿区域 D 的全部边界的曲线积分，且边界的方向对区域 D 来说都是正向.

特别地，如果在格林公式中，$P=-y,Q=x$，因而 $\oint_L x\mathrm{d}y-y\mathrm{d}x=2\iint_D\mathrm{d}x\mathrm{d}y$，从而得到一个计算平面区域面积的公式

$$\sigma=\iint_D\mathrm{d}x\mathrm{d}y=\frac{1}{2}\oint_L x\mathrm{d}y-y\mathrm{d}x. \tag{4}$$

例 1　计算曲线积分

$$\oint_l 3xy\,\mathrm{d}x + x^2\,\mathrm{d}y,$$

其中 l 是矩形 $ABCD$ 的边界正向，各点坐标为 $A(-1,0)$，$B(3,0)$，$C(3,2)$，$D(-1,2)$，如图 11-11 所示.

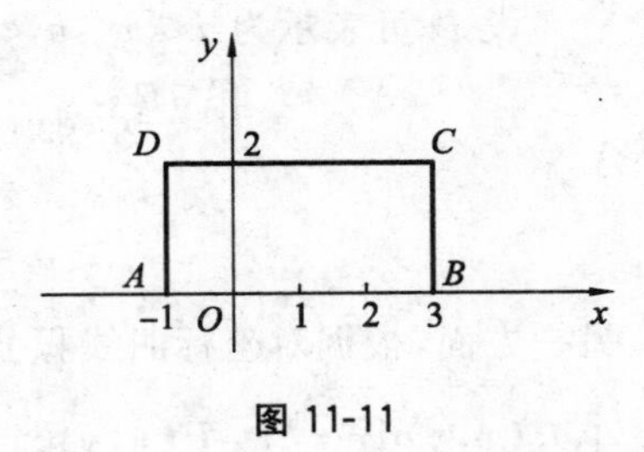

图 11-11

解　应用格林公式，$P=3xy$，$Q=x^2$，$\dfrac{\partial P}{\partial y}=3x$，$\dfrac{\partial Q}{\partial x}=2x$，因而

$$\oint_l 3xy\,\mathrm{d}x + x^2\,\mathrm{d}y = \iint_D (2x-3x)\,\mathrm{d}x\mathrm{d}y = \int_0^2 \mathrm{d}y\int_{-1}^3 (-x)\,\mathrm{d}x = -8.$$

例 2　求椭圆 $x=a\cos\theta, y=b\sin\theta$ 所围图形的面积 σ.

解　利用公式(4)，

$$\sigma = \frac{1}{2}\oint_L x\,\mathrm{d}y - y\,\mathrm{d}x$$

$$= \frac{1}{2}\int_0^{2\pi}(ab\cos^2\theta + ab\sin^2\theta)\,\mathrm{d}\theta = \frac{1}{2}ab\int_0^{2\pi}\mathrm{d}\theta = \pi ab.$$

格林公式在应用上常常是把闭曲线积分转化为二重积分，这给计算曲线积分带来了方便，并且可以得到理论上的一些结果.

例 3　计算曲线积分

$$I = \int_l (\mathrm{e}^x\sin y - my)\,\mathrm{d}x + (\mathrm{e}^x\cos y - m)\,\mathrm{d}y,$$

其中 l 为圆 $(x-a)^2+y^2=a^2\ (a>0)$ 的上半圆周，方向是 $A(2a,0)$ 到 $O(0,0)$.

解　l 不是闭曲线，如果将 l 与直线段 OA 合并就是一条闭曲线的正向(见图 11-12)，从而可运用格林公式.

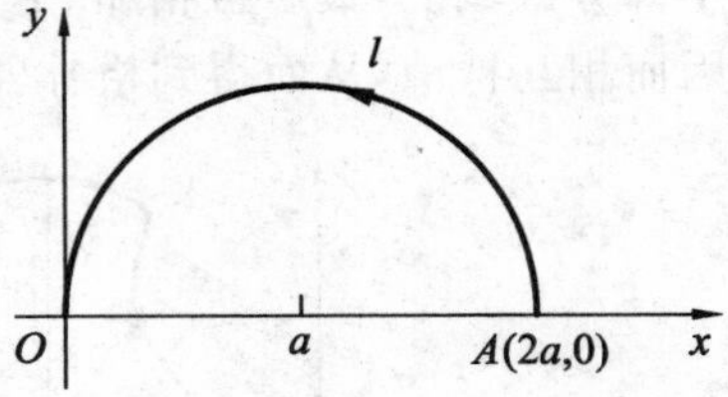

图 11-12

$$P=\mathrm{e}^x\sin y - my,\ Q=\mathrm{e}^x\cos y - m,$$

$$\frac{\partial P}{\partial y}=\mathrm{e}^x\cos y - m,\ \frac{\partial Q}{\partial x}=\cos y\,\mathrm{e}^x,\ \frac{\partial Q}{\partial x}-\frac{\partial P}{\partial y}=m,$$

因而

$$\int_{l+\overline{OA}} (\mathrm{e}^x\sin y - my)\,\mathrm{d}x + (\mathrm{e}^x\cos y - m)\,\mathrm{d}y = \iint_D m\,\mathrm{d}x\mathrm{d}y = \frac{\pi}{2}ma^2.$$

而

$$\int_{\overline{OA}} (\mathrm{e}^x\sin y - my)\,\mathrm{d}x + (\mathrm{e}^x\cos y - m)\,\mathrm{d}y = 0,$$

故

$$I = \frac{\pi}{2}ma^2.$$

例 4　计算曲线积分

$$I = \oint_L \frac{x\,\mathrm{d}y - y\,\mathrm{d}x}{x^2+y^2},$$

其中 L 为一条分段光滑，且不通过原点的闭曲线，方向为正，如图 11-13 所示.

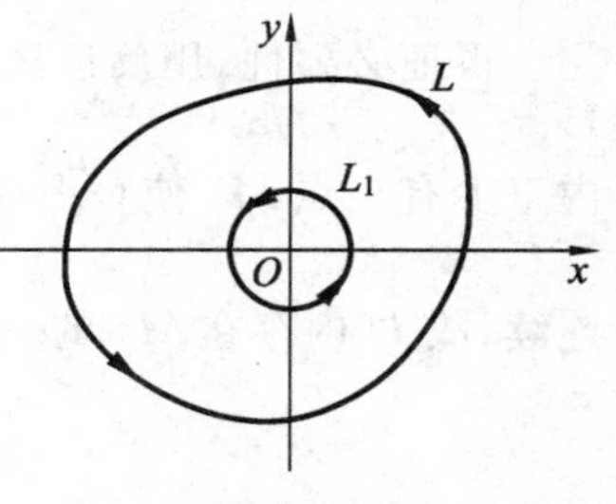

图 11-13

解　记 $P=\frac{-y}{x^2+y^2}$，$Q=\frac{x}{x^2+y^2}$，当 $x^2+y^2\neq 0$ 时，P，Q 具有连续的一阶偏导数

$$\frac{\partial P}{\partial y}=\frac{y^2-x^2}{x^2+y^2}=\frac{\partial Q}{\partial x}.$$

当 L 所围区域 D 不包含原点时，由格林公式得，$I=0$；

当 L 所围区域 D 包含原点时，被积函数不满足格林公式的条件，此时可取充分小的 $r>0$，使圆周 $L_1: x^2+y^2=r^2$ 仍位于 D 内，如图 11-13 所示. 以 L 和 L_1 为边界构成复连通区域，D_1 的边界正向是有向曲线 $L+L_1^{-1}$，其中 L_1^{-1} 与 L_1 逆向，由格林公式得

$$\int_{L+L_1^{-1}}\frac{x\mathrm{d}y-y\mathrm{d}x}{x^2+y^2}=0,$$

即

$$\begin{aligned}\int_L\frac{x\mathrm{d}y-y\mathrm{d}x}{x^2+y^2}&=-\int_{L_1^{-1}}\frac{x\mathrm{d}y-y\mathrm{d}x}{x^2+y^2}\\&=\int_{L_1}\frac{x\mathrm{d}y-y\mathrm{d}x}{x^2+y^2}=\int_0^{2\pi}\frac{r\cos t\cdot r\cos t-r\sin t\cdot(-r\sin t)}{r^2\cos^2 t+r^2\sin^2 t}\mathrm{d}t\\&=\int_0^{2\pi}\mathrm{d}t=2\pi.\end{aligned}$$

注　本题利用格林公式调整了积分的封闭曲线路径.

二、平面上曲线积分与路径无关的条件

如果对于区域 D 内任意两点 A，B，沿着连接 A，B 而在 D 内的任何分段光滑的曲线积分都等于同一个值，就说**曲线积分在 D 内与路径无关**.

在单连通区域 D 内，曲线积分与路径无关等价于沿 D 内任意闭曲线的曲线积分等于零.

定理 2　设函数 $P(x,y)$，$Q(x,y)$ 在单连通区域 D 内有一阶连续的偏导数，则在 D 内曲线积分 $\int_L P\mathrm{d}x+Q\mathrm{d}y$ 与路径无关（或沿 D 内任意闭曲线积分等于零）的充分必要条件是

$$\frac{\partial Q}{\partial x}=\frac{\partial P}{\partial y}\tag{5}$$

在 D 内恒成立.

证　先证充分性. 假设等式 $\frac{\partial Q}{\partial x}=\frac{\partial P}{\partial y}$ 在 D 内处处成立，对于 D 内任意一条闭曲线 L（其围成的区域 D_1 全部在 D 内），应用格林公式

$$\oint_L P\mathrm{d}x+Q\mathrm{d}y=\iint_{D_1}\left(\frac{\partial Q}{\partial x}-\frac{\partial P}{\partial y}\right)\mathrm{d}x\mathrm{d}y=0.$$

于是得到曲线积分与路径无关.

再证必要性.用反证法.假设对于 D 内任一条闭曲线 L,$\oint_L P\mathrm{d}x+Q\mathrm{d}y=0$,而在 D 内至少有一点 M_0 使 $\left(\frac{\partial Q}{\partial x}-\frac{\partial P}{\partial y}\right)_{M_0}\neq 0$,不妨设 $\left(\frac{\partial Q}{\partial x}-\frac{\partial P}{\partial y}\right)_{M_0}=\eta>0$.由于 $\frac{\partial Q}{\partial x}-\frac{\partial P}{\partial y}$ 在 D 内连续,故 D 内存在 M_0 的一个圆形邻域 K,使在 K 上恒有 $\left(\frac{\partial Q}{\partial x}-\frac{\partial P}{\partial y}\right)_{M_0}\geqslant\eta>0$,因而

$$\iint_K\left(\frac{\partial Q}{\partial x}-\frac{\partial P}{\partial y}\right)\mathrm{d}x\mathrm{d}y\geqslant\eta\cdot\sigma>0.$$

这里 σ 为圆形邻域 K 的面积.令 L_0 为圆形邻域 K 的边界曲线,由格林公式有

$$\oint_{L_0}P\mathrm{d}x+Q\mathrm{d}y=\iint_K\left(\frac{\partial Q}{\partial x}-\frac{\partial P}{\partial y}\right)\mathrm{d}x\mathrm{d}y>0.$$

这与假设矛盾,所以在 D 内恒有 $\frac{\partial Q}{\partial x}=\frac{\partial P}{\partial y}$.

当定理中的条件不满足时,结论不能保证成立.如在例 4 中,由于原点处条件不成立(P,Q 无定义),所以当 L 所围区域包含原点时,$\oint_L P\mathrm{d}x+Q\mathrm{d}y\neq 0$.

若曲线积分与路径无关,曲线的起点为 (x_0,y_0)、终点为 (x_1,y_1),则曲线积分可以写成

$$\int_{(x_0,y_0)}^{(x_1,y_1)}P(x,y)\mathrm{d}x+Q(x,y)\mathrm{d}y.$$

在计算曲线积分时,常常取与积分曲线的起点、终点相同的特殊路径来积分.

例 5 计算曲线积分

$$I=\int_L(x+2)\mathrm{d}x+y^2\mathrm{d}y,$$

其中 L 是沿圆周 $x^2+y^2=1$ 由点 $A(0,1)$ 到点 $B(1,0)$ 的线段.

解 由 $P=x+2,Q=y^2$,得

$$\frac{\partial Q}{\partial x}=\frac{\partial P}{\partial y}=0,$$

因而,曲线积分与路径无关.

选择从点 A 到点 B 的路径为:由点 A 沿 y 轴到原点 O,由原点 O 沿 x 轴到点 B,所以

$$\begin{aligned}\int_{AB}x\mathrm{d}x+y^2\mathrm{d}y&=\int_{AO}(x+2)\mathrm{d}x+y^2\mathrm{d}y+\int_{OB}(x+2)\mathrm{d}x+y^2\mathrm{d}y\\&=\int_1^0 y^2\mathrm{d}y+\int_0^1(x+2)\mathrm{d}x=\frac{1}{3}y^3\Big|_1^0+\frac{1}{2}(x+2)^2\Big|_0^1=\frac{13}{6}.\end{aligned}$$

定理 3 设函数 $P(x,y)$,$Q(x,y)$ 在单连通区域 D 内有一阶连续偏导数,则 $P(x,y)\mathrm{d}x+Q(x,y)\mathrm{d}y$ 在 D 内是某一函数 $u(x,y)$ 的全微分的充分必要条件是等式

$$\frac{\partial Q}{\partial x}=\frac{\partial P}{\partial y}$$

在 D 内恒成立.

证　必要性. 如果存在函数 $u(x,y)$ 使得函数 $\mathrm{d}u=P\mathrm{d}x+Q\mathrm{d}y$,则有

$$P=\frac{\partial u}{\partial x},\ Q=\frac{\partial u}{\partial y},$$

于是

$$\frac{\partial P}{\partial y}=\frac{\partial^2 u}{\partial y\partial x},\ \frac{\partial Q}{\partial x}=\frac{\partial^2 u}{\partial x\partial y}.$$

由假设 P,Q 在 D 内有连续的一阶偏导数,得到 $\frac{\partial^2 u}{\partial y\partial x}$ 与 $\frac{\partial^2 u}{\partial x\partial y}$ 连续且相等,即 $\frac{\partial Q}{\partial x}=\frac{\partial P}{\partial y}$.

再证充分性. 如图 11-14 所示,假设 $\frac{\partial Q}{\partial x}=\frac{\partial P}{\partial y}$ 在 D 内处处成立,则由本节定理 2,以定点 $M_0(x_0,y_0)$ 为起点,动点 $M(x,y)$ 为终点的曲线积分在区域 D 内与路径无关,仅由 (x,y) 决定. 令

$$u(x,y)=\int_{(x_0,y_0)}^{(x,y)}P(x,y)\mathrm{d}x+Q(x,y)\mathrm{d}y,$$

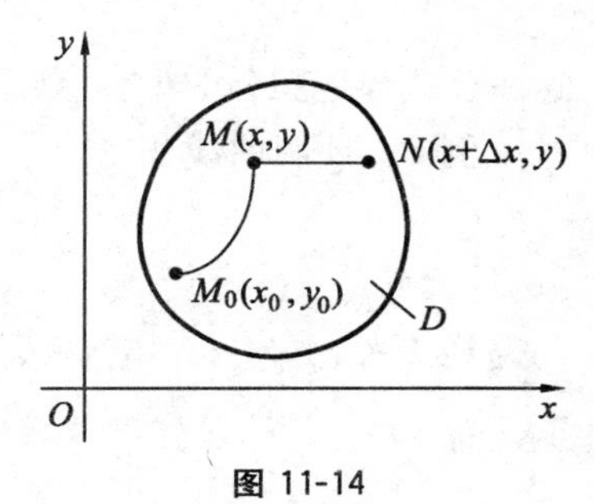

图 11-14

其中右端为从 M_0 到 M 沿 D 内任意一条曲线的积分,则 $u(x,y)$ 是 x,y 的函数. 下面证明这个函数的全微分就是 $P\mathrm{d}x+Q\mathrm{d}y$.

$$\begin{aligned}u(x+\Delta x,y)&=\int_{(x_0,y_0)}^{(x+\Delta x,y)}P(x,y)\mathrm{d}x+Q(x,y)\mathrm{d}y\\&=\int_{(x_0,y_0)}^{(x,y)}P\mathrm{d}x+Q\mathrm{d}y+\int_{(x,y)}^{(x+\Delta x,y)}P\mathrm{d}x+Q\mathrm{d}y\\&=u(x,y)+\int_{(x,y)}^{(x+\Delta x,y)}P\mathrm{d}x.\end{aligned}$$

这是因为在 D 内积分与路径无关,M_0 到 N 的曲线积分等于 M_0 到 M 的曲线积分与 M 到 N 的曲线积分之和,而在 MN 上 $\mathrm{d}y=0$. 由积分中值定理可得

$$u(x+\Delta x,y)-u(x,y)=\int_{(x,y)}^{(x+\Delta x,y)}P(x,y)\mathrm{d}x=P(x+\theta\Delta x,y)\cdot\Delta x\ (0\leqslant\theta\leqslant 1),$$

因此

$$\frac{\partial u}{\partial x}=\lim_{\Delta x\to 0}\frac{u(x+\Delta x,y)-u(x,y)}{\Delta x}=\lim_{\Delta x\to 0}P(x+\theta\Delta x,y)=P(x,y).$$

同理可得

$$\frac{\partial u}{\partial y}=Q(x,y),$$

因此

$$\mathrm{d}u=P\mathrm{d}x+Q\mathrm{d}y.$$

当 $P\mathrm{d}x+Q\mathrm{d}y$ 是全微分时,其原函数 $u(x,y)$ 可由计算曲线积分 $\int_{(x_0,y_0)}^{(x,y)}P\mathrm{d}x+Q\mathrm{d}y$ 得到. 由于此曲线积分与路径无关,一般取积分路径为平行于 x 轴和平行于 y 轴的直线段 M_0A,AM(或 M_0B,BM)组成的折线段,如图 11-15 所示. 因而

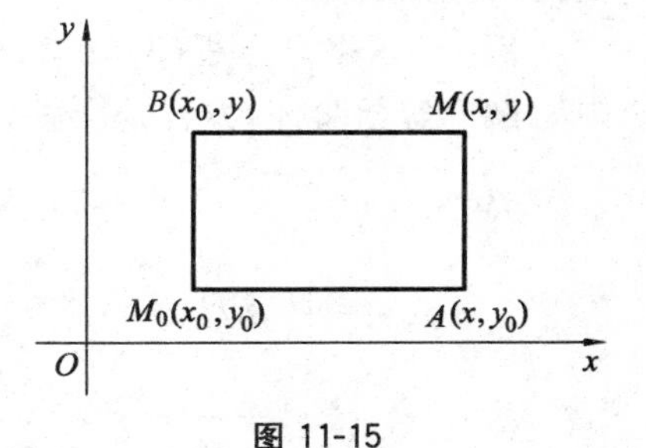

图 11-15

$$u(x,y)=\int_{x_0}^{x}P(x,y_0)\mathrm{d}x+\int_{y_0}^{y}Q(x,y)\mathrm{d}y \tag{6}$$

或

$$u(x,y)=\int_{y_0}^{y}Q(x_0,y)\mathrm{d}y+\int_{x_0}^{x}P(x,y)\mathrm{d}x. \tag{7}$$

当 $P\mathrm{d}x+Q\mathrm{d}y$ 是 $u(x,y)$ 的全微分时，有

$$\int_{(x_0,y_0)}^{(x_1,y_1)}P(x,y)\mathrm{d}x+Q(x,y)\mathrm{d}y=u(x_1,y_1)-u(x_0,y_0). \tag{8}$$

这一公式与定积分的牛顿-莱布尼茨公式形式类似，它为某些曲线积分的计算提供了方便.

例 6 证明曲线积分

$$\int_l \mathrm{e}^x(\cos y\mathrm{d}x-\sin y\mathrm{d}y)$$

与路径无关，并求 $\int_{(0,0)}^{(2,1)}\mathrm{e}^x(\cos y\mathrm{d}x-\sin y\mathrm{d}y)$ 的值.

证

$$P=\mathrm{e}^x\cos y,\ Q=-\mathrm{e}^x\sin y,$$

$$\frac{\partial Q}{\partial x}=-\mathrm{e}^x\sin y=\frac{\partial P}{\partial y},$$

且 $P,Q,\dfrac{\partial P}{\partial y},\dfrac{\partial Q}{\partial x}$ 在整个 Oxy 平面上连续，所以曲线积分 $\int_l \mathrm{e}^x(\cos y\mathrm{d}x-\sin y\mathrm{d}y)$ 与路径无关.

取从 $O(0,0)$ 沿直线到 $A(2,0)$，再沿直线到 $B(2,1)$ 为积分路径，则

$$\begin{aligned}
&\int_{(0,0)}^{(2,1)}\mathrm{e}^x(\cos y\mathrm{d}x-\sin y\mathrm{d}y)\\
&=\int_{(0,0)}^{(2,0)}\mathrm{e}^x(\cos y\mathrm{d}x-\sin y\mathrm{d}y)+\int_{(2,0)}^{(2,1)}\mathrm{e}^x(\cos y\mathrm{d}x-\sin y\mathrm{d}y)\\
&=\int_0^2\mathrm{e}^x\mathrm{d}x+\int_0^1(-\mathrm{e}^2\sin y)\mathrm{d}y\\
&=\mathrm{e}^x\Big|_0^2+\mathrm{e}^2\cos y\Big|_0^1=\mathrm{e}^2-1+\mathrm{e}^2(\cos 1-1)=\mathrm{e}^2\cos 1-1.
\end{aligned}$$

当表达式 $P(x,y)\mathrm{d}x+Q(x,y)\mathrm{d}y$ 是某函数 $u(x,y)$ 的全微分时，微分方程

$$P(x,y)\mathrm{d}x+Q(x,y)\mathrm{d}y=0$$

的通解显然就是 $u(x,y)=C$. 这样的微分方程称为**全微分方程**.

例 7 求微分方程 $(5x^4+3xy^2-y^3)\mathrm{d}x+(3x^2y-3xy^2+y^2)\mathrm{d}y=0$ 的通解.

解 容易验证，方程是全微分方程. 利用公式(7)可得

$$\begin{aligned}
u(x,y)&=\int_{(0,0)}^{(x,y)}(5x^4+3xy^2-y^3)\mathrm{d}x+(3x^2y-3xy^2+y^2)\mathrm{d}y\\
&=\int_0^x(5x^4+3xy^2-y^3)\mathrm{d}x+\int_0^y(3x^2y-3xy^2+y^2)\Big|_{x=0}\mathrm{d}y\\
&=x^5+\frac{3}{2}x^2y^2-xy^3+\frac{1}{3}y^3.
\end{aligned}$$

所以，微分方程的通解为　$x^5+\frac{3}{2}x^2y^2-xy^3+\frac{1}{3}y^3=C.$

习题 11-3

1. 运用格林公式计算下列曲线积分：

(1) $\oint_L xy^2\mathrm{d}y-x^2y\mathrm{d}x$，其中 L 是圆周 $x^2+y^2=a^2$ 的正方向；

(2) $\oint_L 3xy\mathrm{d}x+x^2\mathrm{d}y$，其中 L 是矩形 $ABCD$ 的边界正向，各点坐标为 $A(-1,0)$，$B(3,0)$，$C(3,2)$，$D(-1,2)$；

(3) $\oint_L (x+y)\mathrm{d}x+(x-y)\mathrm{d}y$，其中 L 是椭圆 $\frac{x^2}{a^2}+\frac{y^2}{b^2}=1$ 的正方向；

(4) $\int_L x\mathrm{d}x+y^2\mathrm{d}y$，其中 L 是直线 $x+y=\pi$ 上由点 $A(0,\pi)$ 到点 $B(\pi,0)$ 的线段.

2. 证明下列积分与路径无关，并计算积分值：

(1) $\int_{(0,0)}^{(2,1)}(2xy-y^4+3)\mathrm{d}x+(x^2-4xy^3)\mathrm{d}y$；

(2) $\int_{(0,0)}^{(2,1)}\mathrm{e}^x(\cos y\mathrm{d}x-\sin y\mathrm{d}y)$.

3. 求 $\int_L (x^4+4xy^3)\mathrm{d}x+(6x^2y^2-5y^4)\mathrm{d}y$，其中 L 为由 $A(-2,-1)$ 到 $B(3,0)$ 的任意路径.

第四节　对面积的曲面积分

前面讨论了对弧长的曲线积分，对于定义在空间曲面上的函数同样可以定义对面积的曲面积分. 本节总假定所讨论的曲面是有界的、光滑的（即具有连续变化的切平面）或者逐片光滑的（即曲面由若干块光滑曲面组成）. 因此，对曲面均可计算面积.

一、对面积的曲面积分的概念

首先看一个实际问题：计算薄壳体的质量.

设有一薄壳 Σ，其上分布有质量，面密度函数为 $\rho=\rho(x,y,z)$. 为求此薄壳的质量 m，首先将 Σ 任意分割成 n 个小曲面块 $\Delta S_i(i=1,2,\cdots,n)$，仍用 ΔS_i 表示 ΔS_i 的面积. 在 ΔS_i 上任取一点 $N_i(\xi_i,\eta_i,\zeta_i)$，当分割很细时，小曲面块 ΔS_i 可近似看成是均匀的，其密度为 N_i 点的密度 $\rho(\xi_i,\eta_i,\zeta_i)$，于是 ΔS_i 的质量的近似值为 $\rho(\xi_i,\eta_i,\zeta_i)\cdot\Delta S_i$，因而薄壳的质量的近似值为 $\sum_{i=1}^{n}\rho(\xi_i,\eta_i,\zeta_i)\cdot\Delta S_i$. 当 Σ 无限细分，即 $\Delta S_i(i=1,2,\cdots,n)$ 中的最大直径（曲面块上任意两点距离的最大值）$\lambda\to 0$，这个近似值的极限就等于 m，即

$$m=\lim_{\lambda\to 0}\sum_{i=1}^{n}\rho(\xi_i,\eta_i,\zeta_i)\cdot\Delta S_i.$$

这类和式的极限在其他实际问题中也会遇到,我们从中引出对面积的曲面积分的概念.

定义 设 $f(x,y,z)$ 是定义在曲面 Σ 上的有界函数,将曲面 Σ 任意分割成 n 个小曲面块 $\Delta S_i(i=1,2,\cdots,n)$($\Delta S_i$ 的面积仍记为 ΔS_i),记 $\lambda=\max\limits_{1\leqslant i\leqslant n}d(\Delta s_i)$,其中 $d(\Delta S_i)$ 表示 ΔS_i 的直径. 在 ΔS_i 上任取一点 $N_i(\xi_i,\eta_i,\zeta_i)$,作和式 $\sum\limits_{i=1}^{n}f(\xi_i,\eta_i,\zeta_i)\cdot\Delta S_i$. 如果不论对曲面 Σ 如何划分,也不论点 $N_i(\xi_i,\eta_i,\zeta_i)$ 在 ΔS_i 中如何选取,只要 $\lambda\to 0$ 时,和式的极限

$$\lim_{\lambda\to 0}\sum_{i=1}^{n}f(\xi_i,\eta_i,\zeta_i)\cdot\Delta S_i$$

总存在,则称此极限为函数 $f(x,y,z)$ 在曲面 Σ 上的对面积的曲面积分(或称第一类曲面积分),记为 $\iint\limits_{\Sigma}f(x,y,z)\mathrm{d}S$, 即

$$\iint\limits_{\Sigma}f(x,y,z)\mathrm{d}S=\lim_{\lambda\to 0}\sum_{i=1}^{n}f(\xi_i,\eta_i,\zeta_i)\cdot\Delta S_i,$$

其中,$f(x,y,z)$ 称为被积函数,Σ 称为积分曲面. 若曲面 Σ 为封闭曲面,也记为 $\oint\!\!\!\oint\limits_{\Sigma}f(x,y,z)\mathrm{d}S$.

可以证明,当函数 $f(x,y,z)$ 在分段光滑曲面 Σ 上连续时,在 Σ 上的第一类曲面积分存在. 因此,今后我们总假定 $f(x,y,z)$ 在 Σ 上连续.

对面积的曲面积分有与对弧长的曲线积分类似的性质,这里不再赘述.

二、对面积的曲面积分的计算

设曲面 Σ 的方程为 $z=z(x,y)$,$(x,y)\in D$,由第十章第三节可知 Σ 的面积元素

$$\mathrm{d}S=\sqrt{1+z_x^2+z_y^2}\,\mathrm{d}x\mathrm{d}y,$$

因此
$$\iint\limits_{\Sigma}f(x,y,z)\mathrm{d}S=\iint\limits_{D}f(x,y,z(x,y))\sqrt{1+z_x^2+z_y^2}\,\mathrm{d}x\mathrm{d}y,$$

其中 D 为曲面 Σ 在 Oxy 平面上的投影区域. 若曲面 Σ: $y=y(x,z)$,在 Oxz 面上的投影区域为 D_{xz},则

$$\iint\limits_{\Sigma}f(x,y,z)\mathrm{d}S=\iint\limits_{D_{xz}}f(x,y(x,z),z)\sqrt{1+y_x^2+y_z^2}\,\mathrm{d}x\mathrm{d}z;$$

若曲面 Σ: $x=x(y,z)$ 在 Oyz 面上的投影区域为 D_{yz},则

$$\iint\limits_{\Sigma}f(x,y,z)\mathrm{d}S=\iint\limits_{D_{yz}}f(x(y,z),y,z)\sqrt{1+x_y^2+x_z^2}\,\mathrm{d}y\mathrm{d}z.$$

例 1 计算第一类曲面积分

$$I=\iint\limits_{\Sigma}\left(z+2x+\frac{4}{3}y\right)\mathrm{d}S,$$

其中 Σ 为平面 $\frac{x}{2}+\frac{y}{3}+\frac{z}{4}=1$ 位于第一卦限中的部分.

解　曲面 Σ 的方程可写为 $z=4-2x-\frac{4}{3}y,(x,y)\in D$,其中 D 为 Σ 在 Oxy 面上的投影区域,它由直线 $x=0,y=0,\frac{x}{2}+\frac{y}{3}=1$ 所围成.

$$z_x=-2,\ z_y=-\frac{4}{3},$$

所以

$$\mathrm{d}S=\sqrt{1+(-2)^2+\left(-\frac{4}{3}\right)^2}\mathrm{d}x\mathrm{d}y=\frac{\sqrt{61}}{3}\mathrm{d}x\mathrm{d}y,$$

因而　$I=\iint\limits_D 4\cdot\frac{\sqrt{61}}{3}\mathrm{d}x\mathrm{d}y=4\cdot\frac{\sqrt{61}}{3}\iint\limits_D\mathrm{d}x\mathrm{d}y=\frac{4}{3}\sqrt{61}\cdot\frac{1}{2}\cdot 2\cdot 3=4\sqrt{61}.$

例 2　计算 $\iint\limits_\Sigma z\mathrm{d}S$,其中 Σ 是球面 $x^2+y^2+z^2=R^2$ 的上半部分.

解　Σ 的方程可写为 $z=\sqrt{R^2-x^2-y^2},(x,y)\in D$,其中 $D:x^2+y^2\leqslant R^2$,

$$z'_x=\frac{-x}{\sqrt{R^2-x^2-y^2}},\ z'_y=\frac{-y}{\sqrt{R^2-x^2-y^2}},$$

$$\mathrm{d}S=\sqrt{1+z'^2_x+z'^2_y}\mathrm{d}x\mathrm{d}y=\frac{R}{\sqrt{R^2-x^2-y^2}}\mathrm{d}x\mathrm{d}y.$$

因而

$$\iint\limits_\Sigma z\mathrm{d}S=\iint\limits_D R\mathrm{d}x\mathrm{d}y=R\cdot\iint\limits_D\mathrm{d}x\mathrm{d}y=R\cdot\pi R^2=\pi R^3.$$

习题 11-4

1. 计算下列对坐标的曲面积分:

(1) $\iint\limits_\Sigma(2xy-2x^2-x+z)\mathrm{d}S$,其中 Σ 为平面 $2x+2y+z=6$ 在第一卦限的部分;

(2) $\iint\limits_\Sigma\frac{1}{(1+x+y)^2}\mathrm{d}S$,其中 Σ 为平面 $x+y+z=1$ 及三坐标面所围成四面体的全表面;

(3) $\iint\limits_\Sigma z\mathrm{d}S$,其中 Σ 是球面 $x^2+y^2+z^2=R^2$ 的上半部分;

(4) $\iint\limits_\Sigma z\mathrm{d}S$,其中 Σ 为锥面 $z=\sqrt{x^2+y^2}$ 被柱面 $x^2+y^2=2x$ 所截的部分.

2. 求圆锥面 $z^2=x^2+y^2(0\leqslant z\leqslant h)$ 关于 Oz 轴的转动惯量.

第五节 对坐标的曲面积分

一、对坐标的曲面积分的概念

1. 有向曲面

第二类曲面积分与第二类曲线积分的概念相似，它涉及曲面的方向. 在曲面 Σ 上任取一点，过此点作 Σ 的法线矢量，并取定其正向，让法线矢量从该点出发沿着完全落在曲面 Σ 上的任意一条连续闭曲线运动，当再次回到该点时，如果法线矢量的方向与出发时相同，则称曲面 Σ 是**双侧曲面**，否则称 Σ 为**单侧曲面**.

在实际问题中我们遇到的曲面大多是双侧曲面，但是单侧曲面也存在. 如图 11-16 所示可由矩形粘合而成一个单侧曲面，称为莫比乌斯(Mobius)带.

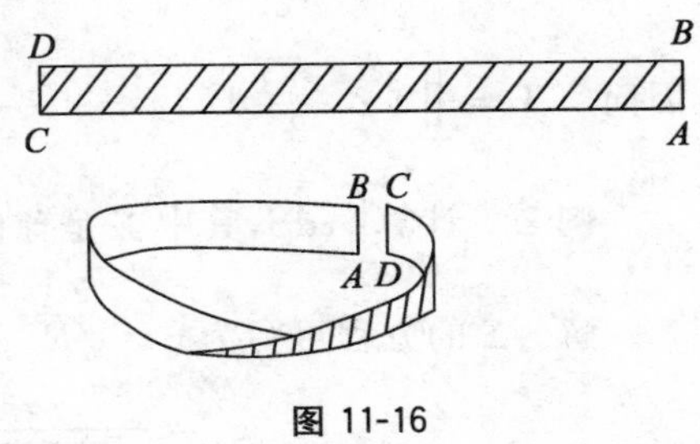

图 11-16

今后总是假设所讨论的曲面是双侧曲面，并选中其一侧为正侧. 如对曲面 $z=f(x,y)$，通常取法向量与 z 轴正向交成锐角的上侧为正侧；对于闭曲面，则取其外侧为正侧. 这种取定正侧的曲面称为**有向曲面**.

设 Σ 是有向曲面，在 Σ 上取一小块曲面 ΔS，把 ΔS 投影到 Oxy 平面上得到一投影区域，该投影区域的面积记为 $(\Delta\sigma)_{xy}$. 假定 ΔS 上各点处法向量与 z 轴的夹角的余弦 $\cos\gamma$ 有相同的符号，则定义 ΔS 在 Oxy 平面的投影 $(\Delta S)_{xy}$ 为

$$(\Delta S)_{xy}=\begin{cases}(\Delta\sigma)_{xy}, & \cos\gamma>0,\\ -(\Delta\sigma)_{xy}, & \cos\gamma<0,\\ 0, & \cos\gamma\equiv 0,\end{cases}$$

其中 $\cos\gamma\equiv 0$ 也就是 $(\Delta\sigma)_{xy}=0$ 的情形. ΔS 在 Oxy 平面上的投影 $(\Delta S)_{xy}$ 实际就是 ΔS 在 Oxy 面上的投影区域的面积附以一定的正负号. 类似地，可定义 ΔS 在 Oyz 面及在 Ozx 面上的投影 $(\Delta S)_{yz}$ 及 $(\Delta S)_{zx}$.

2. 通过一个曲面的流量

设流体的速度场 $\boldsymbol{v}$ 是常向量，平面区域的面积为 S，平面的单位法向量为 $\boldsymbol{n}$，则通过平面区域的流量为

$$\Phi=(\boldsymbol{v}\cdot\boldsymbol{n})S=S|\boldsymbol{v}|\cos\theta,$$

其中，θ 为 $\boldsymbol{n}$ 和 $\boldsymbol{v}$ 的夹角.

当速度场是变化的，并且曲面是弯曲的情形，流量的计算要复杂得多，但定积分的思想方法仍然适用. 设有一稳定的均匀流体(流体密度 $\rho=1$，流速与时间无关)的速度场

$$\boldsymbol{v}(x,y,z)=P(x,y,z)\boldsymbol{i}+Q(x,y,z)\boldsymbol{j}+R(x,y,z)\boldsymbol{k},$$

Σ 是速度场中的一片有向曲面，下面计算流体在单位时间内流向曲面 Σ 指定一侧的流量

Φ(见图 11-17).

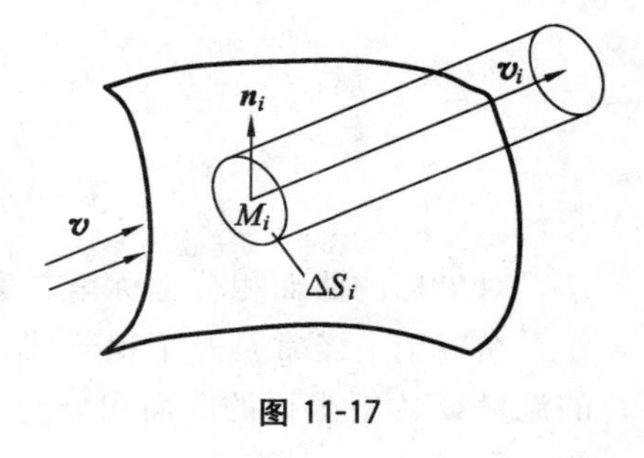

图 11-17

将有向曲面 Σ 分割成 n 个小曲面块 $\Delta S_i(i=1,2,\cdots,n)$，仍用 ΔS_i 表示小块 ΔS_i 的面积. 在 ΔS_i 上任取一点 $M_i(\xi_i,\eta_i,\zeta_i)$，设 M_i 处的单位法向量为 $\boldsymbol{n}_i=\{\cos\alpha_i,\cos\beta_i,\cos\gamma_i\}$，当分割很小时，小曲面块 ΔS_i 可近似看成小平面块，在 ΔS_i 上的流速 $\boldsymbol{v}$ 可近似看成常向量 $\boldsymbol{v}_i=\boldsymbol{v}(\xi_i,\eta_i,\zeta_i)$，所以单位时间内流体流过 ΔS_i 的流量 $\Delta\Phi_i\approx\Delta S_i|\boldsymbol{v}_i|\cos\theta$($\theta$ 为法向量 $\boldsymbol{n}_i$ 与 $\boldsymbol{v}_i$ 的夹角)，即 $\Delta\Phi_i\approx\boldsymbol{v}_i\times\boldsymbol{n}_i\Delta S_i$，这里 $\boldsymbol{v}_i\cdot\boldsymbol{n}_i$ 是向量 $\boldsymbol{v}_i$ 与单位向量 $\boldsymbol{n}_i$ 的数量积. 因而流体流过曲面 Σ 的总流量

$$\begin{aligned}\Phi&=\sum_{i=1}^{n}\Delta\Phi_i\approx\sum_{i=1}^{n}\boldsymbol{v}_i\cdot\boldsymbol{n}_i\Delta S_i.\\&=\sum_{i=1}^{n}[P(\xi_i,\eta_i,\zeta_i)\cos\alpha_i+Q(\xi_i,\eta_i,\zeta_i)\cos\beta_i+R(\xi_i,\eta_i,\zeta_i)\cos\gamma_i]\Delta S_i\\&\approx\sum_{i=1}^{n}[P(\xi_i,\eta_i,\zeta_i)(\Delta S)_{yz}+Q(\xi_i,\eta_i,\zeta_i)(\Delta S)_{zx}+R(\xi_i,\eta_i,\zeta_i)(\Delta S)_{xy}].\end{aligned}$$

分割越细，上述近似的程度越好. 当 $\Delta S_i(i=1,2,\cdots,n)$ 的最大直径 $\lambda\to0$ 时，就可以用上式右端的极限来表示 Φ 的值，即

$$\Phi=\lim_{\lambda\to0}\sum_{i=1}^{n}[P(\xi_i,\eta_i,\zeta_i)(\Delta S)_{yz}+Q(\xi_i,\eta_i,\zeta_i)(\Delta S)_{zx}+R(\xi_i,\eta_i,\zeta_i)(\Delta S)_{xy}].$$

3. 对坐标曲面积分的定义

在应用中，许多物理量都可表示为上述和式的极限. 我们可从中引出对坐标的曲面积分的概念.

定义　设 Σ 是光滑(或分片光滑)的有向曲面，在 Σ 上给定有界函数 $R(x,y,z)$. 把 Σ 任意分割成 n 个小曲面块 $\Delta S_i(i=1,2,\cdots,n)$，仍用 ΔS_i 表示 ΔS_i 的面积，ΔS_i 在坐标面 Oxy 上投影为 $(\Delta S)_{xy}$，$M_i(\xi_i,\eta_i,\zeta_i)$ 为 ΔS_i 上任意取定的一点. 记 $\lambda=\max\limits_{1\leqslant i\leqslant n}d(\Delta S_i)$. 如果不论对 Σ 如何分割，也不论在 ΔS_i 上的点 M_i 如何选取，极限 $\lim\limits_{\lambda\to0}\sum\limits_{i=1}^{n}R(\xi_i,\eta_i,\zeta_i)(\Delta S)_{xy}$ 都存在，则称此极限为函数 $R(x,y,z)$ 在 Σ 上的对坐标 x,y 的曲面积分，记作 $\iint\limits_{\Sigma}R(x,y,z)\mathrm{d}x\mathrm{d}y$，即

$$\iint\limits_{\Sigma}R(x,y,z)\mathrm{d}x\mathrm{d}y=\lim_{\lambda\to0}\sum_{i=1}^{n}R(\xi_i,\eta_i,\zeta_i)(\Delta S)_{xy},$$

其中 $R(x,y,z)$ 叫做被积函数，Σ 叫做积分曲面.

类似地，可定义函数 $P(x,y,z)$ 在有向曲面 Σ 上的对坐标 y,z 的曲面积分 $\iint\limits_{\Sigma}P(x,y,z)\mathrm{d}y\mathrm{d}z$ 及函数 $Q(x,y,z)$ 在有向曲面 Σ 上的对坐标 z,x 的曲面积分 $\iint\limits_{\Sigma}Q(x,y,z)\mathrm{d}z\mathrm{d}x$，即

$$\iint\limits_{\Sigma} P(x,y,z)\mathrm{d}y\mathrm{d}z = \lim_{\lambda \to 0}\sum_{i=1}^{n} P(\xi_i,\eta_i,\zeta_i)(\Delta S)_{yz},$$

$$\iint\limits_{\Sigma} Q(x,y,z)\mathrm{d}z\mathrm{d}x = \lim_{\lambda \to 0}\sum_{i=1}^{n} Q(\xi_i,\eta_i,\zeta_i)(\Delta S)_{zx}.$$

对坐标的曲面积分也称**第二类曲面积分**.

在应用上经常是三个积分同时出现.如根据此定义,流体在单位时间内流过曲面 Σ 的流量 Φ 为对坐标的曲面积分

$$\Phi = \iint\limits_{\Sigma} P(x,y,z)\mathrm{d}y\mathrm{d}z + \iint\limits_{\Sigma} Q(x,y,z)\mathrm{d}z\mathrm{d}x + \iint\limits_{\Sigma} R(x,y,z)\mathrm{d}x\mathrm{d}y,$$

这里 P,Q,R 为流速 $\boldsymbol{v}$ 的分量.

我们把三个积分同时出现的情形简记为

$$\iint\limits_{\Sigma} P(x,y,z)\mathrm{d}y\mathrm{d}z + Q(x,y,z)\mathrm{d}z\mathrm{d}x + R(x,y,z)\mathrm{d}x\mathrm{d}y.$$

对于封闭曲面 Σ 的曲面积分,也用符号 $\oiint\limits_{\Sigma}$ 表示.

对坐标的曲面积分具有与对坐标的曲线积分类似的性质,这里不一一赘述.需特别指出的是,对坐标的曲面积分与曲面的侧的选择有关,用 Σ^+ 表示曲面的一侧,Σ^- 表示曲面 Σ 的另一侧,则有

$$\iint\limits_{\Sigma^+} P\mathrm{d}y\mathrm{d}z + Q\mathrm{d}z\mathrm{d}x + R\mathrm{d}x\mathrm{d}y = -\iint\limits_{\Sigma^+} P\mathrm{d}y\mathrm{d}z + Q\mathrm{d}z\mathrm{d}x + R\mathrm{d}x\mathrm{d}y.$$

4. 两类曲面积分的联系

在函数 $R(x,y,z)$ 对坐标 x,y 的曲面积分定义中,由于 $(\Delta S_i)_{xy} \approx \cos\gamma_i \cdot \Delta S_i$,且 λ 越小,这种近似程度越高,因此有

$$\begin{aligned}\iint\limits_{\Sigma} R(x,y,z)\mathrm{d}x\mathrm{d}y &= \lim_{\lambda \to 0}\sum_{i=1}^{n} R(\xi_i,\eta_i,\zeta_i)(\Delta S)_{xy}\\ &= \lim_{\lambda \to 0}\sum_{i=1}^{n} R(\xi_i,\eta_i,\zeta_i)\cos\gamma_i \cdot \Delta S_i.\end{aligned}$$

对照对面积的曲面积分定义,可得到

$$\iint\limits_{\Sigma} R(x,y,z)\mathrm{d}x\mathrm{d}y = \iint\limits_{\Sigma} R(x,y,z)\cos\gamma\mathrm{d}S,$$

其中左边积分中的曲面 Σ 为有向曲面,右边积分中的曲面 Σ 不考虑方向,但被积函数中的 $\cos\gamma$ 和左边积分中的曲面 Σ 的侧一致.当曲面 Σ 的侧为上侧时,$\cos\gamma>0$;当曲面 Σ 的侧为下侧时,$\cos\gamma<0$.

同样地,

$$\iint\limits_{\Sigma} P(x,y,z)\mathrm{d}y\mathrm{d}z = \iint\limits_{\Sigma} P(x,y,z)\cos\alpha\mathrm{d}S,$$

$$\iint_{\Sigma} Q(x,y,z)\mathrm{d}z\mathrm{d}x = \iint_{\Sigma} Q(x,y,z)\cos\beta \mathrm{d}S.$$

因此有

$$\iint_{\Sigma} P(x,y,z)\mathrm{d}y\mathrm{d}z + Q(x,y,z)\mathrm{d}z\mathrm{d}x + R(x,y,z)\mathrm{d}x\mathrm{d}y = \iint_{\Sigma} (P\cos\alpha + Q\cos\beta + R\cos\gamma)\mathrm{d}S,$$

其中 $\cos\alpha,\cos\beta,\cos\gamma$ 是有向曲面 Σ 在点 (x,y,z) 处的法向量的方向余弦. 这就是对坐标的曲面积分与对面积的曲面积分的联系.

两类曲面积分的联系也可以写成向量形式

$$\iint_{\Sigma} \boldsymbol{A}\cdot \mathrm{d}\boldsymbol{S} = \iint_{\Sigma} \boldsymbol{A}\cdot \boldsymbol{n}\mathrm{d}S$$

或

$$\iint_{\Sigma} \boldsymbol{A}\cdot \mathrm{d}\boldsymbol{S} = \iint_{\Sigma} \boldsymbol{A}_n \mathrm{d}S,$$

其中 $\boldsymbol{A}=\{P,Q,R\}$，$\boldsymbol{n}=\{\cos\alpha,\cos\beta,\cos\gamma\}$，$\mathrm{d}\boldsymbol{S}=\boldsymbol{n}\mathrm{d}S=\{\mathrm{d}y\mathrm{d}z,\mathrm{d}z\mathrm{d}x,\mathrm{d}x\mathrm{d}y\}$ 称为有向曲面元，$\boldsymbol{A}_n$ 为向量 $\boldsymbol{A}$ 在向量 $\boldsymbol{n}$ 上的投影.

例 1　把对坐标的曲面积分

$$\iint_{\Sigma} P(x,y,z)\mathrm{d}y\mathrm{d}z + Q(x,y,z)\mathrm{d}z\mathrm{d}x + R(x,y,z)\mathrm{d}x\mathrm{d}y$$

化为对面积的曲面积分，其中 Σ 是抛物面 $z=8-x^2-y^2$ 在 Oxy 平面上方部分的上侧.

解　在曲面 Σ 上

$$\frac{\partial z}{\partial x}=-2x,\ \frac{\partial z}{\partial y}=-2y,$$

而 Σ 取曲面的上侧，因此 $\boldsymbol{n}=\{-z_x,-z_y,1\}=\{2x,2y,1\}$，于是

$$\cos\alpha=\frac{2x}{\sqrt{1+4x^2+4y^2}},\ \cos\beta=\frac{2y}{\sqrt{1+4x^2+4y^2}},\ \cos\gamma=\frac{1}{\sqrt{1+4x^2+4y^2}}.$$

因此

$$\iint_{\Sigma} P(x,y,z)\mathrm{d}y\mathrm{d}z + Q(x,y,z)\mathrm{d}z\mathrm{d}x + R(x,y,z)\mathrm{d}x\mathrm{d}y = \iint_{\Sigma} \frac{2xP+2yQ+R}{\sqrt{1+4x^2+4y^2}}\mathrm{d}S.$$

二、对坐标的曲面积分的计算

设有向曲面 Σ 的方程为 $z=z(x,y)$，其在 Oxy 平面上的投影区域为 D_{xy}，Σ 取定为上侧，此时 $\cos\gamma>0$ 为曲面 Σ 法向量与 z 轴夹角的余弦，$z(x,y)$ 在 D 上有连续的偏导数. $R(x,y,z)$ 在 Σ 上连续，由两类曲面积分的联系得

$$\begin{aligned}\iint_{\Sigma} R(x,y,z)\mathrm{d}x\mathrm{d}y &= \iint_{\Sigma} R(x,y,z)\cos\gamma \mathrm{d}S\\ &= \iint_{\Sigma} R(x,y,z)\frac{1}{\sqrt{1+z_x^2+z_y^2}}\mathrm{d}S\end{aligned}$$

$$=\iint_{D_{xy}} R(x,y,z(x,y))\mathrm{d}x\mathrm{d}y.$$

这就是对坐标的曲面积分化为二重积分的公式，即在计算$\iint_{\Sigma} R(x,y,z)\mathrm{d}x\mathrm{d}y$时，只要把变量 z 换成表示Σ 的函数 $z(x,y)$，然后在 Σ 的投影区域 D_{xy} 上计算二重积分就可以了.

若 Σ 取定为下侧，此时 $\cos\gamma=-\dfrac{1}{\sqrt{1+z_x^2+z_y^2}}<0$，则

$$\iint_{\Sigma} R(x,y,z)\mathrm{d}x\mathrm{d}y=-\iint_{D_{xy}} R(x,y,z(x,y))\mathrm{d}x\mathrm{d}y.$$

若 Σ 是垂直于 Oxy 面的柱面，此时 $\cos\gamma\equiv 0$，因此

$$\iint_{\Sigma} R(x,y,z)\mathrm{d}x\mathrm{d}y=0.$$

类似地，如果 Σ 由 $x=x(y,z)$ 给出，则有

$$\iint_{\Sigma} P(x,y,z)\mathrm{d}y\mathrm{d}z=\pm\iint_{D_{yz}} P(x(y,z),y,z)\mathrm{d}y\mathrm{d}z.$$

等式右边的符号这样决定：如果积分曲面 Σ 是由方程 $x=x(y,z)$ 所给出的曲面的前侧，则取正号；如果积分曲面 Σ 取后侧，则取负号.

如果 Σ 由 $y=y(z,x)$ 给出，则有

$$\iint_{\Sigma} Q(x,y,z)\mathrm{d}z\mathrm{d}x=\pm\iint_{D_{zx}} Q(x,y(z,x),z)\mathrm{d}z\mathrm{d}x.$$

等式右边的符号这样决定：如果积分曲面 Σ 是由方程 $y=y(z,x)$ 所给出的曲面的右侧，则取正号；如果积分曲面 Σ 取左侧，则取负号.

例 2 计算曲面积分

$$I=\iint_{\Sigma}(x+y)\mathrm{d}y\mathrm{d}z+(y+z)\mathrm{d}z\mathrm{d}x+(z+x)\mathrm{d}x\mathrm{d}y,$$

其中 Σ 是以原点为中心，边长为 a 的正方体的整个表面外侧.

解 把有向曲面 Σ 分成六部分：

$\Sigma_1: z=\dfrac{a}{2},\left(|x|\leqslant\dfrac{a}{2},|y|\leqslant\dfrac{a}{2}\right)$的上侧；

$\Sigma_2: z=-\dfrac{a}{2},\left(|x|\leqslant\dfrac{a}{2},|y|\leqslant\dfrac{a}{2}\right)$的下侧；

$\Sigma_3: x=\dfrac{a}{2},\left(|y|\leqslant\dfrac{a}{2},|z|\leqslant\dfrac{a}{2}\right)$的前侧；

$\Sigma_4: x=-\dfrac{a}{2},\left(|y|\leqslant\dfrac{a}{2},|z|\leqslant\dfrac{a}{2}\right)$的后侧；

$\Sigma_5: y=\dfrac{a}{2},\left(|z|\leqslant\dfrac{a}{2},|x|\leqslant\dfrac{a}{2}\right)$的右侧；

$\Sigma_6: y=-\frac{a}{2},\left(|z|\leqslant\frac{a}{2},|x|\leqslant\frac{a}{2}\right)$的左侧.

除曲面Σ_3,Σ_4以外，其余四个曲面在Oyz坐标面上投影为退化的，相应的积分为零，因此

$$\begin{aligned}\iint_{\Sigma}(x+y)\mathrm{d}y\mathrm{d}z &= 0+\iint_{\Sigma_3}(x+y)\mathrm{d}y\,\mathrm{d}z+\iint_{\Sigma_4}(x+y)\mathrm{d}y\,\mathrm{d}z \\ &= \iint_{D_{yz}}\left(\frac{a}{2}+y\right)\mathrm{d}y\,\mathrm{d}z-\iint_{D_{yz}}\left(-\frac{a}{2}+y\right)\mathrm{d}y\,\mathrm{d}z \\ &= \iint_{D_{yz}}a\,\mathrm{d}y\,\mathrm{d}z = a^3.\end{aligned}$$

同理可得

$$\iint_{\Sigma}(y+z)\mathrm{d}z\mathrm{d}x=\iint_{\Sigma}(z+x)\mathrm{d}x\mathrm{d}y=a^3.$$

因此，$I=3a^3$.

例3　计算曲面积分

$$I=\iint_{\Sigma}x^2\mathrm{d}y\mathrm{d}z+y^2\mathrm{d}z\mathrm{d}x+z^2\mathrm{d}x\mathrm{d}y,$$

其中Σ是半球面$x^2+y^2+z^2=R^2(z\geqslant0)$的上侧.

解　Σ的方程可写为$z=\sqrt{R^2-x^2-y^2}$，$(x,y)\in D$，其中D：$x^2+y^2\leqslant R^2$.

因为　$$z_x=\frac{-x}{\sqrt{R^2-x^2-y^2}},\ z_y=\frac{-y}{\sqrt{R^2-x^2-y^2}},$$

利用两类曲面积分的关系，得

$$\begin{aligned}I &= \iint_{\Sigma}[x^2\cdot(-z_x)+y^2\cdot(-z_y)+(R^2-x^2-y^2)\cdot1]\mathrm{d}x\mathrm{d}y \\ &= \iint_{D}\left(\frac{-x^3-y^3}{\sqrt{R^2-x^2-y^2}}+R^2-x^2-y^2\right)\mathrm{d}x\mathrm{d}y \\ &= 0+\int_0^{2\pi}\mathrm{d}\theta\int_0^R(R^2-r^2)r\mathrm{d}r \\ &= -2\pi\cdot\left(\frac{1}{2}\cdot R^2\cdot r^2-\frac{1}{4}r^4\right)\Big|_0^R=\frac{\pi}{2}R^4.\end{aligned}$$

计算中用到了$\iint_D\frac{-x^3-y^3}{\sqrt{R^2-x^2-y^2}}\mathrm{d}x\mathrm{d}y=0$，这可通过二重积分的对称性(参见第十章第一节)得到.

习题 11-5

1. 把对坐标的曲面积分$\iint_{\Sigma}P(x,y,z)\mathrm{d}y\mathrm{d}z+Q(x,y,z)\mathrm{d}z\mathrm{d}x+R(x,y,z)\mathrm{d}x\mathrm{d}y$化为对

面积的曲面积分，其中 Σ 是平面 $3x+2y+2\sqrt{3}z=6$ 在第一卦限部分的上侧.

2. 计算下列对坐标的曲面积分：

(1) $\iint\limits_{\Sigma}(x^2+y^2)z\mathrm{d}x\mathrm{d}y$，其中 Σ 为下半球面 $z=-\sqrt{a^2-x^2-y^2}$ 的下侧；

(2) $I=\iint\limits_{\Sigma}(x+y)\mathrm{d}y\mathrm{d}z+(y+z)\mathrm{d}z\mathrm{d}x+(z+x)\mathrm{d}x\mathrm{d}y$，其中 Σ 是以原点为中心，边长为 a 的正方体的整个表面外侧；

(3) $\iint\limits_{\Sigma}z\mathrm{d}x\mathrm{d}y+x\mathrm{d}y\mathrm{d}z+y\mathrm{d}z\mathrm{d}x$，其中 Σ 是柱面 $x^2+y^2=1$ 被平面 $z=0,z=3$ 所截得的在第一卦限内的部分的前侧；

(4) $I=\iint\limits_{\Sigma}-y\mathrm{d}z\mathrm{d}x+(z+1)\mathrm{d}x\mathrm{d}y$，其中 Σ 是圆柱面 $x^2+y^2=4$ 被平面 $x+z=2$ 和 $z=0$ 所截出部分的外侧.

第六节　高斯公式　通量与散度

一、高斯公式

格林公式表达了平面闭曲线上的曲线积分与所围区域的二重积分之间的关系，高斯(Gauss)公式则揭示了空间闭曲面上的曲面积分与所围空间区域上的三重积分之间的关系. 高斯公式是格林公式的推广.

定理(高斯定理)　设空间区域 V 是由光滑或分片光滑的闭曲面 Σ 所围成的有界闭区域，函数 $P(x,y,z)$，$Q(x,y,z)$，$R(x,y,z)$ 在 V 上具有一阶连续偏导数，则有

$$\oiint\limits_{\Sigma}P\mathrm{d}y\mathrm{d}z+Q\mathrm{d}z\mathrm{d}x+R\mathrm{d}x\mathrm{d}y=\iiint\limits_{V}\left(\frac{\partial P}{\partial x}+\frac{\partial Q}{\partial y}+\frac{\partial R}{\partial z}\right)\mathrm{d}x\mathrm{d}y\mathrm{d}z \tag{1}$$

或

$$\iiint\limits_{V}\left(\frac{\partial P}{\partial x}+\frac{\partial Q}{\partial y}+\frac{\partial R}{\partial z}\right)\mathrm{d}x\mathrm{d}y\mathrm{d}z=\oiint\limits_{\Sigma}(P\cos\alpha+Q\cos\beta+R\cos\gamma)\mathrm{d}S, \tag{2}$$

其中，右边的曲面积分是取在闭曲面 Σ 的外侧，$\cos\alpha,\cos\beta,\cos\gamma$ 为曲面 Σ 上点 (x,y,z) 处的法向量的方向余弦. 公式(1)和(2)统称为**高斯公式**.

证明略.

如果在高斯公式中 $P=x,Q=y,R=z$，则立即可得由闭曲面 Σ 的曲面积分求 Σ 所围立体体积的公式

$$V=\iiint\limits_{V}\mathrm{d}x\mathrm{d}y\mathrm{d}z=\frac{1}{3}\oiint\limits_{\Sigma}x\mathrm{d}y\mathrm{d}z+y\mathrm{d}z\mathrm{d}x+z\mathrm{d}x\mathrm{d}y,$$

其中曲面积分的侧取为 Σ 的外侧.

例 1　计算曲面积分

$$I=\oiint\limits_{\Sigma} xz^2\mathrm{d}y\mathrm{d}z+yx^2\mathrm{d}z\mathrm{d}x+zy^2\mathrm{d}x\mathrm{d}y,$$

其中 Σ 是柱体 $\Omega=\{(x,y,z)\mid x^2+y^2\leqslant 4,0\leqslant z\leqslant 3\}$ 的外侧.

解　利用高斯公式,将曲面积分化成三重积分

$$\begin{aligned}I&=\iiint\limits_{\Omega}(z^2+x^2+y^2)\mathrm{d}x\mathrm{d}y\mathrm{d}z=\iint\limits_{D}\mathrm{d}x\mathrm{d}y\int_0^3(x^2+y^2+z^2)\mathrm{d}z\\&=\iint\limits_{D}[3(x^2+y^2)+9]\mathrm{d}x\mathrm{d}y=3\int_0^{2\pi}\mathrm{d}\theta\int_0^2 r^3\mathrm{d}r+9\cdot\pi\cdot 2^2=60\pi.\end{aligned}$$

例 2　设某流体的流速为 $\boldsymbol{v}=(-3y^2-2z)\boldsymbol{i}+(2z-3x^2)\boldsymbol{j}+3(x^2+y^2)\boldsymbol{k}$,求单位时间内流体自下而上通过上半单位球面 Σ 的流量.

解　在 Oxy 平面上取单位圆盘 $\Sigma_1: x^2+y^2\leqslant 1, z=0$,则 $\Sigma\cup\Sigma_1$ 是一个封闭曲面,其所围区域为上半单位球体,即 Σ 的上侧为正,Σ_1 的下侧为正.

$$P=-3y^2-2z,\ Q=2z-3x^2,\ R=3x^2+3y^2.$$

由高斯公式得

$$\iint\limits_{\Sigma\cup\Sigma_1}\boldsymbol{v}\cdot\boldsymbol{n}\mathrm{d}s=\iiint\limits_{\Omega}\left(\frac{\partial P}{\partial x}+\frac{\partial Q}{\partial y}+\frac{\partial R}{\partial z}\right)\mathrm{d}x\mathrm{d}y\mathrm{d}z=\iiint\limits_{\Omega}0\mathrm{d}x\mathrm{d}y\mathrm{d}z=0,$$

因此,流量

$$\Phi=\iint\limits_{\Sigma}\boldsymbol{v}\cdot\boldsymbol{n}\mathrm{d}s=-\iint\limits_{\Sigma_1}\boldsymbol{v}\cdot\boldsymbol{n}\mathrm{d}S.$$

注意到在 Σ_1 上,$\boldsymbol{n}=-\boldsymbol{k}$,因而

$$\Phi=\iint\limits_{\Sigma_1}\boldsymbol{v}\cdot\boldsymbol{k}\mathrm{d}S=3\iint\limits_{x^2+y^2\leqslant 1}(x^2+y^2)\mathrm{d}x\mathrm{d}y=3\int_0^{2\pi}\mathrm{d}\theta\int_0^1 r^3\mathrm{d}r=\frac{3}{2}\pi.$$

二、通量与散度

设稳定流动的不可压缩流体(假定密度为 1)的速度场由

$$\boldsymbol{v}(x,y,z)=P(x,y,z)\boldsymbol{i}+Q(x,y,z)\boldsymbol{j}+R(x,y,z)\boldsymbol{k}$$

给出,其中 P,Q,R 具有一阶连续偏导数,Σ 是速度场中的一片有向曲面,又 $\boldsymbol{n}=\cos\alpha\boldsymbol{i}+\cos\beta\boldsymbol{j}+\cos\gamma\boldsymbol{k}$ 是 Σ 在点 (x,y,z) 处的单位法向量,则由第五节可知,单位时间内流体经过 Σ 流向指定侧的流体总质量 Φ 可用曲面积分来表示,即

$$\begin{aligned}\Phi&=\iint\limits_{\Sigma}P\mathrm{d}y\mathrm{d}z+Q\mathrm{d}z\mathrm{d}x+R\mathrm{d}x\mathrm{d}y\\&=\iint\limits_{\Sigma}(P\cos\alpha+Q\cos\beta+R\cos\gamma)\mathrm{d}S\\&=\iint\limits_{\Sigma}\boldsymbol{v}\cdot\boldsymbol{n}\mathrm{d}S=\iint\limits_{\Sigma}v_n\mathrm{d}S,\end{aligned}$$

其中 $v_n=\boldsymbol{v}\cdot\boldsymbol{n}=P\cos\alpha+Q\cos\beta+R\cos\gamma$ 表示流体的速度向量 $\boldsymbol{v}$ 在有向曲面 Σ 的法向量上的投影. 如果 Σ 是高斯公式(1)中闭区域 Ω 的边界曲面的外侧,那么公式(1)的右端可解释为单位时间内离开闭区域 Ω 的流体的总质量. 由于假定流体是不可压缩的,且是流

动和稳定的，因此，在流体离开 Ω 的同时，Ω 内部必须有产生流体的“源头”产生出同样的流体来进行补充. 所以高斯公式左端可解释为分布在 Ω 内的源头在单位时间内所产生流体的总质量.

为简便起见，把高斯公式(1)改写成

$$\iiint_{\Omega}\left(\frac{\partial P}{\partial x}+\frac{\partial Q}{\partial y}+\frac{\partial R}{\partial z}\right)\mathrm{d}V=\oiint_{\Sigma}v_n\,\mathrm{d}S.$$

以闭区域 Ω 的体积 V 除上式两端，得

$$\frac{1}{V}\iiint_{\Omega}\left(\frac{\partial P}{\partial x}+\frac{\partial Q}{\partial y}+\frac{\partial R}{\partial z}\right)\mathrm{d}V=\frac{1}{V}\oiint_{\Sigma}v_n\,\mathrm{d}S.$$

上式左端表示 Ω 内的源头在单位时间、单位体积内所产生的流体质量的平均值，应用积分中值定理，得

$$\left(\frac{\partial P}{\partial x}+\frac{\partial Q}{\partial y}+\frac{\partial R}{\partial z}\right)\bigg|_{(\varepsilon,\eta,\zeta)}=\frac{1}{V}\oiint_{\Sigma}V_n\,\mathrm{d}S,$$

这里 (ξ,η,ζ) 是 Ω 内的某个点. 令 Ω 缩向一点 $M(x,y,z)$，取极限得

$$\frac{\partial P}{\partial x}+\frac{\partial Q}{\partial y}+\frac{\partial R}{\partial z}=\lim_{\Omega\to M}\frac{1}{V}\oiint_{\Sigma}v_n\,\mathrm{d}S.$$

上式左端称为速度场 $\boldsymbol{v}$ 在点 M 的**散度**，记作 $\mathrm{div}\ \boldsymbol{v}$，即

$$\mathrm{div}\ \boldsymbol{v}=\frac{\partial P}{\partial x}+\frac{\partial Q}{\partial y}+\frac{\partial R}{\partial z}.$$

$\mathrm{div}\ \boldsymbol{v}$ 在这里可看作稳定流动的不可压缩流体在点 M 的源头强度——单位时间、单位体积内所产生的流体质量. 如果 $\mathrm{div}\ \boldsymbol{v}$ 为负，表示点 M 处流体在消失.

一般地，设某向量场由

$$\boldsymbol{A}(x,y,z)=P(x,y,z)\boldsymbol{i}+Q(x,y,z)\boldsymbol{j}+R(x,y,z)\boldsymbol{k}$$

给出，其中 P,Q,R 具有一阶连续偏导数，Σ 是场内的一片有向曲面，$\boldsymbol{n}$ 是 Σ 在点 (x,y,z) 处的单位法向量，则 $\iint_{\Sigma}\boldsymbol{A}\cdot\boldsymbol{n}\,\mathrm{d}S$ 叫做向量场 $\boldsymbol{A}$ 通过曲面 Σ 向着指定侧的**通量**(或**流量**)，$\frac{\partial P}{\partial x}+\frac{\partial Q}{\partial y}+\frac{\partial R}{\partial z}$ 叫做向量场 $\boldsymbol{A}$ 的散度，记作 $\mathrm{div}\ \boldsymbol{A}$，即

$$\mathrm{div}\ \boldsymbol{A}=\frac{\partial P}{\partial x}+\frac{\partial Q}{\partial y}+\frac{\partial R}{\partial z}.$$

高斯公式即可写成

$$\iiint_{\Omega}\mathrm{div}\ \boldsymbol{A}\,\mathrm{d}V=\oiint_{\Sigma}A_n\,\mathrm{d}S,$$

其中 Σ 是空间闭区域 Ω 的边界曲面，而

$$A_n=\boldsymbol{A}\cdot\boldsymbol{n}=P\cos\alpha+Q\cos\beta+R\cos\gamma$$

是向量 $\boldsymbol{A}$ 在曲面 Σ 的外侧法向量上的投影.

习题 11-6

1. 利用高斯公式计算下列曲面积分：

(1) $\oiint\limits_{\Sigma} x^3\mathrm{d}y\mathrm{d}z + y^3\mathrm{d}z\mathrm{d}x + z^3\mathrm{d}x\mathrm{d}y$，其中 Σ 是球面 $x^2+y^2+z^2=R^2$ 的内侧；

(2) $\iint\limits_{\Sigma} xy\mathrm{d}y\mathrm{d}z + yz\mathrm{d}z\mathrm{d}x + zx\mathrm{d}x\mathrm{d}y$，其中 Σ 是由平面 $x+y+z=1$ 与三个坐标面所围成四面体的表面外侧；

(3) $\oiint\limits_{\Sigma} 2xz\mathrm{d}y\mathrm{d}z + yz\mathrm{d}z\mathrm{d}x - z^2\mathrm{d}x\mathrm{d}y$，其中 Σ 为锥面 $z=\sqrt{x^2+y^2}$ 和上半球面 $x^2+y^2+z^2=2$ 所围成立体表面的外侧.

2. 求向量场 $\boldsymbol{A}=x^2\boldsymbol{i}+y^2\boldsymbol{j}+z^2\boldsymbol{k}$ 穿过圆锥 $\sqrt{x^2+y^2}\leqslant z\leqslant 1$ 的全表面流向外侧的通量.

3. 求下列向量场 $\boldsymbol{A}$ 的散度：

(1) $\boldsymbol{A}=(x^2+\sin yz)\boldsymbol{i}+(y^2+\sin xz)\boldsymbol{j}+(z^2+\sin xy)\boldsymbol{k}$；

(2) $\boldsymbol{A}=x\mathrm{e}^y\boldsymbol{i}-z\mathrm{e}^{-y}\boldsymbol{j}+y\ln z\boldsymbol{k}$.

第七节　斯托克斯公式　环流量与旋度

一、斯托克斯公式

斯托克斯(Stokes)公式是格林公式的推广. 格林公式表达了平面闭区域上的二重积分与边界曲线上的曲线积分间的关系，那么空间曲线上的曲线积分和曲面积分有什么类似的关系呢？我们先介绍空间有向曲线与有向曲面的右手规则，然后再来描述这种关系.

设曲面 Σ 的边界曲线为有向曲线 Γ，**右手规则**是指当右手除拇指外的四指依 Γ 的绕行方向时，拇指所指的方向与 Σ 上指定一侧的法向量的指向相同. 当有向曲面 Σ 和其边界曲线 Γ 符合右手规则时，也称曲线 Γ 是有向曲面 Σ 的**正向边界曲线**.

定理 1　设 Γ 为分段光滑的空间有向曲线，Σ 是以 Γ 为边界的分片光滑的有向曲面，Γ 的正向与有向曲面 Σ 符合右手规则，函数 $P(x,y,z),Q(x,y,z),R(x,y,z)$ 在曲面 Σ(连同边界 Γ)上具有一阶连续偏导数，则有

$$\oint_L P\mathrm{d}x+Q\mathrm{d}y+R\mathrm{d}z=\iint\limits_{\Sigma}\left(\frac{\partial R}{\partial y}-\frac{\partial Q}{\partial z}\right)\mathrm{d}y\mathrm{d}z+\left(\frac{\partial P}{\partial z}-\frac{\partial R}{\partial x}\right)\mathrm{d}z\mathrm{d}x+\left(\frac{\partial Q}{\partial x}-\frac{\partial P}{\partial y}\right)\mathrm{d}x\mathrm{d}y. \quad (1)$$

证明略.

公式(1)叫做**斯托克斯公式**.

为了便于记忆，利用行列式记号把斯托克斯公式(1)写成

$$\iint_{\Sigma}\begin{vmatrix} \mathrm{d}y\mathrm{d}z & \mathrm{d}z\mathrm{d}x & \mathrm{d}x\mathrm{d}y \\ \dfrac{\partial}{\partial x} & \dfrac{\partial}{\partial y} & \dfrac{\partial}{\partial z} \\ P & Q & R \end{vmatrix}\mathrm{d}S=\oint_{\Gamma}P\,\mathrm{d}x+Q\mathrm{d}y+R\mathrm{d}z.$$

积分中的行列式的意义为把行列式按第一行展开，并把$\dfrac{\partial}{\partial y}$与$R$的“积”理解为$\dfrac{\partial R}{\partial y}$，$\dfrac{\partial}{\partial z}$与$Q$的“积”理解为$\dfrac{\partial Q}{\partial z}$，等等. 于是这个行列式就“等于”

$$\left(\frac{\partial R}{\partial y}-\frac{\partial Q}{\partial z}\right)\mathrm{d}y\mathrm{d}z+\left(\frac{\partial P}{\partial z}-\frac{\partial R}{\partial x}\right)\mathrm{d}z\mathrm{d}x+\left(\frac{\partial Q}{\partial x}-\frac{\partial P}{\partial y}\right)\mathrm{d}x\mathrm{d}y.$$

这恰好是公式(1)左端的被积表达式.

利用两类曲面积分间的联系，可得斯托克斯公式的另一形式：

$$\iint_{\Sigma}\begin{vmatrix} \cos\alpha & \cos\beta & \cos\gamma \\ \dfrac{\partial}{\partial x} & \dfrac{\partial}{\partial y} & \dfrac{\partial}{\partial z} \\ P & Q & R \end{vmatrix}\mathrm{d}S=\oint_{\Gamma}P\,\mathrm{d}x+Q\mathrm{d}y+R\mathrm{d}z,$$

其中$\boldsymbol{n}=(\cos\alpha,\cos\beta,\cos\gamma)$为有向曲线$\Sigma$在点$(x,y,z)$处的单位法向量.

如果Σ是Oxy面上的一块平面闭区域，斯托克斯公式就变成格林公式，因此，格林公式是斯托克斯公式的一个特殊情形. 由格林公式推导出平面曲线第二类曲线积分与路径无关的条件，利用斯托克斯公式可以推导出空间曲线第二类曲线积分与路径无关的条件.

定理 2 设空间开区域G是单连通区域，函数$P(x,y,z)$，$Q(x,y,z)$，$R(x,y,z)$在G内具有一阶连续偏导数，则下列各命题是等价的：

(1) $\dfrac{\partial P}{\partial y}=\dfrac{\partial Q}{\partial x}$，$\dfrac{\partial Q}{\partial z}=\dfrac{\partial R}{\partial y}$，$\dfrac{\partial R}{\partial x}=\dfrac{\partial P}{\partial z}$在$G$内恒成立；

(2) $\oint_{\Gamma}P\,\mathrm{d}x+Q\mathrm{d}y+R\mathrm{d}z=0$对$G$内任意闭曲线$L$成立；

(3) $\int_{L}P\,\mathrm{d}x+Q\mathrm{d}y+R\mathrm{d}z$在$G$内与路径无关；

(4) 在G内存在可微函数$u=u(x,y,z)$，使$\mathrm{d}u=P\mathrm{d}x+Q\mathrm{d}y+R\mathrm{d}z$.

证明略.

例 1 利用斯托克斯公式计算曲线积分$\oint_{\Gamma}x^2\,\mathrm{d}x+y^2\,\mathrm{d}y+z^2\,\mathrm{d}z$，其中$\Gamma$为平面$x+y+z=1$被三个坐标面所截成的三角形的整个边界，它的正向与这个三角形上侧的法向量之间符合右手规则(见图 11-18).

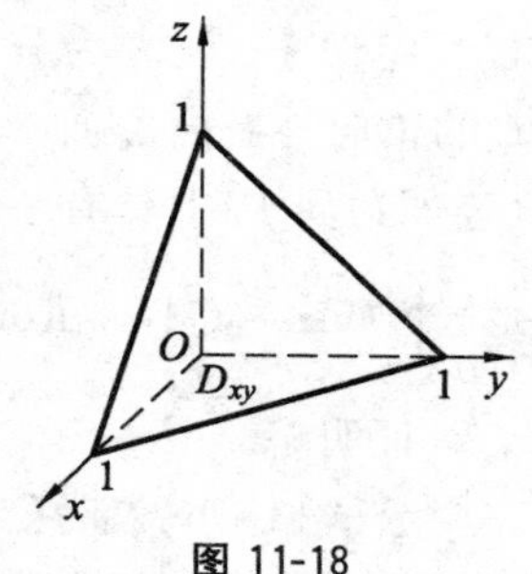

图 11-18

解 按斯托克斯公式，有

$$I=\iint_{\Sigma}(0-2z)\mathrm{d}y\mathrm{d}z+(0-2x)\mathrm{d}z\mathrm{d}x+(0-2y)\mathrm{d}x\mathrm{d}y$$
$$=-2\iint_{\Sigma}z\mathrm{d}y\mathrm{d}z+x\mathrm{d}z\mathrm{d}x+y\mathrm{d}x\mathrm{d}y.$$

曲面 Σ 的方程 $x+y+z-1=0$ 法向量的三个方向余弦都为正，又由于对称性，则

$$I=-2\times 3\iint_{D_{xy}}y\mathrm{d}x\mathrm{d}y=-1,$$

其中，D_{xy} 为 Oxy 面上由直线 $x+y=1$ 及两条坐标轴围成的三角形闭区域.

二、环流量与旋度

设斯托克斯公式中的有向曲面 Σ 在点 (x,y,z) 处的单位法向量为

$$\boldsymbol{n}=\cos\alpha\boldsymbol{i}+\cos\beta\boldsymbol{j}+\cos\gamma\boldsymbol{k},$$

而 Σ 的正向边界曲线 Γ 在点 (x,y,z) 处的单位切向量为

$$\boldsymbol{\tau}=\cos\lambda\boldsymbol{i}+\cos\mu\boldsymbol{j}+\cos\nu\boldsymbol{k},$$

则斯托克斯公式可用对面积的曲面积分及对弧长的曲线积分表示为

$$\iint_{\Sigma}\left[\left(\frac{\partial R}{\partial y}-\frac{\partial Q}{\partial z}\right)\cos\alpha+\left(\frac{\partial P}{\partial z}-\frac{\partial R}{\partial x}\right)\cos\beta+\left(\frac{\partial Q}{\partial x}-\frac{\partial P}{\partial y}\right)\cos\gamma\right]\mathrm{d}S$$
$$=\oint_{\Gamma}(P\cos\lambda+Q\cos\mu+R\cos\nu)\mathrm{d}s.$$

设有向量场

$$\boldsymbol{A}(x,y,z)=P(x,y,z)\boldsymbol{i}+Q(x,y,z)\boldsymbol{j}+R(x,y,z)\boldsymbol{k},$$

在坐标轴上的投影分别为

$$\frac{\partial R}{\partial y}-\frac{\partial Q}{\partial z},\ \frac{\partial P}{\partial z}-\frac{\partial R}{\partial x},\ \frac{\partial Q}{\partial x}-\frac{\partial P}{\partial y}$$

的向量叫做向量 $\boldsymbol{A}$ 的**旋度**，记作 $\mathbf{rot}\,\boldsymbol{A}$，即

$$\mathbf{rot}\,\boldsymbol{A}=\left(\frac{\partial R}{\partial y}-\frac{\partial Q}{\partial z}\right)\boldsymbol{i}+\left(\frac{\partial P}{\partial z}-\frac{\partial R}{\partial x}\right)\boldsymbol{j}+\left(\frac{\partial Q}{\partial x}-\frac{\partial P}{\partial y}\right)\boldsymbol{k},$$

则斯托克斯公式可写成向量的形式

$$\iint_{\Sigma}\mathbf{rot}\,\boldsymbol{A}\cdot\boldsymbol{n}\mathrm{d}S=\oint_{\Gamma}\boldsymbol{A}\cdot\boldsymbol{\tau}\mathrm{d}s$$

或

$$\iint_{\Sigma}(\mathbf{rot}\,\boldsymbol{A})_n\mathrm{d}S=\oint_{\Gamma}A_\tau\mathrm{d}s,\tag{2}$$

其中

$$(\mathbf{rot}\,\boldsymbol{A})_n=\mathbf{rot}\,\boldsymbol{A}\cdot\boldsymbol{n}=\left(\frac{\partial R}{\partial y}-\frac{\partial Q}{\partial z}\right)\cos\alpha+\left(\frac{\partial P}{\partial z}-\frac{\partial R}{\partial x}\right)\cos\beta+\left(\frac{\partial Q}{\partial x}-\frac{\partial P}{\partial y}\right)\cos\gamma$$

为 $\mathbf{rot}\,\boldsymbol{A}$ 在 Σ 的法向量上的投影. 而

$$A_\tau=\boldsymbol{A}\cdot\boldsymbol{\tau}=P\cos\lambda+Q\cos\mu+R\cos\nu$$

为向量 $\boldsymbol{A}$ 在 Γ 的切向量上的投影.

沿有向闭曲线 Γ 的曲线积分

$$\oint_{\Gamma} P\mathrm{d}x + Q\mathrm{d}y + R\mathrm{d}z = \oint_{\Gamma} A_{\tau}\mathrm{d}s$$

叫做向量场 $\boldsymbol{A}$ 沿有向闭曲线 Γ 的**环流量**. 斯托克斯公式(2)现在可叙述为：

向量场 $\boldsymbol{A}$ 沿有向闭曲线 Γ 的环流量等于向量场 $\boldsymbol{A}$ 的旋度场通过 Γ 所张的曲面 Σ 的通量. 这里 Γ 的正向与有向曲面 Σ 应符合右手规则.

为了便于记忆，$\mathbf{rot}\,\boldsymbol{A}$ 的表达式可利用行列式记号的形式表示为

$$\mathbf{rot}\,\boldsymbol{A} = \begin{vmatrix} \boldsymbol{i} & \boldsymbol{j} & \boldsymbol{k} \\ \dfrac{\partial}{\partial x} & \dfrac{\partial}{\partial y} & \dfrac{\partial}{\partial z} \\ P & Q & R \end{vmatrix}.$$

例 2　设 $u = x^2y + 2xy^2 - 3yz^2$，求 $\mathbf{rot}(\mathbf{grad}\,u)$.

解　$\mathbf{grad}\,u = \{u_x, u_y, u_z\} = \{2xy, 4xy, -6yz\}$，

$$\mathbf{rot}(\mathbf{grad}\,u) = \begin{vmatrix} \boldsymbol{i} & \boldsymbol{j} & \boldsymbol{k} \\ \dfrac{\partial}{\partial x} & \dfrac{\partial}{\partial y} & \dfrac{\partial}{\partial z} \\ 2xy & 4xy & -6yz \end{vmatrix} = 0.$$

习题 11-7

1. 利用斯托克斯公式，计算下列曲线积分：

(1) $\oint_{\Gamma} y\mathrm{d}x + z\mathrm{d}y + x\mathrm{d}z$，其中 Γ 为圆周 $x^2 + y^2 + z^2 = 1, x + y + z = 0$，若从 x 轴的正向看去，该圆周是逆时针方向；

(2) $\oint_{\Gamma} x^2\mathrm{d}x + y^2\mathrm{d}y + z^2\mathrm{d}z$，其中 Γ 为平面 $x + y + z = 1$ 被三个坐标面所截成的三角形的整个边界，它的正向与这个三角形上侧的法向量之间符合右手规则.

2. 求下列向量场 $\boldsymbol{A}$ 的旋度：

(1) $\boldsymbol{A} = (2x + z)\boldsymbol{i} + (x - 2y)\boldsymbol{j} + (2y - z)\boldsymbol{k}$；

(2) $\boldsymbol{A} = (z + \sin y)\boldsymbol{i} - (z - x\cos y)\boldsymbol{j}$.

3. 求向量场 $\boldsymbol{A} = (x - z)\boldsymbol{i} + (x^3 + yz)\boldsymbol{j} - 3xy^2\boldsymbol{k}$ 沿闭曲线 Γ: $z = 2 - \sqrt{x^2 + y^2}, z = 0$（从 z 轴正向看 Γ 依逆时针方向）的环流量.

第八节　综合例题

例 1　设曲线积分 $I=\int_{(0,0)}^{(a,b)}\left[(x+1)^n\sin x+\frac{n}{x+1}f(x)\right]y\mathrm{d}x+f(x)\mathrm{d}y$ 与路径无关．求函数 $f(x)$ 的表达式并计算 I 的值．

解　由 $P=\left[(x+1)^n\sin x+\frac{n}{x+1}f(x)\right]y, Q=f(x)$ 得

$$\frac{\partial P}{\partial y}=(x+1)^n\sin x+\frac{n}{x+1}f(x),\ \frac{\partial Q}{\partial x}=f'(x).$$

由于该曲线积分与路径无关，所以有

$$f'(x)=\frac{n}{x+1}f(x)+(x+1)^n\sin x.$$

这是关于 $f(x)$ 的一阶线性方程，移项得

$$f'(x)-\frac{n}{x+1}f(x)=(x+1)^n\sin x,$$

由通解公式得

$$f(x)=\left[\int(x+1)^n\sin x\cdot \mathrm{e}^{-\int\frac{n}{x+1}\mathrm{d}x}\mathrm{d}x+C\right]\mathrm{e}^{\int\frac{n}{x+1}\mathrm{d}x}=(C-\cos x)(x+1)^n.$$

再由曲线积分与路径无关，可得

$$I=0+\int_0^b f(a)\mathrm{d}y=f(a)b.$$

例 2　计算曲线积分

$$\int_\Gamma y^2\mathrm{d}x+z^2\mathrm{d}y+x^2\mathrm{d}z,$$

其中 Γ 是上半球面 $z=\sqrt{a^2-x^2-y^2}$ 与右半圆柱面 $y=\sqrt{ax-x^2}\,(a>0, y>0)$ 的交线从点 $A(0,0,a)$ 到点 $B(a,0,0)$ 的一段（见图 11-19）．

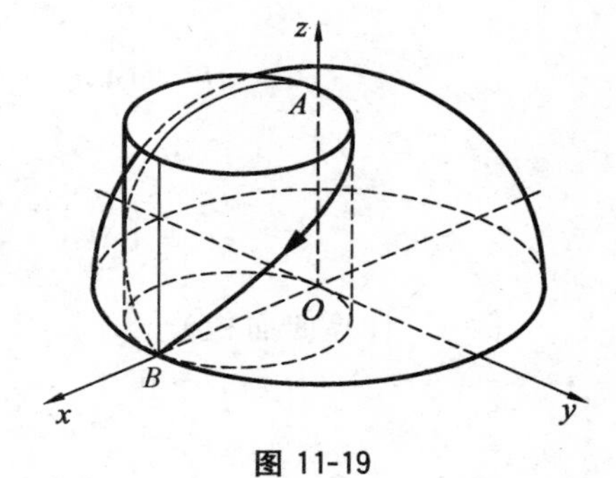

图 11-19

解　将柱面方程 $y=\sqrt{ax-x^2}$ 化为

$$\left(x-\frac{a}{2}\right)^2+y^2=\frac{a^2}{4},$$

令 $y=\frac{a}{2}\sin t$ 代入，得

$$x=\frac{a}{2}+\frac{a}{2}\cos t.$$

再将它们代入球面方程，得 $z=a\sin\frac{t}{2}$，所以该曲线的参数方程为

$$x=\frac{a}{2}+\frac{1}{2}\cos t, y=\frac{a}{2}\sin t, z=a\sin\frac{t}{2},\ t: 0\to\pi,$$

所以

$$\int_{\Gamma} y^2\mathrm{d}x+z^2\mathrm{d}y+x^2\mathrm{d}z=\frac{a^3}{8}\int_0^{\pi}\left[-\sin^3 t+4\sin^2\frac{t}{2}\cos t+(1+\cos t)^2\cos\frac{t}{2}\right]\mathrm{d}t$$

$$=\frac{a^3}{8}\left(\frac{44}{15}-\pi\right).$$

例 3 计算曲线积分

$$I=\oint_c (z-y)\mathrm{d}x+(x-z)\mathrm{d}y+(x-y)\mathrm{d}z,$$

其中 c 是曲线 $\begin{cases}x^2+y^2=1,\\ x-y+z=2.\end{cases}$ 从 z 轴正向往 z 轴负向看去，c 的方向是顺时针方向.

解法一 曲线 c 是圆柱面和平面的交线，当 c 是顺时针方向时，曲线 c 在 Oxy 面的投影曲线 $x^2+y^2=1$ 也是顺时针方向. 令 $x=\cos\theta$，则

$$y=\sin\theta,\ z=2-x+y=2-\cos\theta+\sin\theta,$$

c 的变化是 θ 从 2π 到 0，因此

$$I=\int_{2\pi}^{0}[(2-\cos\theta)(-\sin\theta)+(2\cos\theta-2-\sin\theta)\cos\theta+(\cos\theta-\sin\theta)(\cos\theta+\sin\theta)]\mathrm{d}\theta$$

$$=\int_{2\pi}^{0}(1-2\sin\theta-2\cos\theta+2\cos 2\theta]\mathrm{d}\theta=-2\pi.$$

解法二 记 $\boldsymbol{A}=(z-y)\boldsymbol{i}+(x-z)\boldsymbol{j}+(x-y)\boldsymbol{k}$，$\Sigma$ 是平面 $x-y+z=2$ 上以 c 为边界的那部分曲面. 由于 c 的方向从 z 轴正向往 z 轴负向看去是顺时针方向，故取 Σ 的法方向向下(和 z 轴成钝角). 利用斯托克斯公式，有

$$I=\oint_c \boldsymbol{A}_{\tau}\mathrm{d}s=\iint_{\Sigma}\begin{vmatrix}\boldsymbol{i} & \boldsymbol{j} & \boldsymbol{k}\\ \dfrac{\partial}{\partial x} & \dfrac{\partial}{\partial y} & \dfrac{\partial}{\partial z}\\ z-y & x-z & x-y\end{vmatrix}\cdot\boldsymbol{n}\mathrm{d}S$$

$$=\iint_{\Sigma}\{0,0,2\}\cdot\boldsymbol{n}\mathrm{d}S=\iint_{\Sigma}2\mathrm{d}x\mathrm{d}y=-\iint_{D_{xy}}2\mathrm{d}x\mathrm{d}y=-2\pi.$$

例 4 计算曲面积分

$$I=\iint_{\Sigma}\frac{1}{b^2}xy^2\mathrm{d}y\mathrm{d}z+\frac{1}{c^2}yz^2\mathrm{d}z\mathrm{d}x+\frac{1}{a^2}zx^2\mathrm{d}x\mathrm{d}y,$$

其中 Σ 是椭球面 $\dfrac{x^2}{a^2}+\dfrac{y^2}{b^2}+\dfrac{z^2}{c^2}=1$ 的外侧.

证 记 Σ 围成的区域为 Ω，由高斯公式得

$$I=\iiint_{\Omega}\left[\frac{x^2}{a^2}+\frac{y^2}{b^2}+\frac{z^2}{c^2}\right]\mathrm{d}v=\frac{1}{a^2}\iiint_{\Omega}x^2\mathrm{d}v+\frac{1}{b^2}\iiint_{\Omega}y^2\mathrm{d}v+\frac{1}{c^2}\iiint_{\Omega}z^2\mathrm{d}v.$$

又因为

$$\iiint_{\Omega}z^2\mathrm{d}v=2\int_0^c z^2\mathrm{d}z\iint_{D_{zy}}\mathrm{d}x\mathrm{d}y=2\pi ab\int_0^c z^2\left(1-\frac{z^2}{c^2}\right)\mathrm{d}z=\frac{4}{15}\pi abc^3,$$

由轮换对称性，得

$$\iiint_V x^2\mathrm{d}v=\frac{4}{15}\pi a^3bc,\ \iiint_V y^2\mathrm{d}v=\frac{4}{15}\pi ab^3c.$$

所以，$I=\dfrac{2}{3}\pi abc$.

例 5　设曲面 Σ 是锥面 $x=\sqrt{y^2+z^2}$ 与两球面 $x^2+y^2+z^2=1$，$x^2+y^2+z^2=2$ 所围立体表面的外侧，计算曲面积分

$$\iint_\Sigma x^3\mathrm{d}y\mathrm{d}z+[y^3+f(yz)]\mathrm{d}z\mathrm{d}x+[z^3+f(yz)]\mathrm{d}x\mathrm{d}y,$$

其中 f 是连续可微的奇函数.

解　记 Σ 围成的区域为 Ω，由高斯公式得

$$\begin{aligned}I&=\iiint_\Omega[3x^2+3y^2+zf'(yz)+3z^2+yf'(yz)]\mathrm{d}v\\&=3\iiint_\Omega(x^2+y^2+z^2)\mathrm{d}v+\iiint_\Omega[zf'(yz)+yf'(yz)]\mathrm{d}v,\end{aligned}$$

其中

$$\iiint_\Omega(x^2+y^2+z^2)\mathrm{d}v=3\int_0^{2\pi}\mathrm{d}\theta\int_0^{\frac{\pi}{4}}\sin\varphi\mathrm{d}\varphi\int_1^{\sqrt{2}}\rho^4\mathrm{d}\rho=6\pi\left(\frac{9}{5\sqrt{2}}-1\right).$$

因为 f 是奇函数，所以 f' 是偶函数，因而由对称性得

$$\iiint_\Omega[zf'(yz)+yf'(yz)]\mathrm{d}v=0.$$

所以 $I=6\pi\left(\dfrac{9}{5\sqrt{2}}-1\right)$.

例 6　设 Σ 为球面 $2x^2+2y^2+z^2=4$ 的外侧，计算曲面积分

$$I=\oint\!\!\!\oint_\Sigma\frac{x\mathrm{d}y\mathrm{d}z+y\mathrm{d}z\mathrm{d}x+z\mathrm{d}x\mathrm{d}y}{\sqrt{(x^2+y^2+z^2)^3}}.$$

解　由于 Σ 是闭曲面，可设法用高斯公式计算曲面积分 I. 记

$$P=\frac{x}{\sqrt{(x^2+y^2+z^2)^3}},\ Q=\frac{y}{\sqrt{(x^2+y^2+z^2)^3}},\ R=\frac{z}{\sqrt{(x^2+y^2+z^2)^3}},$$

则　$\dfrac{\partial P}{\partial x}=\dfrac{y^2+z^2-2x^2}{\sqrt{(x^2+y^2+z^2)^5}}$，$\dfrac{\partial Q}{\partial y}=\dfrac{x^2+z^2-2y^2}{\sqrt{(x^2+y^2+z^2)^5}}$，$\dfrac{\partial R}{\partial z}=\dfrac{x^2+y^2-2z^2}{\sqrt{(x^2+y^2+z^2)^5}}$.

由于 P,Q,R 在 Σ 内部的坐标原点处不连续，所以不能直接应用高斯公式计算，需作小球 Σ_1：$x^2+y^2+z^2=\varepsilon^2$（$\varepsilon$ 是很小的数，使得 Σ_1 完全位于 Σ 内部），方向为内侧. 记位于有向曲面 Σ_1 和 Σ 之间的空间区域为 Ω，则

$$\begin{aligned}I&=\oint\!\!\!\oint_\Sigma\frac{x\mathrm{d}y\mathrm{d}z+y\mathrm{d}z\mathrm{d}x+z\mathrm{d}x\mathrm{d}y}{\sqrt{(x^2+y^2+z^2)^3}}\\&=\oint\!\!\!\oint_{\Sigma+\Sigma_1}\frac{x\mathrm{d}y\mathrm{d}z+y\mathrm{d}z\mathrm{d}x+z\mathrm{d}x\mathrm{d}y}{\sqrt{(x^2+y^2+z^2)^3}}-\iint_{\Sigma_1}\frac{x\mathrm{d}y\mathrm{d}z+y\mathrm{d}z\mathrm{d}x+z\mathrm{d}x\mathrm{d}y}{\sqrt{(x^2+y^2+z^2)^3}}.\end{aligned}$$

对第一项积分应用高斯公式,得到

$$\begin{aligned}&\oiint\limits_{\Sigma+\Sigma_1}\frac{x\mathrm{d}y\mathrm{d}z+y\mathrm{d}z\mathrm{d}x+z\mathrm{d}x\mathrm{d}y}{\sqrt{(x^2+y^2+z^2)^3}}\\&=\iiint\limits_{\Omega}\left(\frac{\partial P}{\partial x}+\frac{\partial Q}{\partial y}+\frac{\partial R}{\partial z}\right)\mathrm{d}v\\&=\iiint\limits_{\Omega}\left[\frac{y^2+z^2-2x^2}{\sqrt{(x^2+y^2+z^2)^5}}+\frac{x^2+z^2-2y^2}{\sqrt{(x^2+y^2+z^2)^5}}+\frac{x^2+y^2-2z^2}{\sqrt{(x^2+y^2+z^2)^5}}\right]\mathrm{d}v\\&=0.\end{aligned}$$

第二项积分

$$\iint\limits_{\Sigma_1}\frac{x\mathrm{d}y\mathrm{d}z+y\mathrm{d}z\mathrm{d}x+z\mathrm{d}x\mathrm{d}y}{\sqrt{(x^2+y^2+z^2)^3}}=\frac{1}{\varepsilon^3}\iint\limits_{\Sigma_1}x\mathrm{d}y\mathrm{d}z+y\mathrm{d}z\mathrm{d}x+z\mathrm{d}x\mathrm{d}y.$$

对右边积分用高斯公式得

$$\iint\limits_{\Sigma_1}\frac{x\mathrm{d}y\mathrm{d}z+y\mathrm{d}z\mathrm{d}x+z\mathrm{d}x\mathrm{d}y}{\sqrt{(x^2+y^2+z^2)^3}}=-\frac{1}{\varepsilon^3}\iiint\limits_{\Omega}3\mathrm{d}v=-4\pi.$$

所以,$I=-4\pi$.

例 7 设函数 $u(x,y,z)$ 和 $v(x,y,z)$ 在闭区域 Ω 上具有一阶及二阶连续偏导数,证明

$$\iiint\limits_{\Omega}u\Delta v\mathrm{d}x\mathrm{d}y\mathrm{d}z=\oiint\limits_{\Sigma}u\frac{\partial v}{\partial n}\mathrm{d}S-\iiint\limits_{\Omega}\left(\frac{\partial u}{\partial x}\frac{\partial v}{\partial x}+\frac{\partial u}{\partial y}\frac{\partial v}{\partial y}+\frac{\partial u}{\partial z}\frac{\partial v}{\partial z}\right)\mathrm{d}x\mathrm{d}y\mathrm{d}z,$$

其中曲面 Σ 是闭区域 Ω 的整个边界曲面,$\frac{\partial v}{\partial n}$为函数 $v(x,y,z)$ 沿 Σ 的外法线方向的方向导数,符号 $\Delta=\frac{\partial^2}{\partial x^2}+\frac{\partial^2}{\partial y^2}+\frac{\partial^2}{\partial z^2}$称为拉普拉斯(Laplace)算子.这个公式叫做格林第一公式.

证 因为方向导数

$$\frac{\partial v}{\partial n}=\frac{\partial v}{\partial x}\cos\alpha+\frac{\partial v}{\partial y}\cos\beta+\frac{\partial v}{\partial z}\cos\gamma,$$

其中 $\cos\alpha,\cos\beta,\cos\gamma$ 是曲面 Σ 在点 (x,y,z) 处的外法线向量的方向余弦.于是曲面积分

$$\begin{aligned}\oiint\limits_{\Sigma}u\frac{\partial v}{\partial n}\mathrm{d}S&=\oiint\limits_{\Sigma}u\left(\frac{\partial v}{\partial x}\cos\alpha+\frac{\partial v}{\partial y}\cos\beta+\frac{\partial v}{\partial z}\cos\gamma\right)\mathrm{d}S\\&=\oiint\limits_{\Sigma}\left[\left(u\frac{\partial v}{\partial x}\right)\cos\alpha+\left(u\frac{\partial v}{\partial y}\right)\cos\beta+\left(u\frac{\partial v}{\partial z}\right)\cos\gamma\right]\mathrm{d}S.\end{aligned}$$

利用高斯公式,即得

$$\begin{aligned}\oiint\limits_{\Sigma}u\frac{\partial v}{\partial n}\mathrm{d}S&=\iiint\limits_{\Omega}\left[\frac{\partial}{\partial x}\left(u\frac{\partial v}{\partial x}\right)+\frac{\partial}{\partial y}\left(u\frac{\partial v}{\partial y}\right)+\frac{\partial}{\partial z}\left(u\frac{\partial v}{\partial z}\right)\right]\mathrm{d}x\mathrm{d}y\mathrm{d}z\\&=\iiint\limits_{\Omega}u\Delta v\mathrm{d}x\mathrm{d}y\mathrm{d}z+\iiint\limits_{\Omega}\left(\frac{\partial u}{\partial x}\frac{\partial v}{\partial x}+\frac{\partial u}{\partial y}\frac{\partial v}{\partial y}+\frac{\partial u}{\partial z}\frac{\partial v}{\partial z}\right)\mathrm{d}x\mathrm{d}y\mathrm{d}z.\end{aligned}$$

将上式右端第二项移至左端,便得所要证明的等式.

复习题十一

一、选择题

1. C 为从 $A(0,0)$ 到 $B(4,3)$ 的直线段，则 $\int_C (x-y)\mathrm{d}s$ 等于（　　）.

(A) $\int_0^4 \left(x-\frac{3}{4}x\right)\mathrm{d}x$　　(B) $\int_0^4 \left(x-\frac{3}{4}x\right)\sqrt{1+\frac{9}{16}}\mathrm{d}x$

(C) $\int_0^4 \left(\frac{4}{3}y-y\right)\mathrm{d}y$　　(D) $\int_0^4 \left(\frac{4}{3}y-y\right)\sqrt{1+\frac{9}{16}}\mathrm{d}y$

2. 设 C 为 $x^2+y^2=R^2, R>0$，则 $\oint_C \sqrt{x^2+y^2}\mathrm{d}s$ 等于（　　）.

(A) $\int_0^{2\pi} r^2\mathrm{d}r$　　(B) πR^3

(C) $\int_0^{2\pi}\mathrm{d}\theta\int_0^R r^2\mathrm{d}r$　　(D) $2\pi R^2$

3. 单连通域 G 内 $P(x,y),Q(x,y)$ 具有一阶连续偏导数，则 $\int_C P\mathrm{d}x+Q\mathrm{d}y$ 在 G 内与路径无关的充要条件是在 G 内恒有（　　）.

(A) $\frac{\partial Q}{\partial x}+\frac{\partial P}{\partial y}=0$　　(B) $\frac{\partial Q}{\partial x}-\frac{\partial P}{\partial y}=0$

(C) $\frac{\partial P}{\partial x}-\frac{\partial Q}{\partial y}=0$　　(D) $\frac{\partial P}{\partial x}+\frac{\partial Q}{\partial y}=0$

4. C 为沿 $x^2+y^2=R^2$ 逆时针方向一周，则 $I=\oint_C -x^2y\mathrm{d}x+xy^2\mathrm{d}y$ 用格林公式计算得（　　）.

(A) $\int_0^{2\pi}\mathrm{d}\theta\int_0^R r^3\mathrm{d}r$　　(B) $\int_0^{2\pi}\mathrm{d}\theta\int_0^R r^2\mathrm{d}r$

(C) $\int_0^{2\pi}\mathrm{d}\theta\int_0^R(-4r^3\sin\theta\cos\theta)\mathrm{d}r$　　(D) $\int_0^{2\pi}\mathrm{d}\theta\int_0^R 4r^3\sin\theta\cos\theta\mathrm{d}r$

5. C_1,C_2 是包含原点在内的两条同向闭曲线，C_1 在 C_2 的内部，C_1,C_2 所围区域包含原点，若已知 $\oint_{C_1}\frac{2x\mathrm{d}x+y\mathrm{d}y}{x^2+y^2}=k$（常数），则必有 $\oint_{C_2}\frac{2x\mathrm{d}x+y\mathrm{d}y}{x^2+y^2}$（　　）.

(A) 等于 k

(B) 等于 $-k$

(C) 不一定等于 k，与 C_2 的形状有关

(D) 大于 k

6. $I=\oint_C\frac{-y}{x^2+y^2}\mathrm{d}x+\frac{x}{x^2+y^2}\mathrm{d}y$，因为 $\frac{\partial P}{\partial y}=\frac{\partial Q}{\partial x}=\frac{y^2-x^2}{(x^2+y^2)^2}$，所以（　　）.

(A) 对任意闭曲线 C，有 $I=0$

(B) 在 C 不包含原点时，$I=0$

(C) 因$\frac{\partial P}{\partial y}$和$\frac{\partial Q}{\partial x}$在原点不存在，故对任何 C，$I\neq 0$

(D) 在 C 包含原点时，$I=0$；不包含原点时，$I\neq 0$

7. Σ 为 $z=2-(x^2+y^2)$ 在 Oxy 平面上方部分的曲面，则$\iint\limits_{\Sigma} \mathrm{d}S=$(　　).

(A) $\int_0^{2\pi}\mathrm{d}\theta\int_0^{r}\sqrt{1+4r^2}r\mathrm{d}r$　　(B) $\int_0^{2\pi}\mathrm{d}\theta\int_0^{2}\sqrt{1+4r^2}r\mathrm{d}r$

(C) $\int_0^{2\pi}\mathrm{d}\theta\int_0^{2}(2-r^2)\sqrt{1+4r^2}r\mathrm{d}r$　　(D) $\int_0^{2\pi}\mathrm{d}\theta\int_0^{\sqrt{2}}\sqrt{1+4r^2}r\mathrm{d}r$

8. Σ 为球面 $x^2+y^2+z^2=R^2$ 的下半球面下侧，则 $I=\iint\limits_{\Sigma} z\mathrm{d}x\mathrm{d}y=$(　　).

(A) $-\int_0^{2\pi}\mathrm{d}\theta\int_0^{R}\sqrt{R^2-r^2}\mathrm{d}r$　　(B) $\int_0^{2\pi}\mathrm{d}\theta\int_0^{R}\sqrt{R^2-r^2}\mathrm{d}r$

(C) $-\int_0^{2\pi}\mathrm{d}\theta\int_0^{R}\sqrt{R^2-r^2}r\mathrm{d}r$　　(D) $\int_0^{2\pi}\mathrm{d}\theta\int_0^{R}\sqrt{R^2-r^2}r\mathrm{d}r$

9. Σ 为 $z=2-(x^2+y^2)$ 在 Oxy 面上方部分，则 $I=\iint\limits_{\Sigma} z\mathrm{d}S=$(　　).

(A) $\int_0^{2\pi}\mathrm{d}\theta\int_0^{2-r^2}(2-r^2)\sqrt{1+4r^2}r\mathrm{d}r$

(B) $\int_0^{2\pi}\mathrm{d}\theta\int_0^{2}(2-r^2)\sqrt{1+4r^2}r\mathrm{d}r$

(C) $\int_0^{2\pi}\mathrm{d}\theta\int_0^{\sqrt{2}}(2-r^2)r\mathrm{d}r$

(D) $\int_0^{2\pi}\mathrm{d}\theta\int_0^{\sqrt{2}}(2-r^2)\sqrt{1+4r^2}r\mathrm{d}r$

10. 设 Σ 为球面 $x^2+y^2+z^2=R^2$，则$\oiint\limits_{\Sigma}(x^2+y^2+z^2)\mathrm{d}S=$(　　).

(A) $\int_0^{2\pi}\mathrm{d}\theta\int_0^{\pi}\mathrm{d}\varphi\int_0^{R}r^2\cdot r^2\sin\varphi\mathrm{d}r$　　(B) $\iiint\limits_{\Omega}R^2\mathrm{d}v$

(C) $4\pi R^4$　　(D) $\frac{4}{3}\pi R^5$

11. 设 c 为平面上有界区域 D 的正向边界曲线，则区域 D 的面积可表示为(　　).

(A) $\oint_C y\mathrm{d}x-x\mathrm{d}y$　　(B) $\oint_C x\mathrm{d}x-y\mathrm{d}y$

(C) $\frac{1}{2}\oint_C y\mathrm{d}x-x\mathrm{d}y$　　(D) $\frac{1}{2}\oint_C x\mathrm{d}y-y\mathrm{d}x$

12. 力 $\boldsymbol{F}=(3x-4y)\boldsymbol{i}+(4x+2y)\boldsymbol{j}-4y^2\boldsymbol{k}$ 将一质点沿椭圆$\frac{x^2}{16}+\frac{y^2}{9}=1$，$z=0$ 逆时针移动一周，所做的功 W 为(　　).

(A) 96π　　(B) 48π　　(C) 24π　　(D) 12π

二、综合练习 A

1. $\int_L \frac{ds}{\sqrt{x^2+y^2+4}}$,其中 L 为连接点 $O(0,0)$ 和 $A(1,2)$ 的直线段.

2. $\int_{\widehat{AB}} (x^2-2xy)dx+y^2dy$,其中 $\widehat{AB}$ 为抛物线 $y=x^2$ 从 $A(0,0)$ 到 $B(2,4)$ 的一段有向弧.

3. 证明:$(3x^2-2xy+y^2)dx-(x^2-2xy+3y^2)dy$ 是某个函数 $u(x,y)$ 的全微分,并求 $u(x,y)$.

4. 求 $\oint_L \frac{xdy+2ydx}{x^2+y^2}$,其中 L 为逆时针方向沿 $x^2+y^2=a^2$ 一周.

5. 求 $\oiint_S (x^2+y^2+z^2)dS$,其中 S 是 $x=0,y=0$ 及 $x^2+y^2+z^2=a^2(x\geqslant 0,y\geqslant 0)$ 所围成的闭曲面.

6. 求 $\iint_\Sigma xyz\,dxdy$,Σ 是柱面 $x^2+z^2=R^2$ 在 $x\geqslant 0,y\geqslant 0$ 两卦限内被平面 $y=0$ 及 $y=h$ 所截下部分的外侧.

7. 设有一力场 $\boldsymbol{F}=(y^2\cos x-2xy^3)\boldsymbol{i}+(4+2y\sin x-3x^2y^2)\boldsymbol{j}$,求一质点从原点 $O(0,0)$ 沿抛物线 $2x=\pi y^2$ 运动到 $A\left(\frac{\pi}{2},1\right)$ 时,力场 $\boldsymbol{F}$ 所做的功.

8. 利用高斯公式计算 $I=\iint_\Sigma x^2dydz+y^2dzdx+z^2dxdy$,其中 Σ 是半球面 $x^2+y^2+z^2=R^2(z\geqslant 0)$ 的上侧.

三、综合练习 B

1. 求 $\oint_\Gamma (y-z)dx+(z-x)dy+(x-y)dz$,其中 Γ 为椭圆 $\begin{cases}x^2+y^2=1,\\ x+z=1,\end{cases}$ 若从 Ox 轴正向看,此椭圆是逆时针方向.(提示:用参数方程)

2. 计算:

(1) $\iint_\Sigma (x+y+z)dS$,其中 Σ 是球面 $x^2+y^2+z^2=R^2$;

(2) $\iint_\Sigma (x+y+z)dS$,其中 Σ 是上半球面 $x^2+y^2+z^2=R^2,z\geqslant 0$.

3. 计算曲线积分 $\int_l (12xy+e^y)dx-(\cos y-xe^y)dy$,其中 l 为由 $A(-1,1)$ 沿抛物线 $y=x^2$ 到 $O(0,0)$,再沿 x 轴到 $B(2,0)$.

4. 计算闭曲线 $x=a\cos^3 t,y=a\sin^3 t(0\leqslant t\leqslant 2\pi)$ 所围平面图形的面积.

5. 设 Ω 由下半球面 $z=-\sqrt{a^2-x^2-y^2}$ 与平面 $z=0$ 围成,Σ 是 Ω 的正向边界曲面,

计算对坐标的曲线积分$\iint\limits_{\Sigma}\dfrac{ax\mathrm{d}y\mathrm{d}z+2(x+a)y\mathrm{d}z\mathrm{d}x}{\sqrt{x^2+y^2+z^2+1}}$.

6. 设函数 $u(x,y,z)$和 $v(x,y,z)$在闭区域 Ω 上具有二阶连续偏导数，$\dfrac{\partial u}{\partial n}$,$\dfrac{\partial v}{\partial n}$依次表示$u(x,y,z)$,$v(x,y,z)$沿 Σ 的外法线方向的方向导数. 证明：

$$\iiint\limits_{\Omega}(u\Delta v-v\Delta u)\mathrm{d}x\mathrm{d}y\mathrm{d}z=\oiint\limits_{\Sigma}\left(u\frac{\partial v}{\partial n}-v\frac{\partial u}{\partial n}\right)\mathrm{d}S,$$

其中 Σ 是闭区域 Ω 的整个边界曲面. 这个公式叫做格林第二公式.

无穷级数是数与函数的一种重要表达形式，也是微积分理论研究与实际应用中极为有力的工具. 运用这个工具能把许多函数表示成为幂级数或傅里叶级数，这种方法在物理、力学和工程技术领域有着广泛的应用. 本章先介绍数项级数的一些基本知识，然后讨论幂级数和傅里叶级数，并着重讨论函数展开成幂级数和傅里叶级数的问题.

第一节　常数项级数的基本概念和性质

一、常数项级数的基本概念

任意有限个数的和总是一个确定的数，但无限多个数的和表示什么呢？如考察表达式

$$1+\frac{1}{2}+\frac{1}{4}+\frac{1}{8}+\frac{1}{16}+\cdots$$

的和，我们不可能一次加上所有的项，而是根据有限项和的运算习惯，从第一项开始一次加一项，这样，将形成另一个数列

$$s_1=1, s_2=1+\frac{1}{2}=2-\frac{1}{2}, \cdots, s_n=1+\frac{1}{2}+\frac{1}{4}+\cdots+\frac{1}{2^{n-1}}=2-\frac{1}{2^{n-1}}, \cdots,$$

这里我们用到了公式

$$1+q+q^2+\cdots+q^{n-1}=\frac{1-q^n}{1-q}. \tag{1}$$

由于$\lim\limits_{n\to\infty}s_n=2$，我们自然认为$1+\frac{1}{2}+\frac{1}{4}+\frac{1}{8}+\frac{1}{16}+\cdots$这样一个无穷项的和等于 2.

由上面的例子，利用数列和极限的关系使我们能够突破有限和的禁锢，给出无穷项和的全新概念.

定义　设已给数列

$$u_1, u_2, \cdots, u_n, \cdots,$$

称表达式

$$u_1+u_2+\cdots+u_n+\cdots$$

为**无穷级数**，简称**级数**，也可记为$\sum\limits_{n=1}^{\infty}u_n$，即

$$\sum_{n=1}^{\infty}u_n=u_1+u_2+\cdots+u_n+\cdots, \tag{2}$$

其中 u_n 叫做级数的**一般项**或**通项**. 因为级数(2)的每一项都是常数,所以也叫做**常数项级数**,简称为**数项级数**.

级数(2)的前 n 项的和

$$s_n = u_1 + u_2 + \cdots + u_n$$

称为级数(2)的**部分和**. 当 n 依次取 $1,2,3,\cdots$时,它们构成了一个新的数列

$$s_1, s_2, \cdots, s_n, \cdots,$$

称为**部分和数列**.

如果当 $n\to\infty$时,部分和数列$\{s_n\}$有极限 s,即

$$\lim_{n\to\infty} s_n = s,$$

则称级数(2)是收敛的(或收敛级数),极限 s 叫做级数(2)的和,记作

$$s = u_1 + u_2 + \cdots + u_n + \cdots.$$

如果$\{s_n\}$没有极限,则称级数(2)是发散的(或发散级数),这时级数就没有和,级数(2)也就仅仅是一个形式上的符号而无实际意义.

如果级数 $\sum\limits_{n=1}^{\infty} u_n$ 收敛于 s,则部分和 $s_n \approx s$,它们之间的差

$$r_n = s - s_n = u_{n+1} + u_{n+2} + \cdots \tag{3}$$

称为级数的**余项**. 此时有$\lim\limits_{n\to\infty} r_n = 0$,而$|r_n|$是用 s_n 近似代替 s 所产生的误差.

例 1　讨论等比级数(又称几何级数)

$$a + aq + aq^2 + \cdots + aq^{n-1} + \cdots$$

的敛散性,其中 $a\neq 0$,q 为公比.

解　如果 $q\neq 1$,利用公式(1),部分和数列$\{s_n\}$中的

$$s_n = a + aq + aq^2 + \cdots + aq^{n-1} = \frac{a - aq^n}{1-q};$$

当$|q|<1$时,有$\lim\limits_{n\to\infty} q^n = 0$,从而$\lim\limits_{n\to\infty} s_n = \dfrac{a}{1-q}$;

当$|q|>1$时,有$\lim\limits_{n\to\infty} q^n = \infty$,从而$\lim\limits_{n\to\infty} s_n = \infty$;

当$|q|=1$,则当 $q=1$ 时,$s_n = na \to \infty$;而当 $q=-1$ 时,级数成为

$$a - a + a - a + \cdots,$$

于是有 $s_{2k}=0$, $s_{2k+1}=a$ (k 为整数),所以当 $n\to\infty$时,s_n 极限不存在.

综上所述:几何级数当$|q|<1$时收敛,且

$$a + aq + aq^2 + \cdots + aq^{n-1} + \cdots = \frac{a}{1-q};$$

当$|q|\geqslant 1$时,几何级数发散.

例 2　长期服用某种药物的病人需要评价药物在体内积聚的含量,如果含量太高,会产生其他危害;含量太低,无法产生预期的治疗效果. 现设每天服用的剂量为 A,体内药物每天有 10%排出体外. 试确定剂量 A 的范围,使药物在体内积聚的含量在区间$[m,M]$

范围内.

解　服药第一天,体内药物积聚量为 $A(1-10\%)=0.9A$,第二天体内药物积聚量为 $0.9A+0.9^2A$,第三天为 $0.9A+0.9^2A+0.9^3A$,…,长期下去,体内药物的积聚量为无穷级数

$$0.9A+0.9^2A+0.9^3A+\cdots.$$

根据例 1 的结果,该级数的和是 $\frac{0.9A}{1-0.9}=9A$. 因此,A 应满足

$$\frac{m}{9}\leqslant A\leqslant\frac{M}{9}.$$

例 3　证明级数 $1+2+3+\cdots+n+\cdots$ 是发散的.

证　级数的部分和为

$$s_n=1+2+3+\cdots+n=\frac{n(n+1)}{2},$$

显然,$\lim\limits_{n\to\infty}s_n=\infty$,因此,所讨论的级数发散.

例 4　讨论无穷级数

$$\frac{1}{1\cdot2}+\frac{1}{2\cdot3}+\cdots+\frac{1}{n(n+1)}+\cdots$$

的敛散性.

解　由于 $u_n=\frac{1}{n(n+1)}=\frac{1}{n}-\frac{1}{n+1}$,因此

$$\begin{aligned}s_n&=\frac{1}{1\cdot2}+\frac{1}{2\cdot3}+\cdots+\frac{1}{n(n+1)}\\&=\left(1-\frac{1}{2}\right)+\left(\frac{1}{2}-\frac{1}{3}\right)+\cdots+\left(\frac{1}{n}-\frac{1}{n+1}\right)\\&=1-\frac{1}{n+1},\end{aligned}$$

从而 $\lim\limits_{n\to\infty}s_n=\lim\limits_{n\to\infty}\left(1-\frac{1}{n+1}\right)=1$,故所讨论的级数收敛,其和为 1.

例 5　证明调和级数 $\sum\limits_{n=1}^{\infty}\frac{1}{n}$ 发散.

证　对函数 $\ln x$ 在区间 $[n,n+1]$ 上应用拉格朗日中值定理可知,存在 $\xi\in(n,n+1)$,使得

$$\ln(n+1)-\ln n=\frac{1}{\xi}<\frac{1}{n}.$$

利用此不等式即得

$$\begin{aligned}s_n&=1+\frac{1}{2}+\cdots+\frac{1}{n}>(\ln 2-\ln 1)+(\ln 3-\ln 2)+\cdots+[\ln(n+1)-\ln n]\\&=\ln(n+1).\end{aligned}$$

所以$\lim\limits_{n\to\infty}s_n=+\infty$，即调和级数$\sum\limits_{n=1}^{\infty}\frac{1}{n}$发散.

二、级数的基本性质

性质1(级数收敛的必要条件) 如果级数$\sum\limits_{n=1}^{\infty}u_n$收敛，则$\lim\limits_{n\to\infty}u_n=0$.

证 设级数$\sum\limits_{n=1}^{\infty}u_n$的部分和为$s_n$，且$\lim\limits_{n\to\infty}s_n=s$，则$\lim\limits_{n\to\infty}s_{n-1}=s$，从而

$$\lim_{n\to\infty}u_n=\lim_{n\to\infty}(s_n-s_{n-1})=s-s=0.$$

性质1可换一种说法，即若级数的一般项不趋于零，则该级数必定发散.

例6 讨论无穷级数$\frac{1}{2}-\frac{2}{3}+\frac{3}{4}+\cdots+(-1)^{n+1}\frac{n}{n+1}+\cdots$的敛散性.

解 此级数的一般项

$$u_n=(-1)^{n+1}\frac{n}{n+1},$$

当$n\to\infty$时，u_n不趋于零.由性质1知该级数发散.

应当注意，级数的一般项趋于零只是级数收敛的必要条件，而不是充分条件.也就是说，级数的一般项趋于零时仍有可能发散.例如前面例5中的调和级数$\sum\limits_{n=1}^{\infty}\frac{1}{n}$的一般项$\frac{1}{n}$是趋于零的($n\to\infty$时)，但$\sum\limits_{n=1}^{\infty}\frac{1}{n}$发散.

由于对无穷级数收敛性的讨论可以转化为对它的部分和数列的收敛性的讨论，因此，根据收敛数列的基本性质可得到下列收敛级数的基本性质.这里略去证明.

性质2 如果级数

$$u_1+u_2+\cdots+u_n+\cdots$$

收敛于和s，而k为常数(指与n无关)，则级数

$$ku_1+ku_2+\cdots+ku_n+\cdots$$

也收敛，且其和为ks.

如果级数$u_1+u_2+\cdots+u_n+\cdots$发散，且常数$k\neq0$，则级数$ku_1+ku_2+\cdots+ku_n+\cdots$也发散.

由性质2可得结论：级数的每一项同乘以一个不为零的常数后，它的敛散性总是不变的.

性质3 设有两个收敛级数

$$s=u_1+u_2+\cdots+u_n+\cdots,$$

$$\sigma=v_1+v_2+\cdots+v_n+\cdots,$$

则级数

$$(u_1\pm v_1)+(u_2\pm v_2)+\cdots+(u_n\pm v_n)+\cdots$$

也收敛，且其和为$s\pm\sigma$.

性质 3 也可说成：两个收敛级数可以逐项相加或逐项相减.

性质 4 在级数的前面部分去掉或加上有限项，不会影响级数的敛散性. 但在收敛时，一般级数的和是要改变的.

性质 5 收敛级数加括弧后所得的级数仍收敛于原级数的和.

但应注意，带括弧的收敛级数去掉括弧后所得的级数却不一定收敛. 例如级数

$$(1-1)+(1-1)+\cdots$$

收敛于零，但去掉括弧后得的级数

$$1-1+1-1+\cdots,$$

即 $\sum\limits_{n=1}^{\infty}(-1)^{n+1}$ 却是发散的(因为其一般项 $(-1)^{n+1}$ 不趋于 0).

推论 如果加括号后所得的级数发散，则原级数也发散.

习题 12-1

1. 写出下列级数的一般项：

(1) $1-\dfrac{1}{3}+\dfrac{1}{5}+\cdots$; (2) $\dfrac{1}{4}-\dfrac{4}{9}+\dfrac{9}{16}-\dfrac{16}{25}+\cdots$.

2. 已知级数的部分和 $s_n=\dfrac{2n}{n+1}$，求 u_1, u_2, u_n.

3. 根据级数收敛与发散的定义，判别下列级数的敛散性：

(1) $\sum\limits_{n=1}^{\infty}(\sqrt{n+2}-\sqrt{n})$;

(2) $\dfrac{1}{1\cdot 3}+\dfrac{1}{3\cdot 5}+\dfrac{1}{5\cdot 7}+\cdots+\dfrac{1}{(2n-1)(2n+1)}+\cdots$;

(3) $\sum\limits_{n=1}^{\infty}\dfrac{(\ln 2)^n}{2^n}$.

4. 判别下列级数的敛散性：

(1) $-\dfrac{2}{3}+\dfrac{2^2}{3^2}-\dfrac{2^3}{3^3}+\cdots$; (2) $\sum\limits_{n=1}^{\infty}\left(\dfrac{1}{2^n}-\dfrac{1}{2n}\right)$;

(3) $\sum\limits_{n=1}^{\infty}(-1)^n\dfrac{n+2}{3n+1}$; (4) $\sum\limits_{n=1}^{\infty}\left(\dfrac{n}{n+1}\right)^n$.

第二节 常数项级数敛散性的判别法

一、正项级数及其敛散性判别法

一般情况下，利用定义来判断级数的收敛性是很困难的，那么，能否找到更简单有效的判别方法？我们先从最简单的一类级数——正项级数开始讨论.

若 $u_n \geqslant 0(n=1,2,3,\cdots)$，则称此级数 $\sum_{n=1}^{\infty} u_n$ 为正项级数，易知正项级数 $\sum_{n=1}^{\infty} u_n$ 的部分和数列 $\{s_n\}$ 是单调增加数列，即

$$s_1 \leqslant s_2 \leqslant \cdots \leqslant s_n \leqslant \cdots.$$

根据数列单调有界必有极限的准则(参见第一章第三节定理 2)知，$\{s_n\}$ 收敛的充分必要条件是 $\{s_n\}$ 有界，因此有下述定理：

定理 1 正项级数 $\sum_{n=1}^{\infty} u_n$ 收敛的充分必要条件是它的部分和数列 $\{s_n\}$ 有上界.

定理 1 的重要性主要并不在于利用它来直接判别正项级数的收敛性，而在于它是证明下面一系列判别法的基础.

定理 2(比较判别法) 设 $\sum_{n=1}^{\infty} u_n$ 和 $\sum_{n=1}^{\infty} v_n$ 都是正项级数，且 $u_n \leqslant v_n(n=1,2,3,\cdots)$，

(1) 若 $\sum_{n=1}^{\infty} v_n$ 收敛，则 $\sum_{n=1}^{\infty} u_n$ 收敛；

(2) 若 $\sum_{n=1}^{\infty} u_n$ 发散，则 $\sum_{n=1}^{\infty} v_n$ 发散.

证 设 $\sum_{n=1}^{\infty} u_n$ 和 $\sum_{n=1}^{\infty} v_n$ 的部分和分别记为 s_n 与 s_n'，则由 $0 \leqslant u_n \leqslant v_n(n=1,2,3,\cdots)$，有

$$s_n = u_1 + u_2 + \cdots + u_n \leqslant v_1 + v_2 + \cdots + v_n = s_n'(n=1,2,3,\cdots).$$

若 $\sum_{n=1}^{\infty} v_n$ 收敛，则由定理 1 可知，$\{s_n'\}$ 有上界，从而 $\{s_n\}$ 有上界. 于是，$\sum_{n=1}^{\infty} u_n$ 收敛. 若 $\sum_{n=1}^{\infty} u_n$ 发散，则 $\{s_n\}$ 无上界，从而 $\{s_n'\}$ 无上界，由定理 1 知 $\sum_{n=1}^{\infty} v_n$ 发散，定理得证.

例 1 讨论 p-级数 $\sum_{n=1}^{\infty} \frac{1}{n^p}$ 的敛散性.

解 按 $p \leqslant 1$ 和 $p > 1$ 两种情形分别讨论：

(1) 当 $p \leqslant 1$ 时，有 $\frac{1}{n} \leqslant \frac{1}{n^p}(n=1,2,3,\cdots)$. 因调和级数 $\sum_{n=1}^{\infty} \frac{1}{n}$ 发散，故由比较判别法可知，$p \leqslant 1$ 时，p-级数 $\sum_{n=1}^{\infty} \frac{1}{n^p}$ 发散；

(2) 当 $p > 1$ 时，由 $m-1 \leqslant x < m$，有 $\frac{1}{m^p} < \frac{1}{x^p}$，所以

$$0 < \frac{1}{m^p} = \int_{m-1}^{m} \frac{1}{m^p} \mathrm{d}x < \int_{m-1}^{m} \frac{1}{x^p} \mathrm{d}x \quad (m = 2,3,\cdots),$$

故 p-级数的部分和

$$\begin{aligned} s_n &= 1 + \sum_{m=2}^{n} \frac{1}{m^p} < 1 + \sum_{m=2}^{n} \int_{m-1}^{m} \frac{1}{x^p} \mathrm{d}x \\ &= 1 + \int_{1}^{n} \frac{1}{x^p} \mathrm{d}x \end{aligned}$$

$$=1+\frac{1}{p-1}-\frac{n^{1-p}}{p-1}<1+\frac{1}{p-1}=\frac{p}{p-1}.$$

于是,由定理 1 可知,当 $p>1$ 时,p-级数 $\sum\limits_{n=1}^{\infty}\frac{1}{n^p}$ 收敛.

由例 1 知级数

$$1+\frac{1}{2^2}+\frac{1}{3^2}+\cdots+\frac{1}{n^2}+\cdots,$$

$$1+\frac{1}{\sqrt{2^5}}+\frac{1}{\sqrt{3^5}}+\cdots+\frac{1}{\sqrt{n^5}}+\cdots$$

收敛.而级数

$$1+\frac{1}{\sqrt{2}}+\frac{1}{\sqrt{3}}+\cdots+\frac{1}{\sqrt{n}}+\cdots$$

发散.

比较判别法是判断正项级数收敛性的一个重要方法.对于给定的正项级数,如果要用比较判别法来判断其收敛性,则首先要通过观察找到另一个已知级数与其进行比较,并且该已知级数和所讨论级数的敛散性应是相同的才可进行比较,这给判断带来很大困难.下面给出应用上比较方便的判别方法.

定理 3(比较判别法的极限形式)　设 $\sum\limits_{n=1}^{\infty}u_n$ 与 $\sum\limits_{n=1}^{\infty}v_n$ 为两个正项级数,若

$$\lim_{n\to\infty}\frac{u_n}{v_n}=l \quad (0<l<+\infty),$$

则 $\sum\limits_{n=1}^{\infty}u_n$ 与 $\sum\limits_{n=1}^{\infty}v_n$ 具有相同的敛散性.

证明略.

定理 3 在应用上最大的优点是:若所讨论级数 $\sum\limits_{n=1}^{\infty}u_n$ 的一般项 $u_n\to 0$,则只要选择一个相对简单的级数 $\sum\limits_{n=1}^{\infty}v_n$,$v_n$ 和 u_n 是同阶的无穷小,则可利用级数 $\sum\limits_{n=1}^{\infty}v_n$ 的敛散性来判别级数 $\sum\limits_{n=1}^{\infty}u_n$ 的敛散性.

例 2　判别级数 $\sum\limits_{n=1}^{\infty}\frac{1}{\sqrt{n(n-3)}}$ 的敛散性.

解　$u_n=\frac{1}{\sqrt{n(n-3)}}$,$n\to\infty$时分母为无穷大,但 3 和 n 相比可忽略不计,因此,略去 3,可选择 $v_n=\frac{1}{n}$. 这样 v_n 和 u_n 是等价无穷小,而级数 $\sum\limits_{n=1}^{\infty}v_n=\sum\limits_{n=1}^{\infty}\frac{1}{n}$ 是发散的,于是,级数 $\sum\limits_{n=1}^{\infty}\frac{1}{\sqrt{n(n-3)}}$ 发散.

例 3　判别级数 $\sum\limits_{n=1}^{\infty}2^n\sin\frac{1}{3^n}$ 的敛散性.

解　因为$\lim\limits_{n\to\infty}\frac{2^n\sin\frac{1}{3^n}}{\left(\frac{2}{3}\right)^n}=1$,而 $\sum\limits_{n=1}^{\infty}\left(\frac{2}{3}\right)^n$ 是收敛的几何级数,由极限形式的比较法可知 $\sum\limits_{n=1}^{\infty}2^n\sin\frac{1}{3^n}$ 收敛.

例 4　判别级数 $\sum\limits_{n=1}^{\infty}\ln\left(1+\frac{1}{n^2}\right)$ 的敛散性.

解　因为 $\ln\left(1+\frac{1}{n^2}\right)\sim\frac{1}{n^2}(n\to\infty)$,而 $\sum\limits_{n=1}^{\infty}\frac{1}{n^2}$ 收敛，所以级数 $\sum\limits_{n=1}^{\infty}\ln\left(1+\frac{1}{n^2}\right)$ 收敛.

虽然定理 3 应用方便,但定理 2 更具有一般性.

例 5　讨论级数 $\sum\limits_{n=2}^{\infty}\frac{1}{\ln n}$ 的敛散性.

解　由于 $\ln n<n$,因此,$\frac{1}{\ln n}>\frac{1}{n}$,而 $\sum\limits_{n=1}^{\infty}\frac{1}{n}$ 发散,所以,级数 $\sum\limits_{n=2}^{\infty}\frac{1}{\ln n}$ 发散.

下面给出的判别法,可以利用级数自身的特点来判断其收敛性.

定理 4(比值判别法或达朗贝尔(D'Alembert)判别法)　设正项级数 $\sum\limits_{n=1}^{\infty}u_n$ 的后项与前项之比值的极限等于 ρ,即

$$\lim_{n\to\infty}\frac{u_{n+1}}{u_n}=\rho,$$

则当 $\rho<1$ 时,级数收敛;$\rho>1$(或 $\rho=\infty$)时,$\lim\limits_{n\to\infty}u_n\neq0$,级数发散;$\rho=1$ 时,级数可能收敛也可能发散.

证　当 $\rho<1$ 时，取一个适当小的正数 ε,使得 $\rho+\varepsilon=r<1$. 根据极限定义,存在自然数 m,当 $n\geqslant m$ 时有不等式

$$\frac{u_{n+1}}{u_n}<\rho+\varepsilon=r,$$

于是

$$u_{m+1}<ru_m,\ u_{m+2}<ru_{m+1}<r^2u_m,\ u_{m+3}<ru_{m+2}<r^3u_m,\ \cdots.$$

这样,级数 $u_{m+1}+u_{m+2}+u_{m+3}+\cdots$ 的各项就小于收敛的等比级数(公比 $r<1$)$ru_m+r^2u_m+r^3u_m+\cdots+r^ku_m$ 的对应项,所以它也收敛.

从而根据第一节中性质 4 可知,$u_1+u_2+\cdots+u_m+u_{m+1}+\cdots$ 也收敛;

当 $\rho>1$ 时,取一个适当小的正数 ε,使得 $\rho-\varepsilon>1$. 根据极限定义,当 $n\geqslant m$ 时有不等式

$$\frac{u_{n+1}}{u_n}>\rho-\varepsilon>1,$$

也就是 $u_{n+1}>u_n$. 所以当 $n\geqslant m$ 时,级数的一般项 u_n 是逐渐增大的,从而$\lim\limits_{n\to\infty}u_n\neq0$. 根据级

数收敛的必要条件可知级数 $\sum_{n=1}^{\infty} u_n$ 发散.

类似地,可以证明当$\lim_{n \to \infty} \frac{u_{n+1}}{u_n} = \infty$ 时,级数 $\sum_{n=1}^{\infty} u_n$ 发散.

当 $\rho=1$ 时,级数的敛散性可通过例子说明:例如,以 p-级数 $\sum_{n=1}^{\infty} \frac{1}{n^p}$ 为例,不论 p 为何值,都有

$$\lim_{n \to \infty} \frac{u_{n+1}}{u_n} = \lim_{n \to \infty} \frac{\frac{1}{(n+1)^p}}{\frac{1}{n^p}} = 1.$$

但我们知道,当 $p \leqslant 1$ 时级数发散,而当 $p>1$ 时级数收敛. 因此根据 $\rho=1$ 不能判别级数的敛散性,比值判别法失效.

例 6　判别级数 $\sum_{n=0}^{\infty} \frac{1}{n!}$ 的敛散性并估计以级数的部分和 s_n 近似代替和 s 所产生的误差.

解　因为 $\lim_{n \to \infty} \frac{u_{n+1}}{u_n} = \lim_{n \to \infty} \frac{1}{n+1} = 0 < 1$,所以由比值判别法可知所给级数收敛. 以该级数的部分和 s_n 近似代替 s 所产生的误差为

$$\begin{aligned} |r_n| &= \frac{1}{n!} + \frac{1}{(n+1)!} + \cdots \\ &= \frac{1}{n!}\left[1 + \frac{1}{n+1} + \frac{1}{(n+1)(n+2)} + \cdots\right] \\ &< \frac{1}{n!}\left(1 + \frac{1}{n} + \frac{1}{n^2} + \cdots\right) \\ &= \frac{1}{n!} \frac{1}{1 - \frac{1}{n}} = \frac{1}{(n-1)(n-1)!}. \end{aligned}$$

例 7　判别级数 $\sum_{n=1}^{\infty} \frac{2^n}{n\, 3^n}$ 的敛散性.

解　$\lim_{n \to \infty} \frac{u_{n+1}}{u_n} = \lim_{n \to \infty} \frac{2}{3} \frac{n}{n+1} = \frac{2}{3} < 1$. 由达朗贝尔判别法可知,所讨论级数收敛.

二、交错级数及其敛散性判别法

交错级数是指各项的符号正负相间的级数,可表示成

$$u_1 - u_2 + u_3 - u_4 + \cdots \quad 或 \quad \sum_{n=1}^{\infty} (-1)^{n-1} u_n,$$

其中 $u_n > 0 (n=1,2,\cdots)$.

对于交错级数有下面的莱布尼茨(Leibniz)判别法.

定理 5(莱布尼茨判别法) 设交错级数 $\sum_{n=1}^{\infty}(-1)^{n-1}u_n$ 满足

(1) $u_n \geqslant u_{n+1}(n=1,2,\cdots)$;

(2) $\lim_{n\to\infty}u_n=0$,

则该交错级数收敛,且级数的和 $s\leqslant u_1$,n 项之后的余项 $r_n=s-s_n$ 还满足 $|r_n|\leqslant u_{n+1}$.

证 由定理中的条件(1)可知,对任意的正整数 n,有

$$s_{2n}=u_1-(u_2-u_3)-\cdots-(u_{2n-2}-u_{2n-1})-u_{2n}\leqslant u_1,$$

从而数列$\{s_{2n}\}$有界. 又

$$s_{2n}=(u_1-u_2)+(u_3-u_4)+\cdots+(u_{2n-1}-u_{2n}),$$

括号中每一项为正,因而数列$\{s_{2n}\}$是单调增加的,故极限$\lim_{n\to\infty}s_{2n}$存在.

另一方面,由条件(2)可知$\lim_{n\to\infty}u_{2n+1}=0$,从而

$$\lim_{n\to\infty}s_{2n+1}=\lim_{n\to\infty}(s_{2n}+u_{2n+1})=\lim_{n\to\infty}s_{2n}.$$

由此可见,极限$\lim_{n\to\infty}s_n$ 存在,从而$\sum_{n=1}^{\infty}(-1)^{n-1}u_n$ 收敛. 又由 $s_{2n}\leqslant u_1$ 可知,

$$\sum_{n=1}^{\infty}(-1)^{n-1}u_n = s = \lim_{n\to\infty}s_{2n}\leqslant u_1.$$

不难看出余项 γ_n 可写成

$$r_n=\pm(u_{n+1}-u_{n+2}+\cdots).$$

所以$|r_n|=u_{n+1}-u_{n+2}+\cdots$的式子右端是一个交错级数且满足交错级数收敛的两个条件,其和小于该级数的首项 u_{n+1},即$|r_n|\leqslant u_{n+1}$.

应用定理 5 立即可以看到,交错级数 $1-\frac{1}{2}+\frac{1}{3}-\frac{1}{4}+\cdots$是收敛的. 因为 $u_n=\frac{1}{n}$满足定理 5 的两个条件:$u_{n+1}<u_n$ 及$\lim_{n\to\infty}u_n=\lim_{n\to\infty}\frac{1}{n}=0$. 不仅如此,利用定理 5,还有该级数的和 $s\leqslant 1$. 用前 n 项和作为和 s 的近似值,误差 $r_n=s-s_n$ 满足$|r_n|\leqslant\frac{1}{n+1}$.

三、绝对收敛与条件收敛

对于一个数项级数 $u_1+u_2+\cdots+u_n+\cdots$,其中 u_n 可任意地取正数、负数或零,通常称这种级数为任意项级数.

定理 6 如果正项级数 $\sum_{n=1}^{\infty}|u_n|$收敛,则级数 $\sum_{n=1}^{\infty}u_n$ 收敛.

证 记

$$v_n=\frac{1}{2}(|u_n|+u_n),\qquad w_n=\frac{1}{2}(|u_n|-u_n),$$

则显然 $0\leqslant v_n\leqslant|u_n|$,$0\leqslant w_n\leqslant|u_n|$.

因为 $\sum_{n=1}^{\infty}|u_n|$ 收敛，所以由正项级数的比较法可知 $\sum_{n=1}^{\infty}v_n$，$\sum_{n=1}^{\infty}w_n$ 都收敛. 注意到 $u_n=v_n-w_n$，故由第一节性质 3 可知 $\sum_{n=1}^{\infty}u_n$ 也收敛.

定义 1　若 $\sum_{n=1}^{\infty}|u_n|$ 收敛，则称 $\sum_{n=1}^{\infty}u_n$ 为绝对收敛.

例 8　证明级数 $\sum_{n=1}^{\infty}\frac{(-1)^n}{n}\frac{2^n}{3^n}$ 绝对收敛.

证　级数各项取绝对值后得到级数 $\sum_{n=1}^{\infty}\frac{1}{n}\frac{2^n}{3^n}$，利用例 7 的结果，级数 $\sum_{n=1}^{\infty}\frac{1}{n}\frac{2^n}{3^n}$ 是收敛的，所以，级数 $\sum_{n=1}^{\infty}\frac{(-1)^n}{n}\frac{2^n}{3^n}$ 绝对收敛.

应该注意，虽然每个绝对收敛级数都收敛，但并不是每个收敛级数都是绝对收敛的. 例如级数

$$1-\frac{1}{2}+\frac{1}{3}-\cdots+(-1)^{n-1}\frac{1}{n}+\cdots$$

是收敛的，但是各项取绝对值所成的级数

$$1+\frac{1}{2}+\frac{1}{3}+\cdots+\frac{1}{n}+\cdots$$

却是发散的.

定义 2　若级数 $\sum_{n=1}^{\infty}u_n$ 收敛而 $\sum_{n=1}^{\infty}|u_n|$ 发散，则称级数 $\sum_{n=1}^{\infty}u_n$ 条件收敛.

例如，当 $0<p\leqslant 1$ 时，交错级数 $\sum_{n=1}^{\infty}(-1)^{n+1}\frac{1}{n^p}$ 条件收敛.

虽然一般来说，$\sum_{n=1}^{\infty}|u_n|$ 发散时 $\sum_{n=1}^{\infty}u_n$ 还可能收敛，但若由比值法得出 $\sum_{n=1}^{\infty}|u_n|$ 发散，则 $|u_{n+1}|\geqslant|u_n|$ 为单调增加的，从而 $\lim\limits_{n\to\infty}u_n\neq 0$. 根据级数收敛的必要条件，级数 $\sum_{n=1}^{\infty}u_n$ 一定发散.

习题 12-2

1. 利用比较法或其极限形式判别下列级数的敛散性：

(1) $\sum_{n=1}^{\infty}\frac{1}{\sqrt{2n^2-3n+1}}$；

(2) $\sum_{n=1}^{\infty}(\sqrt{n^2+3}-\sqrt{n^2-3})$；

(3) $\sum_{n=1}^{\infty}\ln\left(1+\frac{1}{n^2}\right)$；

(4) $\sum_{n=1}^{\infty}\frac{1}{1+a^n}(a>0)$；

(5) $\sum_{n=1}^{\infty}\frac{(1+n)^n}{n^{n+1}}$；

(6) $\sum_{n=1}^{\infty}\tan\frac{1}{n+1}$；

(7) $\sum_{n=1}^{\infty}\frac{1}{n+\ln n}$；　　(8) $\sum_{n=1}^{\infty}\left(\frac{n}{2n+3}\right)^n$.

2. 利用比值判别法判别下列级数的敛散性：

(1) $\sum_{n=1}^{\infty}\frac{(n-1)!}{3^n}$；　　(2) $\sum_{n=1}^{\infty}\frac{\sqrt{n}}{2^n}$；

(3) $\sum_{n=1}^{\infty}\frac{1\cdot 3\cdot 5\cdot\cdots\cdot(2n-1)}{3^n\cdot n!}$；　　(4) $\sum_{n=1}^{\infty}\frac{1\cdot 5\cdot 9\cdot\cdots\cdot(4n-3)}{2\cdot 5\cdot 8\cdot\cdots\cdot(3n-1)}$；

(5) $\sum_{n=1}^{\infty}\sin\frac{\pi}{\sqrt{2^n}}$；　　(6) $\sum_{n=1}^{\infty}\frac{(2n)!}{(n!)^2}$；

(7) $\sum_{n=1}^{\infty}\frac{1}{\sqrt{n^2+1}}\left(\frac{2}{3}\right)^n$；　　(8) $\sum_{n=1}^{\infty}\frac{2n-1}{2^n}$；

(9) $\sum_{n=1}^{\infty}\frac{2^n n!}{n^n}$；　　(10) $\sum_{n=1}^{\infty}\frac{1}{n^r}q^n, q>0$.

3. 判别下列级数是绝对收敛.条件收敛，还是发散？

(1) $\sum_{n=1}^{\infty}(-1)^n\frac{1}{\sqrt{2n+1}}$；　　(2) $\sum_{n=1}^{\infty}\frac{(-1)^{n-1}}{n-\sqrt{n}}$；

(3) $\sum_{n=1}^{\infty}(-1)^{n+1}\sqrt{\frac{n}{n+1}}$；　　(4) $\sum_{n=1}^{\infty}(-1)^n(\sqrt{n+1}-\sqrt{n})$；

(5) $\sum_{n=1}^{\infty}(-1)^n\frac{1}{\ln n}$；　　(6) $\sum_{n=2}^{\infty}\frac{(-1)^{n-1}n^3}{2^n}$；

(7) $\sum_{n=1}^{\infty}(-1)^n\left(\frac{n-1}{2n+1}\right)^n$；　　(8) $\sum_{n=1}^{\infty}(-1)^n\frac{n}{n^2+1}$.

第三节　幂　级　数

一、函数项级数的一般概念

设$\{u_n(x)\}$是定义在数集 I 上的函数列，表达式

$$u_0(x)+u_1(x)+u_2(x)+\cdots+u_n(x)+\cdots=\sum_{n=0}^{\infty}u_n(x) \tag{1}$$

称为定义在 I 上函数项级数.

如果对某点 $x_0\in I$，常数项级数 $\sum_{n=0}^{\infty}u_n(x_0)$ 收敛，则称函数项级数 $\sum_{n=0}^{\infty}u_n(x)$ 在点 x_0 处收敛，x_0 为该函数项级数的收敛点；如果常数项级数 $\sum_{n=0}^{\infty}u_n(x_0)$ 发散，则称函数项级数 $\sum_{n=0}^{\infty}u_n(x)$ 在点 x_0 处发散，x_0 为该函数项级数的发散点. 函数项级数 $\sum_{n=0}^{\infty}u_n(x)$ 所有收敛

点组成的集合，称为该函数项级数的**收敛域**；所有发散点组成的集合，称为该函数项级数的**发散域**. 对于收敛域中的每一个 x，函数项级数 $\sum_{n=0}^{\infty} u_n(x)$ 都有唯一确定的和（记为 $s(x)$）与之对应，因此 $\sum_{n=0}^{\infty} u_n(x)$ 是定义在收敛域上的一个函数，即

$$\sum_{n=0}^{\infty} u_n(x) = s(x) \quad (x \text{ 属于收敛域}).$$

称 $s(x)$ 为函数项级数 $\sum_{n=0}^{\infty} u_n(x)$ 的**和函数**，并称

$$s_n(x) = u_0(x) + u_1(x) + \cdots + u_n(x) = \sum_{k=0}^{n} u_k(x)$$

为函数项级数 $\sum_{n=0}^{\infty} u_n(x)$ 的部分和. 当 x 属于该函数项级数的收敛域时，则有

$$s(x) = \lim_{n\to\infty} s_n(x).$$

称

$$r_n(x) = s(x) - s_n(x) = u_{n+1}(x) + u_{n+2}(x) + \cdots$$

为函数项级数 $\sum_{n=0}^{\infty} u_n(x)$ 的**余项**. 于是，当 x 属于该函数项级数的收敛域时，有

$$\lim_{n\to\infty} r(x) = 0.$$

例如 $1+x+x^2+\cdots+x^n+\cdots$ 是函数项级数，且这是一个公比为 x 的几何级数. 当 $|x|<1$时，这个级数收敛于$\frac{1}{1-x}$；当$|x|\geqslant 1$ 时，这个级数发散. 故这个级数的收敛域为开区间$(-1, 1)$，和函数 $s(x)=\frac{1}{1-x}(-1<x<1)$，发散域是$(-\infty, -1]$及$[1, +\infty]$.

二、幂级数及其收敛性

函数项级数中最简单而常见的一类级数就是各项都是幂函数的函数项，即所谓幂级数，形式为

$$a_0 + a_1 x + a_2 x^2 + \cdots + a_n x^n + \cdots, \tag{2}$$

其中常数 $a_0, a_1, a_2, \cdots, a_n, \cdots$ 叫做幂级数的系数. 例如

$$1 + x + \frac{1}{2!}x^2 + \cdots + \frac{1}{n!}x^n + \cdots$$

就是幂级数. 对幂级数(2)也常记成 $\sum_{n=0}^{\infty} a_n x^n$.

一般形式的幂级数 $a_0 + a_1(x-x_0) + a_2(x-x_0)^2 + \cdots + a_n(x-x_0)^n + \cdots$ 只要作代换 $t=x-x_0$，就可以把它化成(2)的形式来讨论.

定理 1(阿贝尔(Abel)定理)　如果级数 $\sum_{n=0}^{\infty} a_n x^n$ 当 $x=x_0$ $(x_0 \neq 0)$时收敛，则适合不

等式$|x|<|x_0|$的一切 x 使这幂级数绝对收敛. 反之,如果级数 $\sum\limits_{n=0}^{\infty}a_nx^n$ 当 $x=x_0$ 时发散,则适合不等式$|x|>|x_0|$的一切 x 使该幂级数发散.

证 先设 x_0 是幂级数(2)的收敛点,即级数

$$a_0+a_1x_0+a_2x_0^2+\cdots+a_nx_0^n+\cdots$$

收敛. 根据级数收敛的必要条件,这时有

$$\lim_{n\to\infty}a_nx_0^n=0,$$

于是存在一个常数 M,使得

$$|a_nx_0^n|\leqslant M\quad(n=0,1,2,\cdots).$$

这样级数(2)的一般项的绝对值

$$|a_nx^n|=\left|a_nx_0^n\cdot\frac{x^n}{x_0^n}\right|=|a_nx_0^n|\cdot\left|\frac{x}{x_0}\right|^n\leqslant M\left|\frac{x}{x_0}\right|^n.$$

因为当$|x|<|x_0|$时,几何级数 $\sum\limits_{n=0}^{\infty}M\left|\frac{x}{x_0}\right|^n$ 收敛$\left(\text{公比}\left|\frac{x}{x_0}\right|<1\right)$,所以级数 $\sum\limits_{n=0}^{\infty}|a_nx^n|$ 收敛,也就是级数 $\sum\limits_{n=0}^{\infty}a_nx^n$ 绝对收敛.

定理的第二部分可用反证法证明. 倘若幂级数当 $x=x_0$ 时发散,而有一点 x_1 适合$|x_1|>|x_0|$使级数 $\sum\limits_{n=0}^{\infty}|a_nx_1^n|$ 收敛,则根据本定理的第一部分知,级数在 $x=x_0$ 时也应收敛,这与所设矛盾,定理得证.

由定理 1 可知,如果幂级数在 $x=x_0$ 处收敛,则对于开区间$(-|x_0|,|x_0|)$内的任何 x,幂级数都收敛;如果幂级数在 $x=x_0$ 处发散,则对于闭区间$[-|x_0|,|x_0|]$外的任何 x,幂级数都发散.

设已给幂级数在数轴上既有收敛点(不仅是原点),也有发散点. 现在从原点沿数轴朝正向走,最初只遇到收敛点,然后就只遇到发散点,这两部分的界点可能是收敛点也可能是发散点. 从原点沿数轴朝负向走情形也是如此,两个界点 P 与 P' 在原点的两侧,且由定理 1 可证明它们到原点的距离是一样的. 由此就得到如下重要的推论.

推论 如果幂级数 $\sum\limits_{n=0}^{\infty}a_nx^n$ 不是仅在 $x=0$ 一点收敛,也不是在整个数轴上都收敛,则必有一个确定的正数 R 存在,使得

当$|x|<R$ 时,幂级数绝对收敛;

当$|x|>R$ 时,幂级数发散;

当 $x=R$ 或 $-R$ 时,幂级数可能收敛也可能发散.

正数 R 称为幂级数(2)的收敛半径. 开区间$(-R,R)$叫做幂级数(2)的收敛区间. 再由幂级数在 $x=\pm R$ 处的收敛性就可以决定它的收敛域是$(-R,R)$,$[-R,R)$,$(-R,R]$或$[-R,R]$这四个区间之一.

如果幂级数(2)只在 $x=0$ 处收敛,这时收敛域只有一点 $x=0$,但为了方便起见,我们

规定这时收敛半径 $R=0$；如果幂级数(2)对一切 x 都收敛，则规定收敛半径 $R=+\infty$，收敛域为 $(-\infty,+\infty)$.

关于幂级数收敛半径 R 的求法，有下面的定理.

定理 2 对于幂级数 $\sum_{n=0}^{\infty}a_nx^n$，若 $a_n\neq 0$ 且

$$\lim_{n\to\infty}\left|\frac{a_{n+1}}{a_n}\right|=\rho,$$

则有(1) 若 $0<\rho<\infty$，则 $R=\frac{1}{\rho}$；

(2) 若 $\rho=0$，则 $R=\infty$；

(3) 若 $\rho=\infty$，则 $R=0$.

证 对绝对值级数 $\sum_{n=0}^{\infty}|a_nx^n|$ 应用比值判别法，有

$$\lim_{n\to\infty}\left|\frac{u_{n+1}}{u_n}\right|=\lim_{n\to\infty}\left|\frac{a_{n+1}x^{n+1}}{a_nx^n}\right|$$

$$=\lim_{n\to\infty}\left|\frac{a_{n+1}}{a_n}\right|\cdot|x|=\rho|x|.$$

(1) 若 $0<\rho<+\infty$，由比值判别法可知，当 $\rho|x|<1$，即 $|x|<\frac{1}{\rho}$ 时，$\sum_{n=0}^{\infty}a_nx^n$ 绝对收敛；当 $\rho|x|>1$，即 $|x|>\frac{1}{\rho}$ 时，$\sum_{n=0}^{\infty}a_nx^n$ 发散. 由此可见 $R=\frac{1}{\rho}$.

(2) 若 $\rho=0$，则对一切实数 x，有 $\lim\left|\frac{u_{n+1}}{u_n}\right|=0<1$，级数 $\sum_{n=0}^{\infty}a_nx^n$ 绝对收敛，故 $R=\infty$.

(3) 若 $\rho=\infty$，则当 $x\neq 0$ 时，有 $\lim_{n\to\infty}\left|\frac{u_{n+1}}{u_n}\right|=\infty$，从而 $|u_n|$ 不趋于零，即 $x\neq 0$ 时，a_nx^n 不趋于零，故级数 $\sum_{n=0}^{\infty}a_nx^n$ 发散. 只有 $x=0$ 时，$\sum_{n=0}^{\infty}a_nx^n=a_0$ 是收敛的，故 $R=0$.

例 1 求幂级数

$$x-\frac{x^2}{2^2}+\frac{x^3}{3^2}-\cdots+(-1)^{n-1}\frac{x^n}{n^2}+\cdots$$

的收敛半径与收敛域.

解 因为

$$\rho=\lim_{n\to\infty}\left|\frac{a_{n+1}}{a_n}\right|=\lim_{n\to\infty}\frac{n^2}{(n+1)^2}=1,$$

所以收敛半径 $R=\frac{1}{\rho}=1$. 对于端点 $x=1$，级数成为交错级数

$$1-\frac{1}{2^2}+\frac{1}{3^2}-\cdots+(-1)^n\frac{1}{n^2}+\cdots,$$

它是绝对收敛的；对于端点 $x=-1$，级数为

$$-\left(1+\frac{1}{2^2}+\frac{1}{3^2}+\cdots+\frac{1}{n^2}+\cdots\right),$$

这个级数同样是收敛的,所以级数收敛域是$[-1, 1]$.

例 2 求幂级数 $\sum_{n=0}^{\infty}\frac{x^n}{n!}$ 的收敛半径及收敛域.

解 对任意的 x,

$$\rho=\lim_{n\to\infty}\left|\frac{a_{n+1}}{a_n}\right|=\lim_{n\to\infty}\left|\frac{n!}{(n+1)!}\right|=\lim_{n\to\infty}\frac{1}{n+1}=0.$$

由定理 2,收敛半径 $R=\infty$,收敛域为$(-\infty,+\infty)$,或即 $\sum_{n=0}^{\infty}\frac{x^n}{n!}$ 对任意的 x 绝对收敛.

例 3 求幂级数 $\sum_{n=1}^{\infty}\frac{3^n x^{2n-1}}{n}$ 的收敛半径.

解 因为 $a_{2n}=0(n=0,1,2,\cdots)$,所以不能直接应用定理 2,此时可直接用比值法来求收敛半径.

$$\lim_{n\to\infty}\frac{|u_{n+1}(x)|}{|u_n(x)|}=\lim_{n\to\infty}\frac{3^{n+1}x^{2n+1}}{n+1}\cdot\frac{n}{3^n x^{2n-1}}=3|x|^2.$$

当 $3|x|^2<1$,即 $|x|<\frac{\sqrt{3}}{3}$ 时幂级数绝对收敛;当 $3|x^2|>1$,即 $|x|>\sqrt{2}$ 时幂级数的一般项不趋于零,从而 $|x|>\frac{\sqrt{3}}{3}$ 时幂级数发散. 所以收敛半径 $R=\frac{\sqrt{3}}{3}$.

例 4 求幂级数 $\sum_{n=1}^{\infty}\frac{1}{\sqrt{n}}(2x-1)^n$ 的收敛域.

解 令 $t=2x-1$,则所给幂级数化为 $\sum_{n=1}^{\infty}\frac{1}{\sqrt{n}}t^n$. 由于

$$\lim_{n\to\infty}\left|\frac{a_{n+1}}{a_n}\right|=\lim_{n\to\infty}\frac{\sqrt{n}}{\sqrt{n+1}}=1,$$

故当 $|t|<1$ 时,$\sum_{n=1}^{\infty}\frac{1}{\sqrt{n}}t^n$ 绝对收敛;当 $t=1$ 时,$\sum_{n=1}^{\infty}\frac{1}{\sqrt{n}}t^n=\sum_{n=1}^{\infty}\frac{1}{\sqrt{n}}$ 为发散;当 $t=-1$ 时,$\sum_{n=1}^{\infty}\frac{1}{\sqrt{n}}(-1)^n$ 收敛. 因此,幂级数 $\sum_{n=1}^{\infty}\frac{1}{\sqrt{n}}t^n$ 的收敛域为$[-1, 1)$. 从而,由 $t=2x-1$ 可知,幂级数 $\sum_{n=1}^{\infty}\frac{1}{\sqrt{n}}(x-1)^n$ 的收敛域为$[0, 1)$.

三、幂级数的运算

1. 幂级数的四则运算

设幂级数 $\sum_{n=0}^{\infty} a_n x^n$ 和 $\sum_{n=0}^{\infty} b_n x^n$ 的收敛半径分别为 R_1 和 R_2，记 $R=\min\{R_1, R_2\}$，则这两个级数在区间 $(-R, R)$ 内可进行下列四则运算.

(1) 加减法：

$$\sum_{n=0}^{\infty} a_n x^n \pm \sum_{n=0}^{\infty} b_n x^n = \sum_{n=0}^{\infty} (a_n \pm b_n) x^n,\ x \in (-R, R);$$

(2) 乘法：

$$\left(\sum_{n=0}^{\infty} a_n x^n\right) \cdot \left(\sum_{n=0}^{\infty} b_n x^n\right) = \left[\sum_{n=0}^{\infty} (a_0 b_n + a_1 b_{n-1} + \cdots + a_n b_0) x^n\right],\ x \in (-R, R);$$

(3) 除法：

$$\frac{\sum_{n=0}^{\infty} a_n x^n}{\sum_{n=0}^{\infty} b_n x^n} = \sum_{n=0}^{\infty} c_n x^n,\quad b_n \neq 0.$$

为了确定系数 $c_n (n=0, 1, 2, \cdots)$，可将级数 $\sum_{n=0}^{\infty} b_n x^n$ 与 $\sum_{n=0}^{\infty} c_n x^n$ 相乘，并令乘积中各项的系数分别等于级数 $\sum_{n=0}^{\infty} a_n x^n$ 中同次幂的系数，即得

$$a_0 = b_0 c_0,\ a_1 = b_0 c_1 + b_1 c_0,\ a_2 = b_0 c_2 + b_1 c_1 + b_2 c_0, \cdots.$$

由这些方程就可顺序地求出系数 $c_n (n=0, 1, 2, \cdots)$. 一般来说，相除后得到的幂级数 $\sum_{n=0}^{\infty} c_n x^n$ 的收敛半径可能比原来两级数的收敛半径小得多.

例如 $\frac{1}{1-x} = 1 + x + x^2 + \cdots + x^n + \cdots$，这里 $\sum_{n=0}^{\infty} a_n x^n = 1$ 与 $\sum_{n=0}^{\infty} b_n x^n = 1 - x$ 在 $(-\infty, +\infty)$ 收敛，但 $\sum_{n=0}^{\infty} c_n x^n = \sum_{n=0}^{\infty} x^n$ 仅在 $(-1, 1)$ 上收敛.

2. 分析运算

我们知道，幂级数的和函数是在其收敛域内定义的一个函数. 关于这个函数的连续、可导及可积性，有下列定理.

定理 3　设幂级数 $\sum_{n=0}^{\infty} a_n x^n$ 的收敛半径为 R，则在 $(-R, R)$ 内，

(1) 幂级数的和函数 $s(x)$ 连续；

(2) $s(x)$ 可导，并有逐项求导公式

$$s'(x) = \sum_{n=0}^{\infty} (a_n x^n)' = \sum_{n=1}^{\infty} n a_n x^{n-1},$$

且求导后幂级数收敛半径不变；

(3) $s(x)$可积，并有逐项积分公式

$$\int_0^x s(x)\mathrm{d}x=\sum_{n=0}^{\infty}\int_0^x a_n x^n\mathrm{d}x=\sum_{n=0}^{\infty}\frac{a_n}{n+1}x^{n+1},$$

且积分后幂级数收敛半径不变.

注 1　虽然幂级数逐项求积和逐项求导后收敛半径不变，但是在收敛区间的端点处，其敛散性会发生变化.

例如，幂级数

$$x+\frac{1}{2}x^2+\cdots+\frac{1}{n}x^n+\cdots$$

在收敛区间的端点 $x=-1$ 处是收敛的，但逐项求导后得到的幂级数

$$1+x+x^2+\cdots+x^{n-1}+\cdots$$

在 $x=-1$ 处是发散的. 同样，后一个幂级数逐项积分可得到前一个幂级数，因此，逐项积分也改变了幂级数在 $x=-1$ 处的敛散性.

注 2　反复利用定理 3 中(2)可以得到，幂级数在收敛区间内可以逐项求导任意次，因此幂级数的和函数在收敛区间内具有任意阶导数.

例 5　求幂级数 $x-\frac{x^3}{3}+\frac{x^5}{5}-\frac{x^7}{7}+\cdots$的和.

解　由定理 2 可求得级数的收敛半径为 $R=1$. 在区间$(-1, 1)$内

$$s(x)=x-\frac{x^3}{3}+\frac{x^5}{5}-\frac{x^7}{7}+\cdots,$$

逐项求导得

$$s'(x)=1-x^2+x^4-x^6+\cdots=\frac{1}{1+x^2}.$$

上式积分得

$$\int_0^x s'(x)\mathrm{d}x=s(x)-s(0)=s(x)=\int_0^x\frac{1}{1+x^2}\mathrm{d}x=\arctan x.$$

特别地，当 $x=1$ 时得到 $1-\frac{1}{3}+\frac{1}{5}-\frac{1}{7}+\cdots=\frac{\pi}{4}$.

例 6　求级数 $\sum\limits_{n=1}^{\infty}\frac{n(n+1)}{2^n}$ 的和.

解　我们首先求幂级数 $\sum\limits_{n=1}^{\infty}n(n+1)x^n$ 的和.

易知这个幂级数的收敛域为$(-1, 1)$. 在区间$(-1, 1)$上，设 $s(x)=\sum\limits_{n=1}^{\infty}n(n+1)x^n$，则有

$$s(x)=\Big[\sum_{n=1}^{\infty}nx^{n+1}\Big]'=\Big[x^2\sum_{n=1}^{\infty}nx^{n-1}\Big]'=\Big[x^2\big(\sum_{n=1}^{\infty}x^n\big)'\Big]'$$

$$=\left[x^2\left(\frac{1}{1-x}-1\right)'\right]'=\left[x^2\,\frac{1}{(1-x)^2}\right]'=\frac{2x}{(1-x)^3}.$$

将 $x=\frac{1}{2}$ 代入幂级数的和函数 $s(x)$，即得 $\sum_{n=1}^{\infty}\frac{n(n+1)}{2^n}=s\left(\frac{1}{2}\right)=8$.

习题 12-3

1. 求下列幂级数的收敛半径和收敛域：

(1) $1.2x+2.3x^2+3.4x^3+\cdots$;

(2) $\frac{x}{2}-\frac{x^2}{2\cdot 4}+\frac{x^3}{2\cdot 4\cdot 6}+\cdots$;

(3) $\sum_{n=1}^{\infty}\sqrt{n}x^n$;

(4) $\sum_{n=1}^{\infty}\frac{x^n}{n+1}$;

(5) $\sum_{n=1}^{\infty}(-1)^n\frac{x^{2n+1}}{2n+1}$;

(6) $\sum_{n=1}^{\infty}\frac{3^n}{(n+1)^2}x^n$;

(7) $\sum_{n=1}^{\infty}\frac{x^n}{2n(2n-1)}$;

(8) $\sum_{n=1}^{\infty}(-1)^n\frac{(x-1)^n}{\sqrt{n}}$;

(9) $\sum_{n=1}^{\infty}2^{n-1}x^{2n-2}$;

(10) $\sum_{n=1}^{\infty}(-1)^n\frac{x^n}{\ln n}$;

(11) $\sum_{n=1}^{\infty}\frac{5^n+(-3)^n}{n}x^n$;

(12) $\sum_{n=1}^{\infty}(\lg x)^n$.

2. 利用逐项求导或逐项积分，求下列级数在收敛域内的和函数：

(1) $\sum_{n=1}^{\infty}nx^{n-1}\ (-1<x<1)$;

(2) $\sum_{n=1}^{\infty}\frac{x^{4n+1}}{4n+1}\ (-1<x<1)$.

第四节 函数展开成幂级数

前面几节我们讨论了幂级数 $\sum_{n=0}^{\infty}a_nx^n$ 的收敛域及在收敛域上的和函数. 在实际应用中更重要的是与此相反的问题，即对给定的函数 $f(x)$，要确定它能否在某一区间上“表示成幂级数”，或者说，能否找到这样的幂级数，它在某一区间内收敛，且其和恰好等于函数 $f(x)$. 如果能找到这样的幂级数，就称函数 $f(x)$ 在该区间内能展开成幂级数.

设函数 $f(x)$ 在区间 $(-R,R)$ 内有任意阶导数，并假定它可以展成 x 的幂级数，即

$$f(x)=a_0+a_1x+a_2x^2+\cdots+a_nx^n+\cdots\quad(|x|<R),\tag{1}$$

就是说，式(1)右端幂级数在区间 $(-R,R)$ 内是收敛的，并且它的和在 $(-R,R)$ 内等于 $f(x)$. 现在的问题是如何确定幂级数的系数 $a_0,a_1,a_2,\cdots,a_n,\cdots$.

由于幂级数在它的收敛区间内可以逐项求导，所以

$$f'(x)=a_1+2a_2x+\cdots+na_nx^{n-1}+\cdots,$$
$$f''(x)=2\cdot 1a_2+3\cdot 2a_3x+\cdots+n(n-1)a_nx^{n-2}+\cdots,$$
$$\vdots$$
$$f^{(n)}(x)=n(n-1)(n-2)\cdots 3\cdot 2\cdot 1a_n+\cdots.$$

用 $x=0$ 代入以上各式,得

$$f(0)=a_0,$$
$$f'(0)=a_1=1!a_1,$$
$$f''(0)=2\cdot 1a_2=2!a_2,$$
$$\vdots$$
$$f^n(0)=n!a_n.$$

所以
$$a_0=f(0),a_1=\frac{f'(0)}{1!},a_2=\frac{f''(0)}{2!},\cdots,a_n=\frac{f^{(n)}(0)}{n!}.$$

记 $P_n=f(0)+f'(0)x+\cdots+\frac{f^{(n)}(0)}{n!}x^n$. 由第三章第三节泰勒公式可得

$$f(x)=P_n(x)+R_n(x),$$

其中 $R_n=\frac{f^{(n+1)}(\xi)}{(n+1)!}x^{n+1}$, ξ 介于 0 与 x 之间. 如果 $\lim\limits_{n\to\infty}R_n(x)=0$,则 $f(x)=\lim\limits_{n\to\infty}P_n(x)$. 由级数和的定义,即得到函数 $f(x)$ 的幂级数展开式

$$f(x)=f(0)+f'(0)x+\frac{f''(0)}{2!}x^2+\cdots+\frac{f^{(n)}(0)}{n!}x^n+\cdots\ (|x|<R). \tag{2}$$

综上所述,把一个函数 $f(x)$ 展开为 x 的幂级数的步骤如下:

(1) 求出函数 $f(x)$ 及其各阶导数在 $x=0$ 点的值 $f^{(n)}(0)$,从而求得系数 $a_n=\frac{f^{(n)}(0)}{n!}$ $(n=0,1,2,\cdots)$,算出幂级数的系数 a_n 的值;

(2) 写出幂级数

$$f(0)+f'(0)x+\frac{f''(0)}{2!}x^2+\cdots+\frac{f^{(n)}(0)}{n!}x^n+\cdots;$$

(3) 求出幂级数的收敛半径 R 或收敛域;

(4) 证明在收敛域内 $\lim\limits_{n\to\infty}R_n(x)=0$.

完成上述步骤(1)~(4),就可得到幂级数(2).

下面给出几个重要的展开式.

例 1 求函数 $f(x)=\mathrm{e}^x$ 的幂级数展开式.

解 (1) 求出 $f^{(n)}(0)$ 及 a_n.

由于 $f^{(n)}(x)=\mathrm{e}^x(n=0,1,2,\cdots)$,所以,$f^{(n)}(0)=1(n=1,2,\cdots)$. 于是

$$a_n=\frac{1}{n!}\ (n=0,1,2,\cdots).$$

（2）相应的幂级数为

$$1+x+\frac{1}{2!}x^2+\cdots+\frac{1}{n!}x^n+\cdots.$$

（3）由上节例 3 可知，上述幂级数的收敛区域为 $-\infty<x<+\infty$.

（4）$\lim\limits_{n\to\infty}|R_n(x)|=\lim\limits_{n\to\infty}\left|\frac{e^{\theta x}x^{n+1}}{(n+1)!}\right|\leqslant e^{|x|}\lim\limits_{n\to\infty}\frac{|x|^{n+1}}{(n+1)!}=0.$

此处用到 $\frac{|x|^{n+1}}{(n+1)!}$ 是收敛级数 $\sum\limits_{n=1}^{\infty}\frac{|x|^{n+1}}{(n+1)!}$ 的一般项，由级数收敛的必要条件知其极限为零. 所以

$$e^x=1+x+\frac{1}{2!}x^2+\cdots+\frac{1}{n!}x^n+\cdots\ (-\infty<x<+\infty).$$

例 2　把函数 $f(x)=\sin x$ 展为 x 的幂级数.

解　因为 $f^{(n)}(x)=\sin\left(x+n\frac{\pi}{2}\right)(n=0,1,2,\cdots)$，所以 $f^{(n)}(0)$ 依次循环地取 0，1，0，-1，于是可以求得相应的级数

$$x-\frac{x^3}{3!}+\frac{x^5}{5!}-\cdots+(-1)^{n-1}\frac{x^{2n-1}}{(2n-1)!}+\cdots,$$

容易求出它的收敛区域为 $-\infty<x<+\infty$. 由余项公式有

$$\lim_{n\to\infty}|R_n(x)|=\lim_{n\to\infty}\left|\sin\left(\theta x+\frac{n+1}{2}\pi\right)\frac{x^{n+1}}{(n+1)!}\right|\leqslant\lim_{n\to\infty}\frac{|x|^{n+1}}{(n+1)!}=0,$$

所以

$$\sin x=x-\frac{x^3}{3!}+\frac{x^5}{5!}-\cdots+(-1)^{n-1}\frac{x^{2n-1}}{(2n-1)!}+\cdots\ (-\infty<x<+\infty).$$

例 3　把函数 $f(x)=(1+x)^m$ 展为 x 的幂级数，其中 m 为任一实数.

解

$$f(x)=(1+x)^m,$$
$$f'(x)=m(1+x)^{m-1},$$
$$f''(x)=m(m-1)(1+x)^{m-2},$$
$$\vdots$$
$$f^{(n)}(x)=m(m-1)\cdots(m-n+1)(1+x)^{m-n},$$
$$\vdots$$

所以　$f(0)=1,f'(0)=m,\cdots,f^{(n)}(0)=m(m-1)\cdots(m-n+1).$

于是得级数

$$1+mx+\frac{m(m-1)}{2!}x^2+\cdots+\frac{m(m-1)\cdots(m-n+1)}{n!}x^n+\cdots.$$

又因为

$$\lim_{n\to\infty}\left|\frac{a_{n+1}}{a_n}\right|=\lim_{n\to\infty}\left|\frac{m-n}{n+1}\right|=1,$$

所以上述幂级数的收敛半径 $R=1$. 为了避免直接研究余项，设该级数在开区间 $(-1,1)$

内收敛到和函数 $F(x)$,即

$$F(x)=1+mx+\frac{m(m-1)}{2!}x^2+\cdots+\frac{m(m-1)\cdots(m-n+1)}{n!}x^n+\cdots\ (-1<x<1).$$

我们来证明 $F(x)=(1+x)^m\ (-1<x<1)$.

对级数逐项求导,得

$$F'(x)=m\left[1+\frac{m-1}{1}x+\cdots+\frac{(m-1)\cdots(m-n+1)}{(n-1)!}x^{n-1}+\cdots\right].$$

上式两边各乘以$(1+x)$,并把含有 $x^n(n=1,2,\cdots)$的两项合并起来. 根据恒等式

$$\frac{(m-1)\cdots(m-n+1)}{(n-1)!}+\frac{(m-1)\cdots(m-n)}{n!}=\frac{m(m-1)\cdots(m-n+1)}{n!}\ (n=1,2,\cdots),$$

我们有

$$\begin{aligned}&(1+x)F'(x)\\&=m\left[1+mx+\frac{m(m-1)}{2!}x^2+\cdots+\frac{m(m-1)\cdots(m-n+1)}{n!}x^n+\cdots\right]\\&=mF(x)\ (-1<x<1).\end{aligned}$$

这是关于 $F(x)$的可分离变量的微分方程. 解此微分方程得

$$\ln F(x)=\ln(1+x)^m+c.$$

注意到 $F(0)=1$,因此 $c=0$,所以

$$F(x)=(1+x)^m,$$

即

$$(1+x)^m=1+mx+\frac{m(m-1)}{2!}x^2+\cdots+\frac{m(m-1)\cdots(m-n+1)}{n!}x^n+\cdots\ (-1<x<1).$$

上式右端的级数叫做二项展开式. 二项式定理是它的特例(m 为正整数).

特别地,当 m 为正整数时就是二项式定理;当 $m=-1$ 时就是等比级数;对于 $m=\frac{1}{2}$ 和 $-\frac{1}{2}$ 的二项展开式分别为

$$\sqrt{1+x}=1+\frac{1}{2}x-\frac{1}{2\cdot4}x^2+\frac{1\cdot3}{2\cdot4\cdot6}x^3-\frac{1\cdot3\cdot5}{2\cdot4\cdot6\cdot8}x^4+\cdots,\ -1\leqslant x\leqslant1;$$

$$\frac{1}{\sqrt{1+x}}=1-\frac{1}{2}x+\frac{1\cdot3}{2\cdot4}x^2-\frac{1\cdot3\cdot5}{2\cdot4\cdot6}x^3+\frac{1\cdot3\cdot5\cdot7}{2\cdot4\cdot6\cdot8}x^4+\cdots,\ -1<x\leqslant1.$$

$(1+x)^m$ 的这些展开公式及 e^x, $\sin x$, $\frac{1}{1-x}$ 等展开式以后可以直接应用.

以上我们将函数 $f(x)$展开为 x 的幂级数的过程称为直接展开,这样做比较麻烦. 下面介绍利用已知函数的展开式求函数展开式的方法,这种方法叫做间接展开法.

例 4 将 $f(x)=\cos x$ 展成 x 的幂级数.

解 因为

$$\sin x=x-\frac{x^3}{3!}+\frac{x^5}{5!}-\cdots+(-1)^{n-1}\frac{x^{2n-1}}{(2n-1)!}+\cdots\ (-\infty<x<+\infty).$$

对上式逐项求导,可得

$$\cos x=1-\frac{x^2}{2!}+\frac{x^4}{4!}-\cdots+(-1)^n\frac{x^{2n}}{(2n)!}+\cdots\ (-\infty<x<+\infty).$$

例 5 将 $f(x)=\ln(1+x)$ 展开成 x 的幂级数.

解 因为

$$\frac{1}{1+x}=1-x+x^2-x^3+\cdots+(-1)^nx^n+\cdots\ (-1<x<1),$$

将上式两端分别从 0 到 x 积分,可得

$$\ln(1+x)=x-\frac{1}{2}x^2+\frac{1}{3}x^3-\cdots+(-1)^n\frac{x^{n+1}}{n+1}+\cdots\ (-1<x<1).$$

进一步地,上式右端的级数在 $x=1$ 也收敛,从而可得

$$\ln 2=1-\frac{1}{2}+\frac{1}{3}-\frac{1}{4}+\cdots.$$

例 6 将 $f(x)=\frac{x-1}{4-x}$ 展开为 $x-1$ 的幂级数,并求 $f^{(n)}(1)$.

解 因为

$$\begin{aligned}\frac{1}{4-x}&=\frac{1}{3-(x-1)}=\frac{1}{3}\frac{1}{1-\frac{x-1}{3}}\\&=\frac{1}{3}\left[1+\frac{x-1}{3}+\left(\frac{x-1}{3}\right)^2+\cdots+\left(\frac{x-1}{3}\right)^{n-1}+\cdots\right]\\&=\frac{1}{3}+\frac{1}{3^2}(x-1)+\frac{1}{3^3}(x-1)^2+\cdots+\frac{1}{3^n}(x-1)^{n-1}+\cdots\ (|x-1|<3),\end{aligned}$$

所以

$$\frac{x-1}{4-x}=(x-1)\frac{1}{4-x}=\frac{1}{3}(x-1)+\frac{1}{3^2}(x-1)^2+\cdots+\frac{1}{3^n}(x-1)^n+\cdots\ (|x-1|<3),$$

根据函数的麦克劳林展开式的系数公式,得

$$\frac{f^{(n)}(1)}{n!}=\frac{1}{3^n},\ 即\ f^{(n)}(1)=\frac{n!}{3^n}.$$

例 7 将 $f(x)=\frac{x}{x^2-2x-3}$ 展开成为 x 的幂级数.

解 $f(x)=\frac{x}{x^2-2x-3}=\frac{x}{(x-3)(x+1)}=\frac{x}{4}\left(\frac{1}{x-3}-\frac{1}{x+1}\right).$

因为 $\frac{1}{x-3}=-\frac{1}{3}\frac{1}{1-\frac{x}{3}}=-\frac{1}{3}\sum_{n=0}^{\infty}\left(\frac{x}{3}\right)^n=-\sum_{n=0}^{\infty}\frac{x^n}{3^{n+1}}\ (-3<x<3),$

$$\frac{1}{x+1}=\sum_{n=0}^{\infty}(-x)^n=\sum_{n=0}^{\infty}(-1)^nx^n\ (-1<x<1),$$

所以

$$f(x)=\frac{x}{x^2-2x-3}=\frac{x}{4}\left[-\sum_{n=0}^{\infty}\frac{x^n}{3^{n+1}}-\sum_{n=0}^{\infty}(-1)^n x^n\right]$$

$$=-\sum_{n=0}^{\infty}\frac{1}{4}\left[\frac{1}{3^{n+1}}+(-1)^n\right]x^{n+1}\quad(-1<x<1).$$

习题 12-4

1. 将下列函数展开成 x 的幂级数：

(1) $\frac{1}{2+x}$；　(2) $(1+x)\ln(1+x)$；

(3) e^{-x^2}；　(4) $\ln(3+x)$；

(5) $\sin^2 x$；　(6) $\frac{d}{dx}\left(\frac{e^x-1}{x}\right)$.

2. 将 $f(x)=\ln x$ 展开成 $x-2$ 的幂级数.

3. 将 $f(x)=\frac{1}{x}$ 展开成 $x-3$ 的幂级数.

4. 将 $f(x)=\frac{x}{2-x-x^2}$ 展开为 x 的幂级数.

5. 将 $f(x)=\frac{1}{x^2+4x+3}$ 展开成 x 的幂级数.

第五节　函数的幂级数展开式的应用

一、函数值的近似计算

有了函数的幂级数展开式，就可用它来进行近似计算，即在展开式有效的区间上，函数值可以近似地利用这个级数按精确度要求计算出来.

例 1　计算 $\sin 18°$ 的近似值，要求误差不超过 0.000 1.

解　因为 $\sin x=x-\frac{1}{3!}x^3+\frac{1}{5!}x^5+\cdots$，所以

$$\sin 18°=\sin\frac{\pi}{10}=\frac{\pi}{10}-\frac{1}{3!}\left(\frac{\pi}{10}\right)^3+\frac{1}{5!}\left(\frac{\pi}{10}\right)^5+\cdots,$$

这是交错级数. 若取前三项计算 $\sin 18°$，则误差 $|r_3|<\frac{1}{5!}\left(\frac{\pi}{10}\right)^5\approx 2.58\times10^{-5}<10^{-4}$，因此

$$\sin 18°=\sin\frac{\pi}{10}\approx\frac{\pi}{10}-\frac{1}{3!}\left(\frac{\pi}{10}\right)^3+\frac{1}{5!}\left(\frac{\pi}{10}\right)^5\approx 0.309\,0.$$

二、计算定积分

如果被积函数在积分区间上能展开成幂级数，则把这个幂级数逐项积分，就可将积

分表示成常数项级数，然后根据精确度的要求，可取级数的若干项近似代替积分，从而可算出积分的近似值.

例 2　计算定积分 $\frac{2}{\sqrt{\pi}}\int_0^{\frac{1}{2}} e^{-x^2} dx$ 的近似值，要求误差不超过 0.000 1$\left(\text{取}\frac{1}{\sqrt{\pi}}\approx 0.56419\right)$.

解　利用指数函数的幂级数展开式，得

$$e^{-x^2} = \sum_{n=0}^{\infty}(-1)^n \frac{x^{2n}}{n!} \quad (-\infty < x < +\infty).$$

根据幂级数在收敛区间内可逐项积分，得

$$\frac{2}{\sqrt{\pi}}\int_0^{\frac{1}{2}} e^{-x^2} dx = \frac{2}{\sqrt{\pi}}\int_0^{\frac{1}{2}}\left[\sum_{n=0}^{\infty}\frac{(-1)^n}{n!}x^{2n}\right]dx = \frac{2}{\sqrt{\pi}}\sum_{n=0}^{\infty}\frac{(-1)^n}{n!}\int_0^{\frac{1}{2}} x^{2n}dx$$
$$= \frac{1}{\sqrt{\pi}}\left(1 - \frac{1}{2^2\cdot 3} + \frac{1}{2^4\cdot 5\cdot 2!} - \frac{1}{2^6\cdot 7\cdot 3!} + \cdots\right).$$

取前四项的和作为近似值，其误差

$$|r_4| \leqslant \frac{1}{\sqrt{\pi}}\frac{1}{2^8\cdot 9\cdot 4!} < \frac{1}{90\,000}$$

符合精确度要求，所以

$$\frac{2}{\sqrt{\pi}}\int_0^{\frac{1}{2}} e^{-x^2} \approx \frac{1}{\sqrt{\pi}}\left(1 - \frac{1}{2^2\cdot 3} + \frac{1}{2^4\cdot 5\cdot 2!} - \frac{1}{2^6\cdot 7\cdot 3!}\right) \approx 0.5205.$$

三、欧拉公式

当 x 为实数时，我们有

$$e^x = 1 + x + \frac{1}{2!}x^2 + \cdots + \frac{1}{n!}x^n + \cdots,$$

现在我们把它推广到纯虚数情形. 为此，定义 e^{ix} 如下(其中 x 为实数)：

$$e^{ix} = 1 + ix + \frac{1}{2!}(ix)^2 + \cdots + \frac{1}{n!}(ix)^n + \cdots$$
$$= \left(1 - \frac{x^2}{2!} + \frac{x^4}{4!} - \cdots\right) + i\left(x - \frac{x^3}{3!} + \frac{x^5}{5!} - \cdots\right),$$

即有

$$e^{ix} = \cos x + i\sin x. \tag{1}$$

用 $-x$ 替换 x，得

$$e^{-ix} = \cos x - i\sin x, \tag{2}$$

从而

$$\cos x = \frac{e^{ix} + e^{-ix}}{2}, \quad \sin x = \frac{e^{ix} - e^{-ix}}{2i}. \tag{3}$$

公式(1)～(3)统称为**欧拉公式**. 在式(1)中，令 $x=\pi$，即得到著名的欧拉公式

$$e^{i\pi} + 1 = 0.$$

这个公式被认为是数学领域中最优美的结果之一. 很多人认为它具有不亚于神的力量，因为它在一个简单的方程中，把算术基本常数(0 和 1)、几何基本常数(π)、分析常数(e)

和复数(i)联系在一起.

根据欧拉公式,对于一般的复数 $z=\alpha+\mathrm{i}\beta$,有

$$\mathrm{e}^{z}=\mathrm{e}^{\alpha+\mathrm{i}\beta}=\mathrm{e}^{\alpha}\mathrm{e}^{\mathrm{i}\beta}=\mathrm{e}^{\alpha}(\cos\beta+\mathrm{i}\sin\beta).$$

这是欧拉公式更一般的形式.

习题 12-5

1. 利用 $\ln\dfrac{1+x}{1-x}$ 的展开式证明 $\ln 2=2\left(\dfrac{1}{3}+\dfrac{1}{3}\dfrac{1}{3^3}+\dfrac{1}{5}\dfrac{1}{3^5}+\cdots\right)$. 该级数和 $\ln 2=1-\dfrac{1}{2}+\dfrac{1}{3}-\dfrac{1}{4}+\cdots$ 相比,哪一个收敛得更快?

2. 利用函数的幂级数展开式近似计算 $\ln 3$(误差不超过 0.000 1).

3. 近似计算 $\int_0^{\frac{1}{2}}\sin x^2\,\mathrm{d}x$ (误差不超过 0.000 1).

4. 近似计算 $\int_0^1\dfrac{\sin x}{x}\mathrm{d}x$ (误差不超过 0.000 1).

第六节　傅里叶级数

在函数项级数中,除了前面所讨论的幂级数外,还有一类在理论和应用上很重要的函数项级数,就是三角级数. 下面就来讨论这种级数.

一、三角级数及三角函数系的正交性

在科学技术与工程应用中,经常会遇到周期性现象. 如各种各样的振动就是最常见的周期现象,其他如交流电的变化、发动机中的活塞运动等也都属于这类现象. 最简单的振动可表示为

$$y=A\sin(\omega t+\varphi),$$

其中,y 表示动点的位置,t 表示时间,A 称为**振幅**,ω 为**角频率**,φ 称为**初相**. 这种振动称为谐振动.

早在 18 世纪中叶,一些科学家就发现:任何复杂的振动都可以分解成一系列谐振动之和,即在一定的条件下,任何周期为 $T=\dfrac{2\pi}{\omega}$ 的函数 $g(t)$,都可以用一系列以 T 为周期的正弦函数所组成的级数来表示,即

$$g(t)=A_0+\sum_{k=1}^{\infty}A_k\sin(k\omega t+\varphi_k),$$

其中,A_0, A_k, $\varphi_k(k=1,2,3,\cdots)$都是常数. 由于

$$A_k\sin(k\omega t+\varphi_k)=A_k\sin\varphi_k\cos k\omega t+A_k\cos\varphi_k\sin k\omega t,$$

令　　$x=\omega t$，$f(x)=f(\omega t)=g(t)$，$A_0=\dfrac{a_0}{2}$，$A_k\sin\varphi_k=a_k$，$A_k\cos\varphi_k=b_k$，

则上面级数化为

$$f(x)=\frac{a_0}{2}+\sum_{k=1}^{\infty}(a_k\cos kx+b_k\sin kx). \tag{1}$$

形如式(1)的级数称为**三角级数**，其中 a_0，a_k，$b_k(k=1,2,3,\cdots)$均为常数.

为了深入研究三角级数的性态，我们首先介绍三角函数系的正交性概念.

三角函数系是定义在$(-\infty,+\infty)$上的函数系：

$$1,\ \cos x,\ \sin x,\ \cos 2x,\ \sin 2x,\ \cdots,\cos nx,\ \sin nx,\ \cdots. \tag{2}$$

三角函数系(2)在区间$[-\pi,\pi]$上正交是指函数系(2)中任意两个不同的函数的乘积在区间$[-\pi,\pi]$上的积分为零，每个函数与自身相乘在区间$[-\pi,\pi]$上的积分不为零，即有下列等式成立：

$$\int_{-\pi}^{\pi}\cos nx\,dx=0\ (n=1,2,3,\cdots);\ \int_{-\pi}^{\pi}\sin nx\,dx=0\ (n=1,2,3,\cdots);$$

$$\int_{-\pi}^{\pi}\sin nx\cos kx\,dx=0\ (n,k=1,2,3,\cdots);$$

$$\int_{-\pi}^{\pi}\sin nx\sin kx\,dx=0\ (n\neq k,\ n,k=1,2,3,\cdots);$$

$$\int_{-\pi}^{\pi}\cos nx\cos kx\,dx=0\ (n\neq k,\ n,k=1,2,3,\cdots);$$

$$\int_{-\pi}^{\pi}1^2\,dx=2\pi;\ \int_{-\pi}^{\pi}\cos^2 nx\,dx=\pi\ (n=1,2,3,\cdots);$$

$$\int_{-\pi}^{\pi}\sin^2 nx\,dx=\pi\ (n=1,2,3,\cdots).$$

以上等式都可以通过计算定积分得到. 读者可自行验证.

二、函数展开成傅里叶级数

设 $f(x)$是定义在$(-\infty,+\infty)$内的以 2π 为周期的函数，并且假定它能展开成三角级数：

$$f(x)=\frac{a_0}{2}+\sum_{k=1}^{\infty}(a_k\cos kx+b_k\sin kx). \tag{3}$$

为了形式地确定出常数 a_k，b_k，我们进一步假定式(3)可以逐项积分，并且在用任何 $\cos nx$ 或 $\sin nx$ 去乘式(3)的两端后，仍可以逐项积分.

为求 a_0，把式(3)两端从 $-\pi$ 到 π 积分，得

$$\int_{-\pi}^{\pi}f(x)\,dx=\int_{-\pi}^{\pi}\frac{a_0}{2}dx+\sum_{k=1}^{\infty}\left[a_k\int_{-\pi}^{\pi}\cos kx\,dx+b_k\int_{-\pi}^{\pi}\sin kx\,dx\right]=\frac{a_0}{2}\cdot 2\pi=\pi a_0,$$

所以

$$a_0=\frac{1}{\pi}\int_{-\pi}^{\pi}f(x)\,dx. \tag{4}$$

再求 a_n，以 $\cos nx$ 乘式(3)两端后从 $-\pi$ 到 π 积分，得

$$\int_{-\pi}^{\pi} f(x)\cos nx\,\mathrm{d}x = \frac{a_0}{2}\int_{-\pi}^{\pi}\cos nx\,\mathrm{d}x + \sum_{k=1}^{\infty}\left[a_k\int_{-\pi}^{\pi}\cos kx\cos nx\,\mathrm{d}x + b_k\int_{-\pi}^{\pi}\sin kx\cos nx\,\mathrm{d}x\right].$$

由三角函数系的正交性，等式右端除 $k=n$ 项外，其余各项都等于零，于是得

$$\int_{-\pi}^{\pi} f(x)\cos nx\,\mathrm{d}x = a_n\int_{-\pi}^{\pi}\cos^2 nx\,\mathrm{d}x = \pi a_n,$$

所以

$$a_n = \frac{1}{\pi}\int_{-\pi}^{\pi} f(x)\cos nx\,\mathrm{d}x \quad (n = 0,1,2,3,\cdots). \tag{5}$$

由式(4)可知，当 $n=0$ 时上式也恰好给出 a_0.

以 $\sin nx$ 乘式(3)两端，并重复上述步骤，可得

$$b_n = \frac{1}{\pi}\int_{-\pi}^{\pi} f(x)\sin nx\,\mathrm{d}x \quad (n = 1,2,3,\cdots). \tag{6}$$

对于以 2π 为周期的周期函数 $f(x)$，如果公式(5)、(6)中的积分都存在，则由公式(5)和(6)给出的 a_n 和 b_n 称为 $f(x)$ 的傅里叶(Fourier)系数；与此对应的三角级数

$$\frac{a_0}{2} + \sum_{n=1}^{\infty}(a_n\cos nx + b_n\sin nx)$$

称为 $f(x)$ 的傅里叶级数，暂时记作

$$f(x) \sim \frac{a_0}{2} + \sum_{n=1}^{\infty}(a_n\cos nx + b_n\sin nx). \tag{7}$$

这里没有使用等号，原因是右端的级数未必是收敛的，或即使收敛，也未必处处收敛于 $f(x)$. 那么在什么条件下它是收敛的，在什么情况下它收敛于 $f(x)$？下面我们不加证明地给出**狄利克莱(Dirichlet)收敛定理**.

狄利克莱收敛定理　设 $f(x)$ 是以 2π 为周期的周期函数，如果在 $[-\pi,\pi]$ 上 $f(x)$ 连续或只有有限个第一类间断点，并且至多只有有限个极值点，则 $f(x)$ 的傅里叶级数处处收敛，并且其和函数 $s(x)$ 满足

(1) 当 x 是 $f(x)$ 的连续点时，$s(x) = \dfrac{a_0}{2} + \sum\limits_{n=1}^{\infty}(a_n\cos nx + b_n\sin nx) = f(x)$；

(2) 当 x 是 $f(x)$ 的间断点时，

$$s(x) = \frac{a_0}{2} + \sum_{n=1}^{\infty}(a_n\cos nx + b_n\sin nx) = \frac{f(x+0)+f(x-0)}{2}.$$

这个定理告诉我们，如果 $f(x)$ 满足收敛定理的条件，则其傅里叶级数在 $f(x)$ 的一切连续点处收敛于 $f(x)$.

例 1　设 $f(x)$ 是周期为 2π 的函数，它在 $[-\pi,\pi]$ 上的表达式为 $f(x)=x^2$（见图 12-1），将 $f(x)$ 展开成傅里叶级数.

解　所给的函数满足收敛定理条件，它在 $(-\infty,+\infty)$ 上处处连续，所以对应的傅里叶级数处处收敛于 $f(x)$. 由于

$$a_0=\frac{1}{\pi}\int_{-\pi}^{\pi}x^2\,\mathrm{d}x=\frac{2\pi^2}{3},$$

$$\begin{aligned}a_n&=\frac{1}{\pi}\int_{-\pi}^{\pi}x^2\cos nx\,\mathrm{d}x\\&=\frac{1}{n\pi}x^2\sin nx\Big|_{-\pi}^{\pi}-\frac{2}{n\pi}\int_{-\pi}^{\pi}x\sin nx\,\mathrm{d}x\\&=-\frac{2}{n}\cdot\frac{(-1)^{n+1}2}{n}=\frac{(-1)^n4}{n^2},\end{aligned}$$

$$b_n=\frac{1}{\pi}\int_{-\pi}^{\pi}x^2\sin nx\,\mathrm{d}x=0,$$

所以

$$f(x)=\frac{\pi^2}{3}+4\sum_{n=1}^{\infty}\frac{(-1)^n}{n^2}\cos nx,x\in(-\infty,+\infty).$$

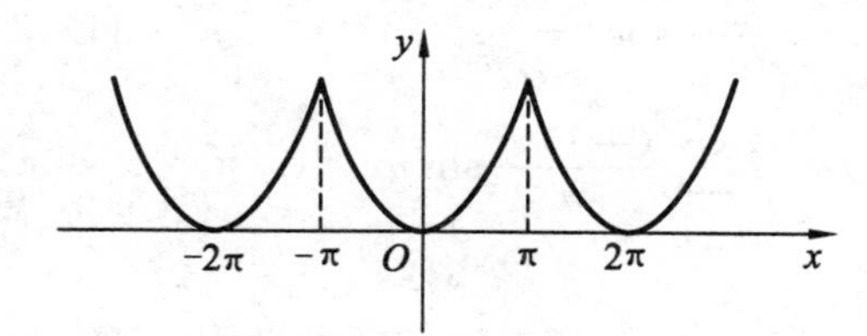

图 12-1

有时函数 $f(x)$ 只在区间 $[-\pi,\pi]$ 上有定义，并且满足收敛定理的条件. 为了将 $f(x)$ 展开成傅里叶级数，可以在 $[-\pi,\pi)$ 或 $(-\pi,\pi]$ 外补充函数 $f(x)$ 的定义，使它延拓成周期为 2π 的周期函数 $F(x)$. 按这种方式延拓函数的定义域的过程称为周期延拓. 将 $F(x)$ 展开成傅里叶级数后，再限制 x 在 $(-\pi,\pi)$ 内，此时 $F(x)\equiv f(x)$，这样便得到 $f(x)$ 的傅里叶级数展开式. 需要注意的是，根据收敛定理，该级数在区间端点 $x=\pm\pi$ 处收敛于

$$\frac{1}{2}[f(\pi-0)+f(-\pi+0)].$$

例 2 试将函数 $f(x)=x(-\pi\leqslant x\leqslant x)$ 展开成傅里叶级数.

解 题设函数满足狄里克莱收敛定理的条件，但作周期延拓后的函数 $F(x)$ 在区间的端点 $x=-\pi$ 和 $x=\pi$ 处不连续. 故 $F(x)$ 的傅里叶级数在区间 $(-\pi,\pi)$ 内收敛于和 $f(x)$，在端点处收敛于

$$\frac{f(-\pi+0)+f(\pi-0)}{2}=\frac{(-\pi)+\pi}{2}=0.$$

和函数的图形如图 12-2 所示.

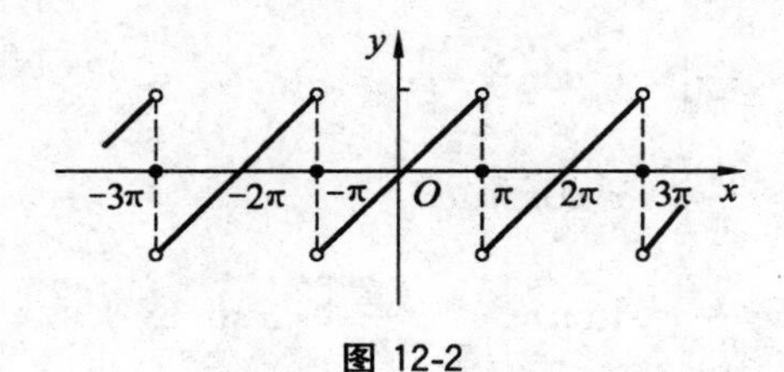

图 12-2

注意到 $f(x)$是奇函数,故其傅里叶系数中

$$a_n=0\quad(n=0,1,2,\cdots),$$

$$\begin{aligned}b_n&=\frac{2}{\pi}\int_0^{\pi}f(x)\sin nx\,\mathrm{d}x=\frac{2}{\pi}\int_0^{\pi}x\sin nx\,\mathrm{d}x\\&=\frac{2}{\pi}\left[-\frac{x\cos nx}{n}+\frac{\sin nx}{n^2}\right]\Bigg|_0^{\pi}\\&=\frac{2}{n}\cos n\pi=\frac{2}{n}(-1)^{n-1}\quad(n=1,2,3,\cdots).\end{aligned}$$

于是
$$f(x)=2\sum_{n=1}^{\infty}\frac{(-1)^{n-1}}{n}\sin nx\quad(-\pi<x<\pi).$$

例 3 将函数

$$f(x)=\begin{cases}-x, & -\pi\leqslant x<0,\\ x, & 0\leqslant x\leqslant\pi\end{cases}$$

展开成傅里叶级数.

解 所给函数在区间$[-\pi,\pi]$上满足收敛定理的条件,对 $f(x)$作周期延拓得 2π 为周期的周期函数,它在每一点 x 处都连续(见图 12-3),因此延拓后的周期函数的傅里叶级数在$[-\pi,\pi]$上收敛于 $f(x)$.

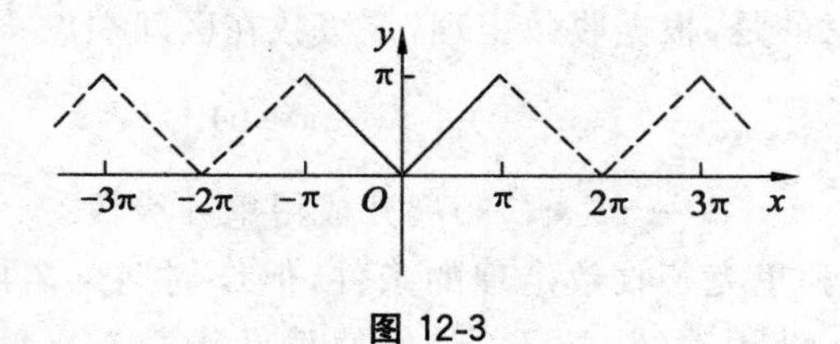

图 12-3

计算傅里叶系数如下:

$$\begin{aligned}a_n&=\frac{1}{\pi}\int_{-\pi}^{\pi}f(x)\cos nx\,\mathrm{d}x\\&=2\,\frac{1}{\pi}\int_0^{\pi}x\cos nx\,\mathrm{d}x\\&=-\frac{1}{\pi}\left[\frac{x\sin nx}{n}+\frac{\cos nx}{n^2}\right]_{-\pi}^{0}+\frac{1}{\pi}\left[\frac{x\sin nx}{n}+\frac{\cos nx}{n^2}\right]_0^{\pi}\\&=\frac{2}{n^2\pi}(\cos n\pi-1)\end{aligned}$$

$$=\begin{cases}-\dfrac{4}{n^2\pi}, & n=1,3,5,\cdots,\\ 0, & n=2,4,6,\cdots.\end{cases}$$

$$a_0=\frac{1}{\pi}\int_{-\pi}^{\pi}f(x)\,\mathrm{d}x=\frac{1}{\pi}\int_{-\pi}^{0}(-x)\,\mathrm{d}x+\frac{1}{\pi}\int_{0}^{\pi}x\,\mathrm{d}x$$

$$=\frac{1}{\pi}\left(-\frac{x^2}{2}\right)\Bigg|_{-\pi}^{0}+\frac{1}{\pi}\cdot\frac{x^2}{2}\Bigg|_{0}^{\pi}=\pi,$$

由 $f(x)\sin nx$ 为奇函数可推知 $b_n=0$，故得 $f(x)$ 的傅里叶级数展开式为

$$f(x)=\frac{\pi}{2}-\frac{4}{\pi}\left(\cos x+\frac{1}{3^2}\cos 3x+\frac{1}{5^2}\cos 5x+\cdots\right)\quad(-\pi\leqslant x\leqslant\pi).$$

特别地，当 $x=0$ 时得

$$\frac{\pi^2}{8}=1+\frac{1}{3^2}+\frac{1}{5^2}+\frac{1}{7^2}+\cdots.$$

设

$$\alpha=1+\frac{1}{2^2}+\frac{1}{3^2}+\frac{1}{4^2}+\cdots,$$

$$\alpha_1=1+\frac{1}{3^2}+\frac{1}{5^2}+\frac{1}{7^2}+\cdots=\frac{\pi^2}{8},$$

$$\alpha_2=\frac{1}{2^2}+\frac{1}{4^2}+\frac{1}{6^2}+\cdots,$$

则有 $\alpha_2=\dfrac{1}{4}\alpha=\dfrac{1}{4}(\alpha_1+\alpha_2)$. 由此解得

$$\alpha_2=\frac{1}{3}\alpha_1=\frac{\pi^2}{24},\ \alpha=\alpha_1+\alpha_2=\frac{\pi^2}{6},$$

因此得到

$$1+\frac{1}{2^2}+\frac{1}{3^2}+\frac{1}{4^2}+\cdots=\frac{\pi^2}{6}.$$

三、正弦级数和余弦级数

一般地，函数 $f(x)$ 的傅里叶级数既含正弦项又含余弦项，但是也有级数只含正弦项（如例 2），或只含余弦项（如例 3），我们把这两类傅里叶级数分别称为正弦级数和余弦级数. 不难验证，当周期为 2π 的奇函数展开成傅里叶级数时，其系数

$$\begin{cases}a_n=0 & (n=0,1,2,\cdots),\\ b_n=\dfrac{2}{\pi}\displaystyle\int_0^{\pi}f(x)\sin nx\,\mathrm{d}x & (n=1,2,3,\cdots).\end{cases}\tag{8}$$

该傅里叶级数为正弦级数.

当周期为 2π 的偶函数 $f(x)$ 展开成傅里叶级数时，其系数

$$\begin{cases}a_n=\dfrac{2}{\pi}\displaystyle\int_0^{\pi}f(x)\cos nx\,\mathrm{d}x & (n=0,1,2,\cdots),\\ b_n=0 & (n=1,2,3,\cdots).\end{cases}\tag{9}$$

该傅里叶级数为余弦级数.

傅里叶级数的上述特点,使我们有可能把仅仅定义在$[0,\pi]$上的分段光滑函数$f(x)$根据实际需要,展开成正弦级数或余弦级数.下面我们用例子加以说明.

例 4　将函数$f(x)=x^2(0\leqslant x\leqslant\pi)$展成余弦级数.

解　在$(-\pi,0)$上补充$f(x)$的定义,得到在$(-\pi,\pi)$上的函数$F(x)$,使得$F(x)$成为$(-\pi,\pi)$上的偶函数(见图 12-1).我们把这种延拓函数$f(x)$的过程称为偶延拓.显然$F(x)$在$x=0$处"自动"连续.于是$F(x)$便可以展成余弦级数.此时根据例 2 的结果,得

$$a_0=\frac{2\pi^2}{3},$$

$$a_n=\frac{(-1)^n 4}{n^2}\quad(n=1,2,3,\cdots),$$

$$b_n=0\quad(n=1,2,3,\cdots).$$

把结果限制在$[0,\pi]$上,则

$$x^2=\frac{\pi^2}{3}+4\sum_{n=1}^{\infty}\frac{(-1)^n}{n^2}\cos nx\quad(0\leqslant x\leqslant\pi).$$

例 5　将函数$f(x)=x+1(0\leqslant x\leqslant\pi)$分别展开成正弦级数和余弦级数.

解　先求正弦级数.在$(-\pi,0)$上补充$f(x)$的定义,得到在$(-\pi,\pi)$上的函数$F(x)$,使得$F(x)$成为$(-\pi,\pi)$上的奇函数(见图 12-4a).我们把这种延拓函数$f(x)$的过程称为奇延拓.由于$F(x)$是奇函数,因此可将$F(x)$在$(-\pi,\pi)$上展成正弦级数.根据狄利克莱收敛定理,正弦级数在$(-\pi,0)\cup(0,\pi)$上收敛于$F(x)$,然后再将自变量限制在区间$(0,\pi)$上,即得到$f(x)$展开的正弦级数.计算系数b_n如下:

$$\begin{aligned}
b_n&=\frac{2}{\pi}\int_0^{\pi}f(x)\sin nx\,\mathrm{d}x=\frac{2}{\pi}\int_0^{\pi}(x+1)\sin nx\,\mathrm{d}x\\
&=\frac{2}{\pi}\left[-\frac{(x+1)\cos nx}{n}+\frac{\sin nx}{n^2}\right]\Bigg|_0^{\pi}\\
&=\frac{2}{\pi}[1-(\pi+1)\cos nx]\\
&=\begin{cases}\dfrac{2}{\pi}\cdot\dfrac{\pi+2}{n}, & n=1,3,5,\cdots,\\[2mm] -\dfrac{2}{n}, & n=2,4,6,\cdots.\end{cases}
\end{aligned}$$

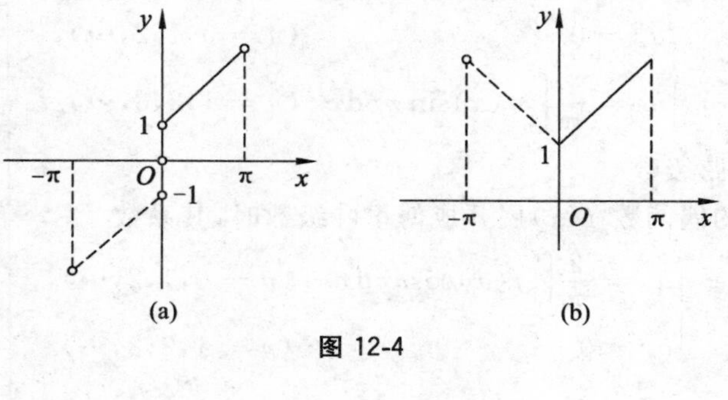

图 12-4

于是

$$x+1=\frac{2}{\pi}\left[(\pi+2)\sin x-\frac{\pi}{2}\sin 2x+\frac{1}{3}(\pi+2)\sin 3x-\cdots\right]\quad(0<x<\pi).$$

再求余弦级数. 在$(-\pi,0)$上补充$f(x)$的定义,得到在$(-\pi,\pi)$上的函数$F(x)$,使得$F(x)$成为$(-\pi,\pi)$上的偶函数(见图12-4b). 我们把这种延拓函数$f(x)$的过程称为偶延拓. 由于$F(x)$是偶函数,因此可将$F(x)$在$(-\pi,\pi)$上展成余弦级数. 根据狄利克莱收敛定理,余弦级数在$[-\pi,\pi]$上收敛于$F(x)$,然后再将自变量限制在区间$[0,\pi]$,即得到$f(x)$展开的余弦级数. 计算系数a_n如下:

$$a_0=\frac{2}{\pi}\int_0^{\pi}(x+1)\mathrm{d}x=\pi+2,$$

$$a_n=\frac{2}{\pi}\int_0^{\pi}(x+1)\cos nx\,\mathrm{d}x=\frac{2}{\pi}\left[\frac{(x+1)\sin nx}{n}+\frac{\cos nx}{n^2}\right]\Bigg|_0^{\pi}=\begin{cases}0, & n=2,4,6,\cdots,\\ -\dfrac{4}{n^2\pi}, & n=1,3,5,\cdots.\end{cases}$$

于是

$$x+1=\frac{\pi}{2}+1-\frac{4}{\pi}\left(\cos x+\frac{1}{3^2}\cos 3x+\frac{1}{5^2}\cos 5x+\cdots\right)\quad(0\leqslant x\leqslant\pi).$$

由上述可见,将定义在区间$[0,\pi]$上的函数$f(x)$展开成以2π为周期的傅里叶级数时,可以用不同的方式进行延拓,从而得到不同的傅里叶级数展开式. 因此它的展开式不唯一,但在连续点处傅里叶级数都收敛于$f(x)$.

习题 12-6

1. 设$f(x)$是以2π为周期的周期函数,将$f(x)$展开成傅里叶级数,其中$f(x)$在$[-\pi,\pi)$上的表达式为:

(1) $f(x)=\begin{cases}x, & -\pi\leqslant x<0,\\ 0, & 0\leqslant x<\pi;\end{cases}$　　(2) $f(x)=\begin{cases}0, & -\pi<x<0,\\ 1, & 0\leqslant x\leqslant\pi;\end{cases}$

(3) $f(x)=\begin{cases}x, & -\pi\leqslant x<0,\\ 1, & 0\leqslant x<\pi;\end{cases}$　　(4) $f(x)=\begin{cases}-1, & -\pi\leqslant x<0,\\ 1, & 0\leqslant x<\pi.\end{cases}$

2. 将函数$f(x)=1(0\leqslant x\leqslant\pi)$展开成正弦级数.

3. 将函数$f(x)=\dfrac{\pi-x}{2}\ (0<x\leqslant\pi)$展开成正弦级数.

4. 将函数$f(x)=2x+1\ (0\leqslant x\leqslant\pi)$展开成余弦级数.

5. 设$f(x)=x^3,(-\pi\leqslant x<\pi)$. 当$f(x)$展开为以$2\pi$为周期的傅里叶级数时,其和函数为$s(x)$,求$s\left(\dfrac{5\pi}{2}\right),s(5\pi)$.

6. 设周期函数$f(x)$的周期为2π,证明:

(1) 如果$f(\pi-x)=-f(x)$,则$f(x)$的傅里叶系数$a_0=0,a_{2k}=0,b_{2k}=0(k=1,2,\cdots)$;

(2) 如果$f(\pi-x)=f(x)$,则$f(x)$的傅里叶系数$a_{2k+1}=0,b_{2k+1}=0(k=0,1,2,\cdots)$.

第七节 一般周期函数的傅里叶级数

前面我们所讨论的周期函数都是以 2π 为周期的，但是实际问题中所遇到的周期函数，它的周期不一定是 2π. 下面我们讨论周期为 $2l$ 的周期函数的傅里叶级数.

定理 设周期为 $2l$ 的周期函数 $f(x)$ 满足收敛定理的条件，则它的傅里叶级数

$$\frac{a_0}{2}+\sum_{n=1}^{\infty}\left(a_n\cos\frac{n\pi x}{l}+b_n\sin\frac{n\pi x}{l}\right) \tag{1}$$

收敛，其中系数 a_n 和 b_n 分别为

$$a_n=\frac{1}{l}\int_{-l}^{l}f(x)\cos\frac{n\pi x}{l}\mathrm{d}x \quad (n=0,1,2,\cdots) \tag{2}$$

和

$$b_n=\frac{1}{l}\int_{-l}^{l}f(x)\sin\frac{n\pi x}{l}\mathrm{d}x \quad (n=1,2,3,\cdots), \tag{3}$$

且当 x 是 $f(x)$ 的连续点时，级数(1)收敛于 $f(x)$；当 x 为函数 $f(x)$ 的间断点时，级数(1)收敛于 $\frac{1}{2}[f(x-0)+f(x+0)]$.

事实上，作变量代换 $z=\frac{\pi x}{l}$，则区间 $-l\leqslant x\leqslant l$ 变成区间 $-\pi\leqslant z\leqslant\pi$. 记 $F(z)=f\left(\frac{lz}{\pi}\right)=f(x)$，则 $F(z)$ 以 2π 为周期，利用狄利克莱收敛定理即可推出本定理.

例 1 设 $f(x)$ 是周期为 4 的周期函数，它在 $[-2,2)$ 上的表达式为

$$f(x)=\begin{cases}0, & -2\leqslant x<0,\\ 1, & 0\leqslant x<2,\end{cases}$$

将 $f(x)$ 展开成傅里叶级数.

解 由题干可得 $l=2$，按公式(2)，(3)有

$$a_n=\frac{1}{2}\int_0^2\cos\frac{n\pi x}{2}\mathrm{d}x=\left(\frac{1}{n\pi}\sin\frac{n\pi x}{2}\right)\Big|_0^2=0 \quad (n\neq 0);$$

$$a_0=\frac{1}{2}\int_{-2}^{0}0\mathrm{d}x+\frac{1}{2}\int_0^2 1\mathrm{d}x=1;$$

$$b_n=\frac{1}{2}\int_0^2\sin\frac{n\pi x}{2}\mathrm{d}x=\frac{1}{n\pi}(1-\cos n\pi)$$

$$=\begin{cases}\frac{2}{n\pi}, & n=1,3,5,\cdots,\\ 0, & n=2,4,6,\cdots.\end{cases}$$

将求得的系数代入式(1)得

$$f(x)=\frac{1}{2}+\frac{2}{\pi}\left(\sin\frac{\pi x}{2}+\frac{1}{3}\sin\frac{3\pi x}{2}+\sin\frac{5\pi x}{2}+\cdots\right)\ (x\text{ 为实数但 }x\neq 0,\ \pm 2,\ \pm 4,\ \cdots).$$

当 $x=0$，± 2，± 4，$\cdots$ 时，级数收敛于 $\frac{1}{2}$.

$f(x)$的傅里叶级数的和函数的图形如图 12-5 所示.

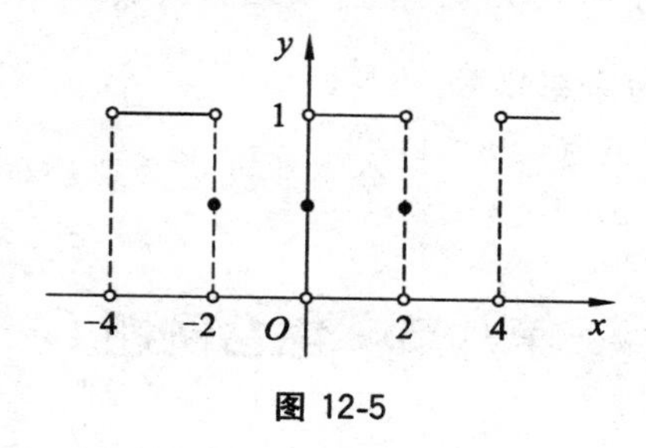

图 12-5

例 2　将如图 12-6 所示的函数

$$f(x)=\begin{cases}\dfrac{px}{2}, & 0\leqslant x<\dfrac{a}{2},\\ \dfrac{(a-x)p}{2}, & \dfrac{a}{2}\leqslant x\leqslant a\end{cases}$$

展开成正弦级数.

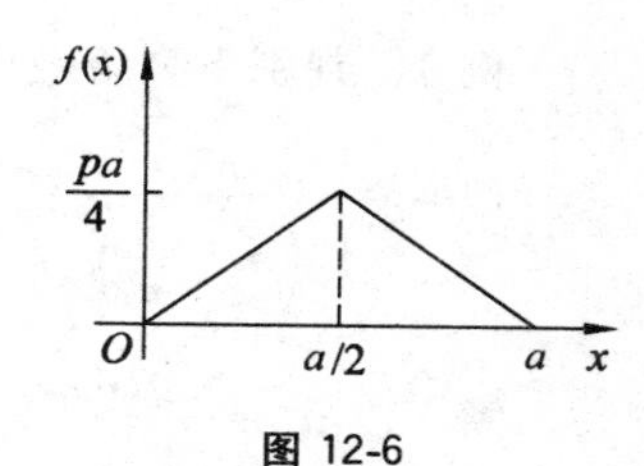

图 12-6

解　$f(x)$是定义在$[0,a]$上的函数,要将它展开成正弦级数,必须对 $f(x)$进行奇延拓,然后按公式(3)计算延拓后的函数的傅里叶系数.

$$b_n=\frac{1}{a}\int_{-a}^{a}f(x)\sin\frac{n\pi x}{a}\mathrm{d}x=\frac{2}{a}\int_0^a f(x)\sin\frac{n\pi x}{a}\mathrm{d}x$$

$$=\frac{2}{a}\left[\int_0^{\frac{a}{2}}\frac{px}{2}\sin\frac{n\pi x}{a}\mathrm{d}x+\int_{\frac{a}{2}}^{a}\frac{p(a-x)}{2}\sin\frac{n\pi x}{a}\mathrm{d}x\right].$$

对上式右端的第二项,令 $t=a-x$,则

$$b_n=\frac{2}{a}\left[\int_0^{\frac{a}{2}}\frac{px}{2}\sin\frac{n\pi x}{a}\mathrm{d}x+\int_{\frac{a}{2}}^{0}\frac{pt}{2}\sin\frac{n\pi(a-t)}{a}(-\mathrm{d}t)\right]$$

$$=\frac{2}{a}\left[\int_0^{\frac{1}{2}}\frac{px}{2}\sin\frac{n\pi x}{a}\mathrm{d}x+(-1)^{n+1}\int_0^{\frac{1}{2}}\frac{pt}{2}\sin\frac{n\pi t}{a}\mathrm{d}t\right].$$

当 $n=2,4,6,\cdots$时,$b_n=0$;当 $n=1,3,5,\cdots$时,

$$b_n=\frac{2p}{a}\int_0^{\frac{a}{2}}x\sin\frac{n\pi x}{a}\mathrm{d}x=\frac{2pa}{n^2\pi^2}\sin\frac{n\pi}{2}.$$

于是

$$f(x)=\frac{2pa}{\pi^2}\left[\sin\frac{\pi x}{a}-\frac{1}{3^2}\sin\frac{3\pi x}{a}+\frac{1}{5^2}\sin\frac{5\pi x}{a}-\cdots\right]\quad(0\leqslant x\leqslant a).$$

习题 12-7

1. 设周期函数在一个周期内的表达式为 $f(x)=1-x^2\left(-\dfrac{1}{2}\leqslant x\leqslant\dfrac{1}{2}\right)$,试将其展开成傅里叶级数.

2. 将 $f(x)=x^2-x(-2<x\leqslant 2)$展开成周期为 4 的傅里叶级数.

3. 将函数 $f(x)=\cos\frac{\pi x}{2}(0\leqslant x\leqslant 1)$ 展开成正弦级数.

4. 将例 2 的函数展开为余弦级数.

5. 将函数 $f(x)=\begin{cases}x, & 0\leqslant x<1,\\ 2-x, & 1\leqslant x\leqslant 2\end{cases}$ 分别展成正弦级数和余弦级数.

第八节　综合例题

例 1　判别下列级数的敛散性：

(1) $\sum\limits_{n=1}^{\infty}\frac{n^{n+\frac{1}{n}}}{\left(n+\frac{1}{n}\right)^{n}}$；　　(2) $\sum\limits_{n=1}^{\infty}\frac{1}{1+a^{n}}\quad(a>0)$.

解 (1) $u_n=\frac{n^n\cdot n^{\frac{1}{n}}}{\left(n+\frac{1}{n}\right)^n}=\frac{n^{\frac{1}{n}}}{\left(1+\frac{1}{n^2}\right)^n}$.

因为

$$\lim_{n\to\infty}\left(1+\frac{1}{n^2}\right)^n=\lim_{n\to\infty}\left[\left(1+\frac{1}{n^2}\right)^{n^2}\right]^{\frac{1}{n}}=e^0=1,$$

$$\lim_{n\to\infty}n^{\frac{1}{n}}=\lim_{x\to+\infty}x^{\frac{1}{x}}=\lim_{x\to+\infty}e^{\frac{1}{x}\ln x}=e^{\lim\limits_{x\to+\infty}\frac{\ln x}{x}}=e^{\lim\limits_{x\to+\infty}\frac{\frac{1}{x}}{1}}=e^0=1,$$

所以 $\lim\limits_{n\to\infty}u_n=1\neq 0$. 根据级数收敛的必要条件,原级数发散.

(2) 当 $a<1$ 时,因为 $\lim\limits_{n\to\infty}a^n=0$, 从而 $\lim\limits_{n\to\infty}\frac{1}{1+a^n}=1\neq 0$,所以根据级数收敛的必要条件,原级数发散.

当 $a=1$ 时,因为 $\lim\limits_{n\to\infty}\frac{1}{1+a^n}=\frac{1}{2}\neq 0$, 所以根据级数收敛的必要条件,原级数也发散.

当 $a>1$ 时,因为 $\frac{1}{1+a^n}<\frac{1}{a^n}$,而 $\sum\limits_{n=1}^{\infty}\frac{1}{a^n}$ 是公比 $0<q=\frac{1}{a}<1$ 的几何级数,它是收敛的. 根据比较判别法,原级数收敛.

故级数 $\sum\limits_{n=1}^{\infty}\frac{1}{1+a^n}\ (a>0)$, 当 $0<a\leqslant 1$ 时,发散;当 $a>1$ 时,收敛.

例 2　讨论下列级数的绝对收敛与条件收敛性：

(1) $\sum\limits_{n=1}^{\infty}(-1)^n\frac{(n+1)!}{n^{n+1}}$；　　(2) $\sum\limits_{n=1}^{\infty}\frac{(-1)^n}{n-\ln n}$.

解　(1) 因为

$$\sum_{n=1}^{\infty}\left|(-1)^n\frac{(n+1)!}{n^{n+1}}\right|=\sum_{n=1}^{\infty}\frac{(n+1)!}{n^{n+1}},$$

而
$$l=\lim_{n\to\infty}\frac{|u_{n+1}|}{|u_n|}=\lim_{n\to\infty}\frac{\dfrac{(n+2)!}{(n+1)^{n+2}}}{\dfrac{(n+1)!}{n^{n+1}}}=\lim_{n\to\infty}\frac{n+2}{n+1}\cdot\frac{1}{\left(1+\dfrac{1}{n}\right)^n}\cdot\frac{n}{n+1}=\frac{1}{\mathrm{e}}<1,$$

所以原级数绝对收敛.

(2) 因为$\dfrac{1}{n-\ln n}\geqslant\dfrac{1}{n}$,而级数 $\sum\limits_{n=1}^{\infty}\dfrac{1}{n}$ 发散,所以

$$\sum_{n=1}^{\infty}\left|\frac{(-1)^n}{n-\ln n}\right|=\sum_{n=1}^{\infty}\frac{1}{n-\ln n}$$

发散,即原级数非绝对收敛.

$\sum\limits_{n=1}^{\infty}\dfrac{(-1)^n}{n-\ln n}$ 是交错级数,我们用莱布尼茨判别法来讨论其敛散性.

$$\lim_{n\to\infty}\frac{\ln n}{n}=\lim_{x\to+\infty}\frac{\ln x}{x}=\lim_{x\to+\infty}\frac{1}{x}=0,$$

所以

$$\lim_{n\to\infty}\frac{1}{n-\ln n}=\lim_{n\to\infty}\frac{\dfrac{1}{n}}{1-\dfrac{\ln n}{n}}=0.$$

为讨论$\dfrac{1}{n-\ln n}$的单调性,我们作辅助函数 $f(x)=x-\ln x\,(x>1)$,它的导数

$$f'(x)=1-\frac{1}{x}>0\quad(x>1).$$

所以,在$(1,+\infty)$上 $f(x)$单调增加,或即$\dfrac{1}{x-\ln x}$单调减少. 故当 $n>1$ 时,$\dfrac{1}{n-\ln n}$单调减少. 由莱布尼茨判别法,此交错级数收敛. 因而所讨论级数条件收敛.

例 3　求幂级数 $\sum\limits_{n=1}^{\infty}\left(1+\dfrac{1}{2}+\cdots+\dfrac{1}{n}\right)x^n$ 的收敛域.

解　容易看到,当 $x=1$ 时,所讨论幂级数变为 $\sum\limits_{n=1}^{\infty}\left(1+\dfrac{1}{2}+\cdots+\dfrac{1}{n}\right)$,它的一般项不趋于零,所以,该幂级数当 $x=1$ 时发散. 同样,这个幂级数当 $x=-1$ 时也发散. 进一步地,根据阿贝尔定理,这个幂级数当$|x|>1$ 时也是发散的;当$|x|<1$ 时,利用

$$\left|\left(1+\frac{1}{2}+\cdots\frac{1}{n}\right)x^n\right|<(1+1+\cdots1)|x|^n=n|x|^n$$

和幂级数 $\sum\limits_{n=1}^{\infty}n|x|^n$ 收敛可知,所讨论幂级数收敛. 综上所述,幂级数

$$\sum_{n=1}^{\infty}\left(1+\frac{1}{2}+\cdots+\frac{1}{n}\right)x^n$$

的收敛域是$(-1,1)$.

例 4　求幂级数 $\sum\limits_{n=1}^{\infty}\dfrac{x^{n+1}}{n}$ 的和函数.

解　先求收敛域. 由

$$\lim_{n\to\infty}\left|\frac{a_{n+1}}{a_n}\right|=\lim_{n\to\infty}\frac{n}{n+1}=1,$$

得收敛半径 $R=1$. 在端点 $x=-1$ 处，幂级数成为 $\sum\limits_{n=1}^{\infty}\dfrac{(-1)^{n+1}}{n}$，是收敛的交错级数；在端点 $x=1$ 处，幂级数成为 $\sum\limits_{n=1}^{\infty}\dfrac{1}{n}$，是发散的. 因此幂级数的收敛域为 $[-1,1)$.

设和函数 $s(x)=\sum\limits_{n=1}^{\infty}\dfrac{x^{n+1}}{n}$，于是 $x\neq 0$ 且 $x\in[-1,1)$ 时，有

$$\left(\frac{s(x)}{x}\right)'=\left(\sum_{n=1}^{\infty}\frac{x^n}{n}\right)'=\sum_{n=1}^{\infty}x^{n-1}=\frac{1}{1-x}.$$

对上式从 0 到 x 积分得

$$\frac{s(x)}{x}=\int_0^x\frac{\mathrm{d}x}{1-x}=-\ln(1-x),\quad -1\leqslant x<1,x\neq 0.$$

又 $s(0)=0$，于是

$$s(x)=-x\ln(1-x),\quad -1\leqslant x<1.$$

特别地，当 $x=-1$ 时得到 $1-\dfrac{1}{2}+\dfrac{1}{3}-\dfrac{1}{4}+\cdots=\ln 2$.

例 5　将 $f(x)=\arctan\dfrac{1-2x}{1+2x}$ 展开为 x 的幂级数.

解　$f'(x)=\dfrac{1}{1+\left(\dfrac{1-2x}{1+2x}\right)^2}\left(\dfrac{1-2x}{1+2x}\right)'=\dfrac{-2}{1+4x^2}$，$f(0)=\arctan 1=\dfrac{\pi}{4}$，

所以

$$f(x)=\frac{\pi}{4}+\int_0^x f'(x)\mathrm{d}x=\frac{\pi}{4}-2\int_0^x\frac{1}{1+4x^2}\mathrm{d}x.$$

利用 $\dfrac{1}{1-x}=1+x+\cdots+x^n+\cdots=\sum\limits_{n=0}^{\infty}x^n$，$(-1<x<1)$，将 x 用 $-4x^2$ 替换，可以得到

$$\frac{1}{1+4x^2}=\sum_{n=0}^{\infty}(-1)^n4^nx^{2n}\quad\left(-\frac{1}{2}<x<\frac{1}{2}\right).$$

于是

$$\begin{aligned}f(x)&=\frac{\pi}{4}-2\int_0^x\frac{1}{1+4x^2}\mathrm{d}x=\frac{\pi}{4}-2\int_0^x\sum_{n=0}^{\infty}(-1)^n4^nx^{2n}\mathrm{d}x\\&=\frac{\pi}{4}-2\left[\sum_{n=0}^{\infty}\frac{(-1)^n4^nx^{2n+1}}{2n+1}\right],\end{aligned}$$

容易看到，当 $x=\frac{1}{2}$ 时，上面的级数是收敛的；当 $x=-\frac{1}{2}$ 时，上面的级数是发散的，所以 $f(x)$ 展开式成立的范围是 $-\frac{1}{2}<x\leqslant\frac{1}{2}$.

例 6　设 $a_n=\int_0^{\frac{\pi}{4}}\tan^n x\,\mathrm{d}x, n=1,2,\cdots$.

(1) 求级数 $\sum_{n=1}^{\infty}\frac{a_n+a_{n+2}}{n}$ 的和；

(2) 研究级数 $\sum_{n=1}^{\infty}(-1)^n a_n$ 的敛散性.

解　(1) $a_n+a_{n+2}=\int_0^{\frac{\pi}{4}}\tan^n x(\sec^2 x)\mathrm{d}x=\left(\frac{1}{n+1}\tan^{n+1}x\right)\Big|_0^{\frac{\pi}{4}}=\frac{1}{n+1}$，

所以

$$\sum_{n=1}^{\infty}\frac{a_n+a_{n+2}}{n}=\sum_{n=1}^{\infty}\frac{1}{n}\cdot\frac{1}{n+1}=\sum_{n=1}^{\infty}\left(\frac{1}{n}-\frac{1}{n+1}\right)=1.$$

(2) 令 $t=\tan x$，则

$$a_n=\int_0^1\frac{t^n}{1+t^2}\mathrm{d}t>\frac{1}{2}\int_0^1 t^n\mathrm{d}t=\frac{1}{2}\,\frac{1}{n+1},$$

而级数 $\sum_{n=1}^{\infty}\frac{1}{2}\,\frac{1}{n+1}$ 发散，所以级数 $\sum_{n=1}^{\infty}a_n$ 发散，即级数 $\sum_{n=1}^{\infty}(-1)^n a_n$ 不是绝对收敛的.

由于当 $0\leqslant x\leqslant\frac{\pi}{4}$ 时，$0\leqslant\tan x\leqslant 1$，所以

$$a_{n+1}=\int_0^{\frac{\pi}{4}}\tan^{n+1}x\mathrm{d}x\leqslant\int_0^{\frac{\pi}{4}}\tan^n x\,\mathrm{d}x=a_n,$$

即 a_n 是单调减少的. 又

$$0\leqslant a_n=\int_0^1\frac{t^n}{1+t^2}\mathrm{d}t<\int_0^1 t^n\mathrm{d}t<\frac{1}{n+1}\to 0\quad(n\to\infty),$$

所以级数 $\sum_{n=1}^{\infty}(-1)^n a_n$ 收敛，且是条件收敛的.

例 7　将 $\cos x$ 在 $0<x<\pi$ 内展开成以 2π 为周期的正弦级数，并在 $-2\pi\leqslant x\leqslant 2\pi$ 写出该级数的和函数.

解　要将 $f(x)=\cos x$ 在 $(0,\pi)$ 内展开成以 2π 为周期的正弦级数，必须在 $(-\pi,\pi)$ 内对 $\cos x$ 进行奇延拓.

令
$$F(x)=\begin{cases}\cos x, & x\in(0,\pi),\\ 0, & x=0,\\ -\cos x, & x\in(-\pi,0),\end{cases}$$

则 $a_n=0, b_1=\frac{2}{\pi}\int_0^{\pi}\cos x\sin x\mathrm{d}x=0$. $n>1$ 时，

$$b_n=\frac{2}{\pi}\int_0^{\pi}\cos x\sin nx\,\mathrm{d}x=\frac{1}{\pi}\int_0^{\pi}[\sin(n+1)x+\sin(n-1)x]\mathrm{d}x$$

$$=\frac{1}{\pi}\left[\frac{1-(-1)^{n+1}}{n+1}+\frac{1-(-1)^{n-1}}{n-1}\right]=\begin{cases}0, & n=2m-1,\\ \dfrac{4n}{\pi(n^2-1)}, & n=2m.\end{cases}$$

所以

$$\cos x=\sum_{m=1}^{\infty}\frac{8m}{\pi(4m^2-1)}\sin mx\ (0<x<\pi).$$

在 $-2\pi\leqslant x\leqslant 2\pi$ 上级数的和函数为

$$s(x)=\begin{cases}\cos x, & x\in(0,\pi)\cup(-2\pi,-\pi),\\ 0, & x=0,\pm\pi,\pm 2\pi,\\ -\cos x, & x\in(-\pi,0)\cup(\pi,2\pi).\end{cases}$$

复习题十二

一、选择题

1. 级数 $\sum\limits_{n=1}^{\infty}(u_{2n-1}+u_{2n})$ 是收敛的，则(　　).

(A) $\sum\limits_{n=1}^{\infty}u_n$ 必收敛　　(B) $\sum\limits_{n=1}^{\infty}u_n$ 未必收敛

(C) $\lim\limits_{n\to\infty}u_n=0$　　(D) $\sum\limits_{n=1}^{\infty}u_n$ 发散

2. 级数 $\sum\limits_{n=1}^{\infty}u_n$ 收敛，则可能不成立的是(　　).

(A) $\sum\limits_{n=1}^{\infty}(u_{2n-1}+u_{2n})$ 收敛　　(B) $\sum\limits_{n=1}^{\infty}ku_n$ 收敛 $(k\neq 0)$

(C) $\sum\limits_{n=1}^{\infty}|u_n|$ 收敛　　(D) $\lim\limits_{n\to 0}u_n=0$

3. 当(　　)时，级数 $\sum\limits_{n=1}^{\infty}\frac{a}{q^n}$ 收敛(a 为常数).

(A) $q<1$　　(B) $|q|<1$

(C) $q<-1$　　(D) $|q|\geqslant 1$

4. 若级数 $\sum\limits_{n=1}^{\infty}u_n$ 与 $\sum\limits_{n=1}^{\infty}v_n$ 分别收敛于 S_1 与 S_2，则(　　)不成立.

(A) $\sum\limits_{n=1}^{\infty}(u_n\pm v_n)=S_1+S_2$　　(B) $\sum\limits_{n=1}^{\infty}ku_n=kS_1$

(C) $\sum\limits_{n=1}^{\infty}kv_n=kS_2$　　(D) $\sum\limits_{n=1}^{\infty}\frac{u_n}{v_n}=\frac{S_1}{S_2}$

5. 下列级数条件收敛的有(　　).

(A) $\sum_{n=1}^{\infty}\frac{(-1)^{n-1}}{\sqrt{n}}$　　(B) $\sum_{n=1}^{\infty}(-1)^{n-1}\left(\frac{2}{3}\right)^{n}$

(C) $\sum_{n=1}^{\infty}(-1)^{n-1}\frac{n}{\sqrt{2n^{2}+1}}$　　(D) $\sum_{n=1}^{\infty}(-1)^{n-1}\frac{1}{\sqrt{2n^{3}+4}}$

6. 下列级数绝对收敛的有(　　).

(A) $\sum_{n=1}^{\infty}\frac{(-1)^{n-1}}{n}$　　(B) $\sum_{n=1}^{\infty}(-1)^{n-1}\frac{n}{2n-1}$

(C) $\sum_{n=1}^{\infty}\frac{(-1)^{n-1}}{3^{n}}$　　(D) $\sum_{n=1}^{\infty}\frac{(-1)^{n-1}}{\sqrt{n}}$

7. 下列级数发散的有(　　).

(A) $\sum_{n=1}^{\infty}(-1)^{n-1}\frac{1}{\ln(n+1)}$　　(B) $\sum_{n=1}^{\infty}\frac{n}{3n-1}$

(C) $\sum_{n=1}^{\infty}\frac{(-1)^{n-1}}{3^{n}}$　　(D) $\sum_{n=1}^{\infty}\frac{n}{\sqrt{3^{n}}}$

8. 幂级数 $\sum_{n=1}^{\infty}\frac{x^{n}}{n}$ 的收敛区间是(　　).

(A) $[-1, 1]$　　(B) $[-1, 1)$

(C) $(-1, 1)$　　(D) $(-1, 1]$

9. 函数 $f(x)=\mathrm{e}^{-x^{2}}$ 展成 x 的幂级数为(　　).

(A) $1+x^{2}+\frac{x^{4}}{2!}+\frac{x^{6}}{3!}+\cdots$　　(B) $1-x^{2}+\frac{x^{4}}{2!}-\frac{x^{6}}{3!}+\cdots$

(C) $1+x+\frac{x^{2}}{2!}+\frac{x^{3}}{3!}+\cdots$　　(D) $1-x+\frac{x^{2}}{2!}-\frac{x^{3}}{3!}+\cdots$

10. 对于级数 $\sum_{n=1}^{\infty}\left(\frac{na}{n+1}\right)(a>0)$，下列结论中正确的是(　　).

(A) $a>1$ 时，级数收敛　　(B) $a<1$ 时，级数发散

(C) $a=1$ 时，级数收敛　　(D) $a=1$ 时，级数发散

11. 设级数 $\sum_{n=1}^{\infty}(-1)^{n-1}\frac{(x-a)^{n}}{n}$ 在 $x>0$ 时发散，而在 $x=0$ 处收敛，则常数 $a=$(　　).

(A) 1　　(B) -1

(C) 2　　(D) -2

12. 级数 $\sum_{n=1}^{\infty}\frac{(-1)^{n+1}}{n^{p}}(p>0)$ 的敛散情况是(　　).

(A) $p>1$ 时绝对收敛，$p\leqslant 1$ 时条件收敛

(B) $p<1$ 时绝对收敛，$p\geqslant 1$ 时条件收敛

(C) $p\leqslant 1$ 时发散，$p>1$ 时收敛

(D) 对任何 $p>0$ 时，均为绝对收敛

13. $\sum\limits_{n=1}^{\infty}\dfrac{(x-3)^n}{\sqrt{n}}$ 的收敛域是(　　).

(A) $(-1,1)$　　(B) $(2,4)$

(C) $[2,4)$　　(D) $[2,4]$

14. 若 $\lim\limits_{n\to\infty}\left|\dfrac{C_{n+1}}{C_n}\right|=\dfrac{1}{4}$，幂级数 $\sum\limits_{n=1}^{\infty}C_nx^{2n}$ (　　).

(A) 在 $|x|<2$ 时绝对收敛　　(B) 在 $|x|>\dfrac{1}{4}$ 时发散

(C) 在 $|x|<4$ 时绝对收敛　　(D) 在 $|x|>\dfrac{1}{2}$ 时发散

15. 幂级数 $\sum\limits_{n=0}^{\infty}C_nx^n$ 在 $x=-2$ 处收敛，在 $x=3$ 处发散，则该级数(　　).

(A) 必在 $x=-3$ 处发散　　(B) 必在 $x=2$ 处收敛

(C) 必在 $|x|>3$ 时发散　　(D) 收敛区间为 $[-2,3)$

16. $f(x)=\dfrac{1}{x}$ 展成 $x-3$ 的幂级数时，其收敛区间为(　　).

(A) $(-1,1)$　　(B) $(-6,0)$

(C) $(-3,3)$　　(D) $(0,6)$

17. 将函数 $f(x)=\begin{cases}\cos\dfrac{\pi x}{l}, & 0\leqslant x<\dfrac{l}{2},\\ 0, & \dfrac{l}{2}<x<l\end{cases}$ 展开成余弦级数时，应对 $f(x)$ 进行(　　).

(A) 周期为 $2l$ 的延拓　　(B) 偶延拓

(C) 周期为 l 的延拓　　(D) 奇延拓

二、综合练习 A

1. 设级数 $\sum\limits_{n=1}^{\infty}(u_{2n}+u_{2n-1})$ 收敛，且 $\lim\limits_{n\to\infty}u_n=0$，证明 $\sum\limits_{n=1}^{\infty}u_n$ 收敛.

2. 证明 $\lim\limits_{n\to\infty}\dfrac{2\cdot5\cdot8\cdots(3n-1)}{1\cdot5\cdot9\cdots(4n-3)}=0$.

3. 判别下列级数是绝对收敛、条件收敛，还是发散？

(1) $\sum\limits_{n=1}^{\infty}\dfrac{n!}{n^n}(-3)^n$；　(2) $\sum\limits_{n=1}^{\infty}(-1)^n\dfrac{\ln n}{n}$；　(3) $\sum\limits_{n=1}^{\infty}\dfrac{(-1)^{n-1}}{n!}2^{n^2}$.

4. 对于交错级数 $\sum\limits_{n=1}^{\infty}(-1)^nu_n$，如果莱布尼茨判别法中关于 u_n 单调减小这一条件不满足，则能保证级数 $\sum\limits_{n=1}^{\infty}(-1)^nu_n$ 收敛吗？讨论例子 $\sum\limits_{n=2}^{\infty}\left(\dfrac{1}{\sqrt{n}-1}-\dfrac{1}{\sqrt{n}+1}\right)$.

5. 求幂级数 $x+x^4+x^9+\cdots+x^{n^2}+\cdots$ 的收敛域.

6. 说明如果幂级数 $\sum_{n=1}^{\infty} a_n x^n$ 在 $x=x_0$ 时条件收敛，则幂级数 $\sum_{n=1}^{\infty} a_n x^n$ 的收敛区间是 $(-|x_0|,|x_0|)$.

7. 将定积分 $\int_0^1 \frac{\sin x}{x} dx$ 展开成级数.

三、综合练习 B

1. 设 na_n 有界，证明 $\sum_{n=1}^{\infty} a_n^2$ 收敛.

2. 讨论下列级数的敛散性：

(1) $\sum_{n=2}^{\infty} \left(\frac{1}{\sqrt{n}-1} - \frac{1}{\sqrt{n}+1}\right)$；　　(2) $\sum_{n=1}^{\infty} \left(\frac{n-1}{2n+1}\right)^n$.

3. 利用 $\left(1+\frac{1}{n}\right)^n < \mathrm{e}$ 讨论级数 $\sum_{n=1}^{\infty} \frac{n!}{n^n} x^n$ 的收敛域.

4. 将 $f(x)=x\arctan x - \ln\sqrt{1+x^2}$ 展开成麦克劳林级数.

5. 求级数 $\sum_{n=0}^{\infty} (n+1)(x-1)^n$ 的收敛域及和函数.

6. 求级数 $\sum_{n=1}^{\infty} \frac{n}{n+1} x^n$ 的收敛域及和函数.

7. 设 $f(x)$ 在 $x=0$ 的某一邻域有连续的二阶导数，且 $\lim_{x\to 0} \frac{f(x)}{x} = 0$，研究级数 $\sum_{n=1}^{\infty} f\left(\frac{1}{n}\right)$ 的敛散性.

8. 证明方程 $x^n + nx - 1 = 0$（n 为正整数）有唯一正实根 x_n 并估计根的范围，证明当 $\alpha > 1$ 时 $\sum_{n=1}^{\infty} x_n^{\alpha}$ 收敛.

9. 将函数 $f(x) = 2 + |x|$ $(-1 \leqslant x \leqslant 1)$ 展开成以 2 为周期的傅里叶级数，并由此求级数 $\sum_{n=1}^{\infty} \frac{1}{n^2}$ 的和.

参考文献

[1] 吴建成. 高等数学[M]. 3 版. 北京:高等教育出版社,2013.
[2] 同济大学数学系. 高等数学[M]. 6 版. 北京:高等教育出版社,2007.
[3] 赵树嫄. 微积分——经济应用数学基础(一)[M]. 3 版. 北京: 中国人民大学出版社,2012.
[4] 吴建成. 高等数学[M]. 2 版. 北京: 机械工业出版社,2014.